U0144761

五南出版

App Inventor 2 動畫與遊戲程式設計

李春雄 / 著

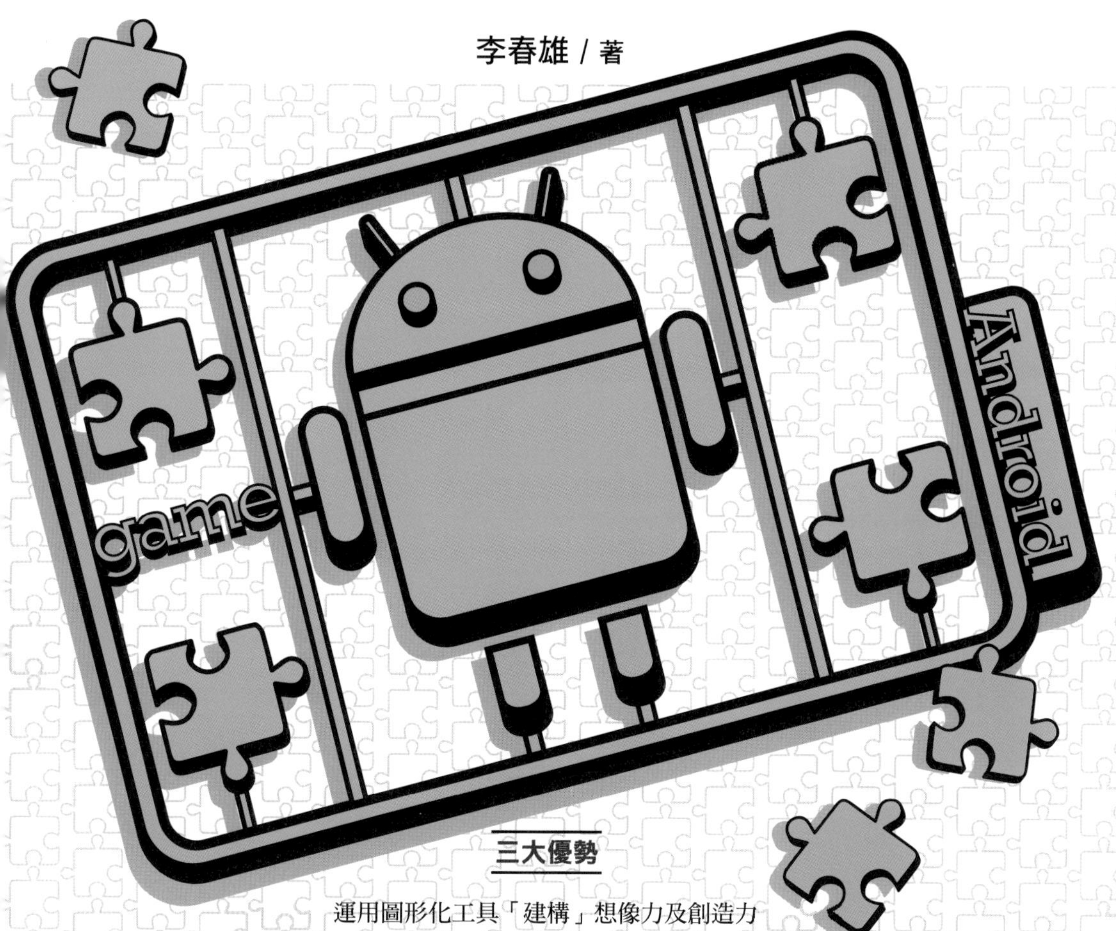

三大優勢

運用圖形化工具「建構」想像力及創造力

透過圖形化工具「訓練」邏輯思考與問題解決的能力

利用圖形化工具「開發」具有遊戲式學習的動畫遊戲，提高學習程式設計的動機與興趣

五南圖書出版公司 印行

序

從幼稚園在尚未識字之前，人類天生的本能就是喜歡「玩遊戲」。因此幼稚園老師時常會透過「遊戲式」的方式，來讓幼童學習新知識，亦即所謂的「遊戲式學習」(Game-based learning)。而此學習方式的特色可歸納爲以下五點：

1. 是一種「自我學習」的個別化教學方法。
2. 可以透過「反覆多次練習」而增強學習效果。
3. 是一種「寓教於樂」的輔助教學方法。
4. 不會受限於「時間與空間」，隨時都可以進行教學。
5. 可以記錄「學習及測驗」的過程，並作即時的回饋。

「遊戲式學習」之所以能夠有那麼多特色，其主要因素就是它提供了六種遊戲模式：教導式（Tutorial）、練習式（Drill and Practice）、遊戲式（Gaming Instruction）、交談式（Dialog）、模擬式（Simulation）及測驗式（Testing）等多元學習模式，以提供使用者透過遊戲來進行互動，進而提高學習的動機與興趣。

既然「遊戲」可以提高學生的學習動機與興趣，那身爲資訊相關科系的我們，是否可以用此方法來簡單又快速地開發手機遊戲呢？Google公司早就想到此問題，所以，Google實驗室基於「程式圖形化」理念，發展了「App Inventor」拼圖程式，並在2012年初將此軟體移轉給MIT(麻省理工學院)行動學習中心管理及維護，其目的是可以讓非資訊背景的人士也能夠輕易地開發Android App手機程式。

因此，目前App Inventor已經被公認爲只需國中程度就可以輕易開發Android App程式的重要工具，其主要原因如下：

1. 提供「雲端化」的「整合開發環境」來開發專案。

2. 提供「群組化」的「元件庫」以快速設計使用者介面。

3. 利用「視覺化」的「拼圖程式」來撰寫程式邏輯。

4. 提供「多元化」的「專案發佈模式」能夠輕易在手機上執行測試。

5. 支援「娛樂化」的「NXT樂高機器人」製作的控制元件。

本書之隨書光碟，包含了介紹使用TinyWebDB元件的前置設定、App Inventor 2使用者基本介面設計、以藍芽控制NXT樂高機器人的走動，以及書中各章節之範例程式，使讀者能更清楚了解App Inventor 2遊戲程式設計的過程。

最後，在此特別感謝各位讀者的對本著作的支持與愛戴，筆者才疏學淺，有誤之處。請各位資訊先進不吝指教。

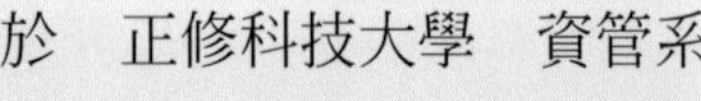

（Leech@gcloud.csu.edu.tw）

2016.1.5

於　正修科技大學　資管系

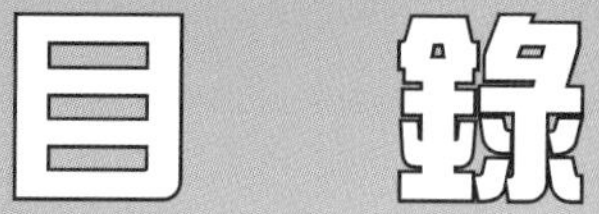

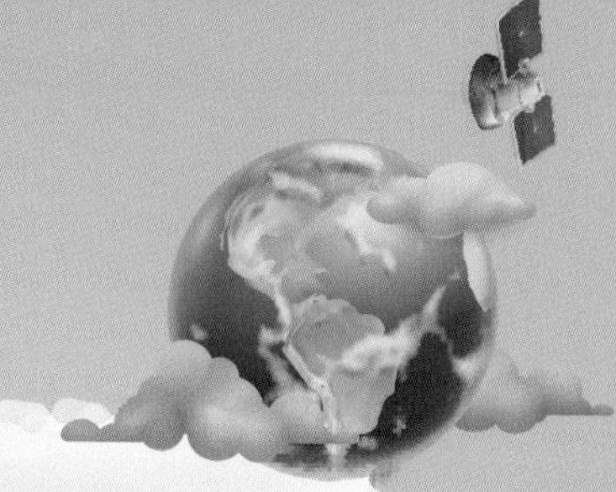

Chapter 1 App Inventor 2 程式的開發環境 / 1

1-1 App Inventor 2拼圖程式的開發環境 2
1-2 進入App Inventor 2雲端開發網頁 9
1-3 App Inventor 2的整合開發環境 13
1-4 撰寫第一支App Inventor 2程式 21
1-5 App Inventor 2程式的執行模式 39
1-6 管理自己的App Inventor 2專案 50

Chapter 2 動畫設計原理與實作 / 57

2-1 動畫的基本概念 58
2-2 App Inventor 2 動畫的基本元件 66
2-3 Canvas（畫布） 73
2-4 RGB百變顏色 88
2-5 手機跑馬燈 94

Chapter 3 圖片精靈與球形動畫的應用 / 107

3-1 ImageSprite（圖片精靈）與Ball（球形動畫） 108
3-2 ImageSprite（圖片精靈）元件 109
3-3 Ball（球形動畫）元件 122
3-4 天上掉下來的禮物（Lego） 134

Chapter 4 手機遊戲設計的原理與實作 / 145

4-1 遊戲設計 146
4-2 何謂機率 148
4-3 App Inventor 2的亂數拼圖程式 150
4-4 遊戲結合動畫及亂數之應用 159

Chapter 5 益智遊戲 / 169

5-1 益智遊戲 170
5-2 簡易心算練習App 182
5-3 終極密碼遊戲App 190
5-4 1A2B猜數字遊戲App 199

Chapter 6 博奕遊戲 / 213

6-1 博奕遊戲 214
6-2 猜骰子點數App 215
6-3 猜拳遊戲App 222
6-4 水果盤Bingo遊戲App 231

Chapter 7 休閒遊戲 / 253

7-1 休閒遊戲（Casual Game） 254
7-2 打樂高忍者App 260
7-3 打樂高忍者App（進階版） 266
7-4 OX井字遊戲App 282

Chapter 8 模擬遊戲 / 303

8-1 模擬遊戲（Simulation Game） 304
8-2 感測器（Sensor） 305
8-3 加速感測器（Accelerometer Sensor） 305
8-4 語音球形樂透開獎機App 313
8-5 我的超跑競速遊戲App 339

Chapter 9 線上聊天室（藍牙技術） / 349

9-1 藍牙通訊（Bluetooth） 350
9-2 兩台手機互傳訊息 354

Chapter 10 多人對戰（TinyWebDB雲端資料庫）/ 371

10-1 TinyWebDB雲端資料庫 372

10-2 雲端電子書城 378

10-3 多人遊戲結合TinyWebDB雲端資料庫 386

Chapter 1

App Inventor 2 程式的開發環境

本章學習目標

1. 了解App Inventor 2拼圖程式的整合開發環境。
2. 了解App Inventor 2拼圖程式的執行模式及如何管理自己的專案。

本章內容

1-1 App Inventor 2拼圖程式的開發環境

1-2 進入App Inventor 2雲端開發網頁

1-3 App Inventor 2的整合開發環境

1-4 撰寫第一支App Inventor 2程式

1-5 App Inventor 2程式的執行模式

1-6 管理自己的App Inventor 2專案

 App Inventor 2拼圖程式的開發環境

基本上，想利用App Inventor 2拼圖程式來開發Android App手機應用程式時，必須要先完成以下四項程序：

1. 申請Google帳號。
2. 安裝Google Chrome瀏覽器（強烈建議使用）。
3. 若要使用「模擬器」測試則需安裝App Inventor 2開發套件（安裝在電腦上）。
4. 若要使用「實機」測試則需安裝MIT AI2 Companion（安裝在電腦與手機中）。

 1-1-1　申請Google帳號

由於App Inventor拼圖程式是由Google實驗室所發展出來，以便讓使用者輕易的開發Android App。因此，使用者在使用App Inventor 2拼圖程式前，需先進入Google官方網站申請Google帳號。

 1-1-2 安裝Google Chrome瀏覽器

目前常用的瀏覽器種類，大致可分爲三大類：

1. Microsoft Internet Explorer。
2. Mozilla Firefox。
3. Google Chrome（強烈建議使用，因其最穩定且資源最多）。

因此，如果你的電腦尚未安裝「Google Chrome瀏覽器」，可進入Google的官方網站下載並安裝。

 1-1-3 安裝App Inventor 2開發套件

當我們利用App Inventor 2開發完成程式之後，如果想利用「模擬器」（Emulator）或透過USB連接手機來瀏覽執行結果，則必須要先安裝App Inventor 2開發套件。

一、進入官方網站

網址：http://appinventor.mit.edu/explore/ai2/setup.html

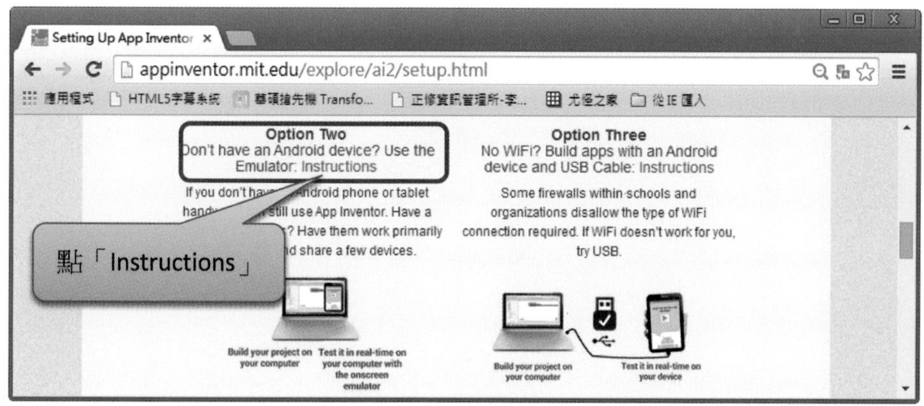

二、選擇安裝App Inventor 2軟體的版本

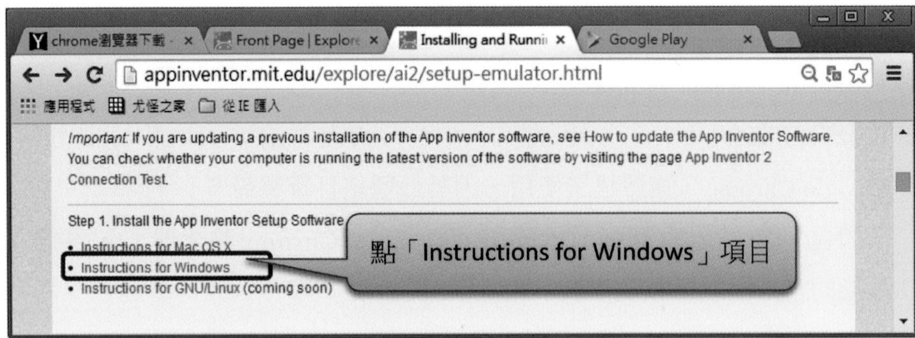

三、下載檔案

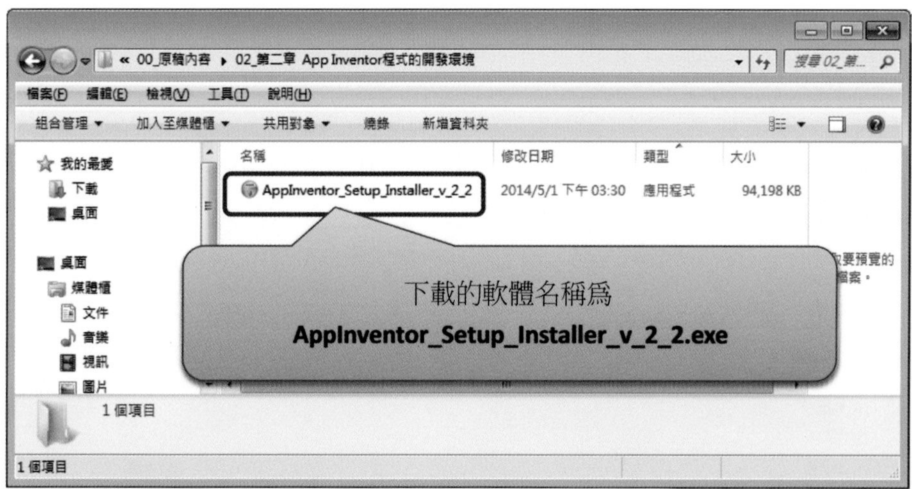

四、安裝檔案

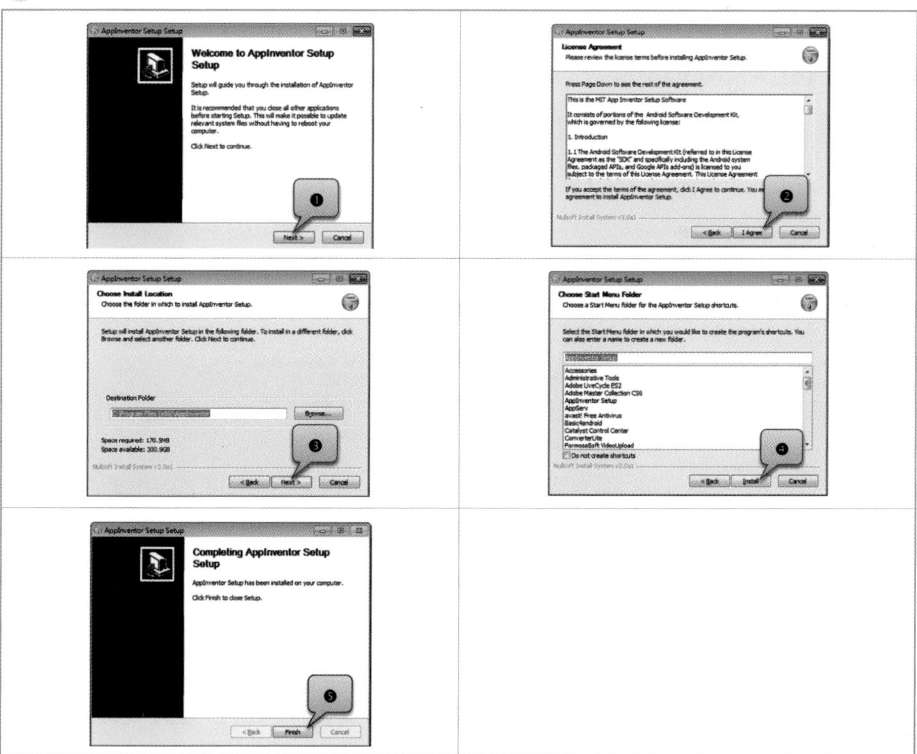

五、啟動aiStarter

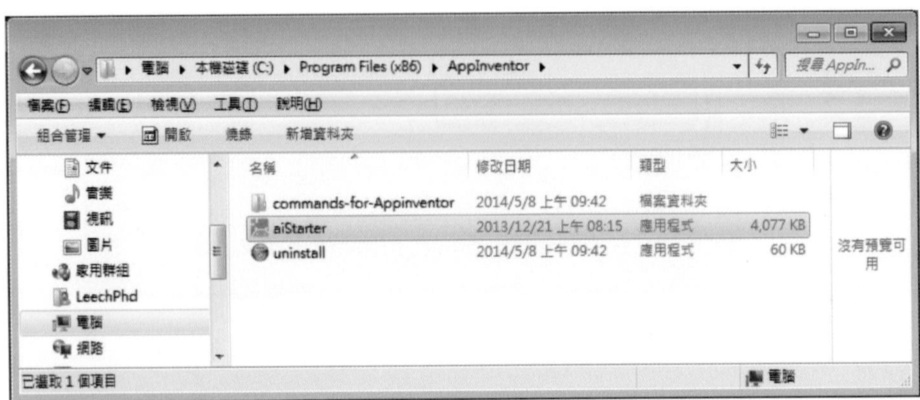

【說明】

安裝完成之後，「App Inventor 2開發套件」會安裝至「C:\Program Files (x86)\AppInventor」目錄下，其中「aiStarter」檔案就是用來負責「App Inventor 2」與「模擬器」、「USB連接的手機」之間的溝通。因此，想要利用模擬器來執行「App Inventor 2」程式時，必須要先啟動此檔案。

【注意】

當安裝完成「App Inventor 2開發套件」之後，系統會自動將「aiStarter」

檔案建立捷徑在桌面上。

六、查看App Inventor 2開發套件

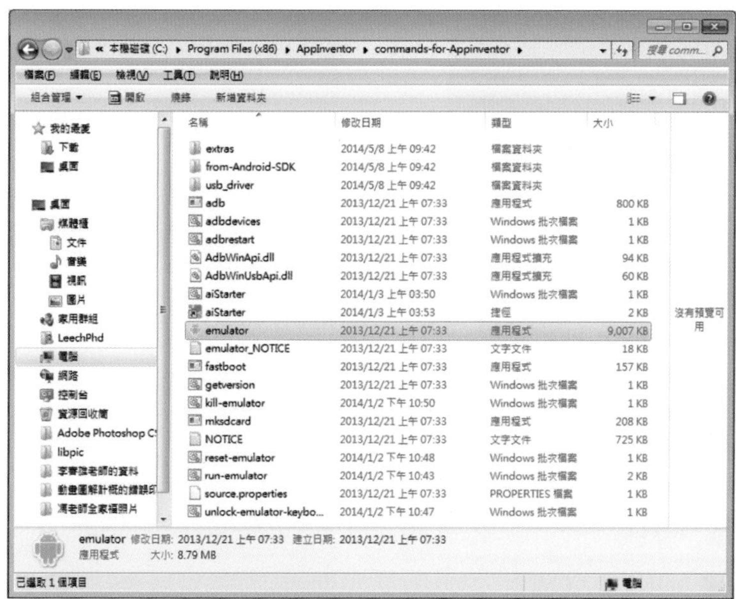

【說明】

在第五步驟中，查看「commands-for-Appinventor」目錄，會見到許多重要的檔案，例如：「emulator」就是用來啟動模擬器的檔案。

1-1-4 安裝MIT AI2 Companion

當我們開發「App Inventor 2」程式之後，除了利用「模擬器」及「USB連接的手機」來測試執行結果之外，其實最方便的方法就是利用WiFi連線，因此必須在手機上安裝「MIT AI2 Companion」軟體，也就是說，你的手機將可以直接透過WiFi連線測試程式。

【取得方式】

一、進入Google Play商店（下載、安裝及開啟）

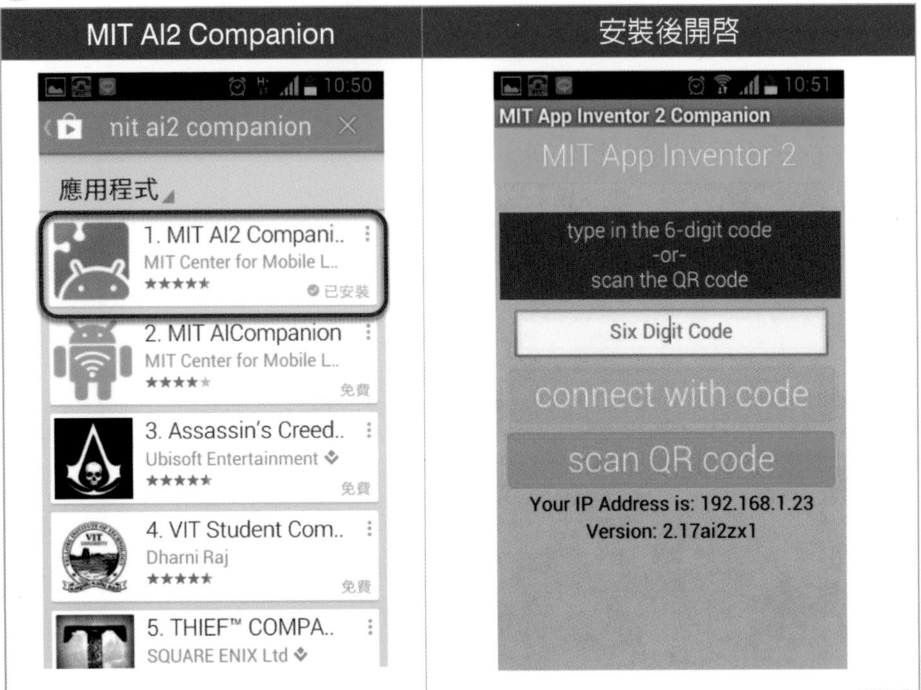

二、MIT App Inventor官方網站下載

網址：http://appinventor.mit.edu/explore/ai2/setup-device-wifi.html

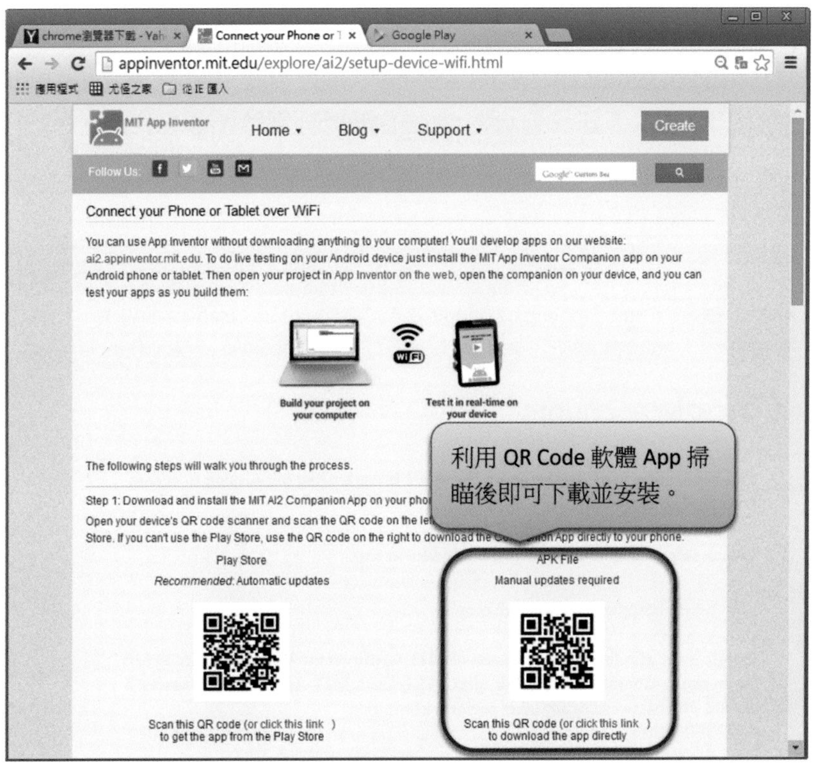

1-2 進入App Inventor 2雲端開發網頁

由於App Inventor 2是一套「雲端網頁操作模式」的整合開發環境，因此，必須要先利用瀏覽器（建議使用Google Chrome）來連接到MIT App Inventor的官方網站，其完整的步驟如下：

一、進入MIT App Inventor官方網站

開啓Google Chrome瀏覽器，並輸入網址：http://ai2.appinventor.mit.edu，此時，如果尚未登入Google帳戶，則會自動導向至Google帳戶登入畫面。

【說明】

MIT App Inventor官方網站會詢問，是否可以允許存取你的Google帳戶，建議按「Allow」鈕。它會將Google帳戶分享給App Inventor 2，但可以放心的是，在Google帳戶中的密碼及個人資訊並不會被分享出去。

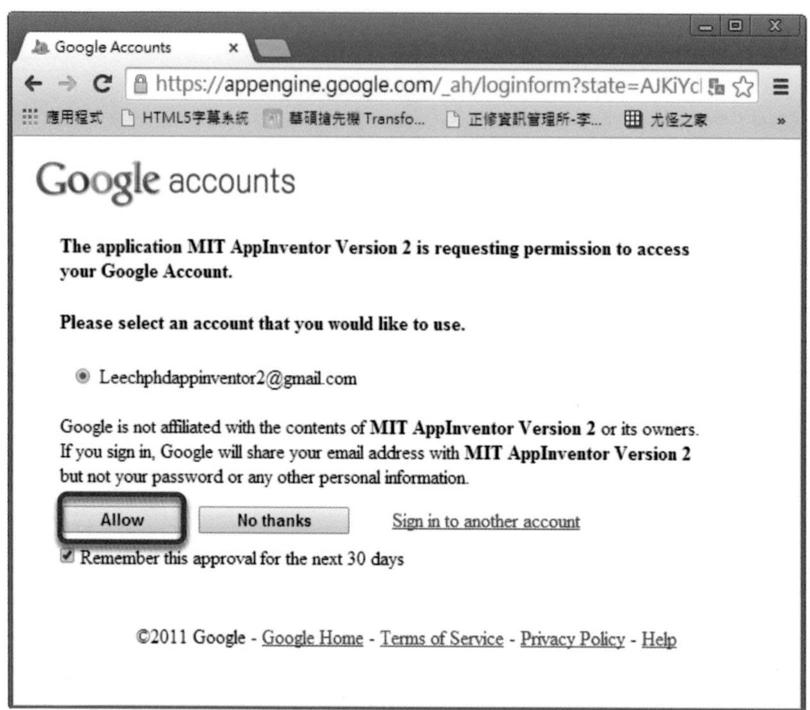

二、問卷調查

「App Inventor」會詢問你是否願意填寫「問卷調查」，此時可先選擇「Take Survey Later」。

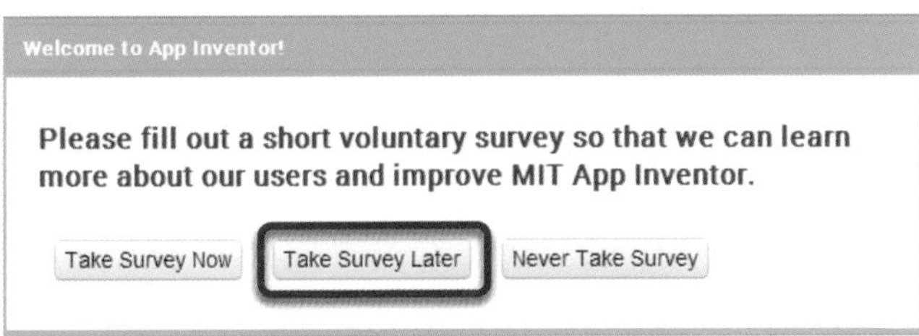

三、出現歡迎畫面

四、檢查目前是否已有開發App Inventor 2專案程式

App Inventor 2的「專案管理平台」會去檢查你目前是否已經有開發App Inventor 2專案程式，如果沒有會出現以下畫面：

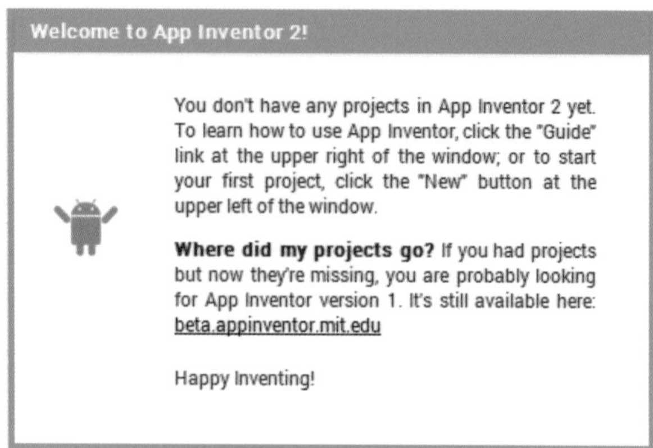

五、App Inventor 2的專案管理平台

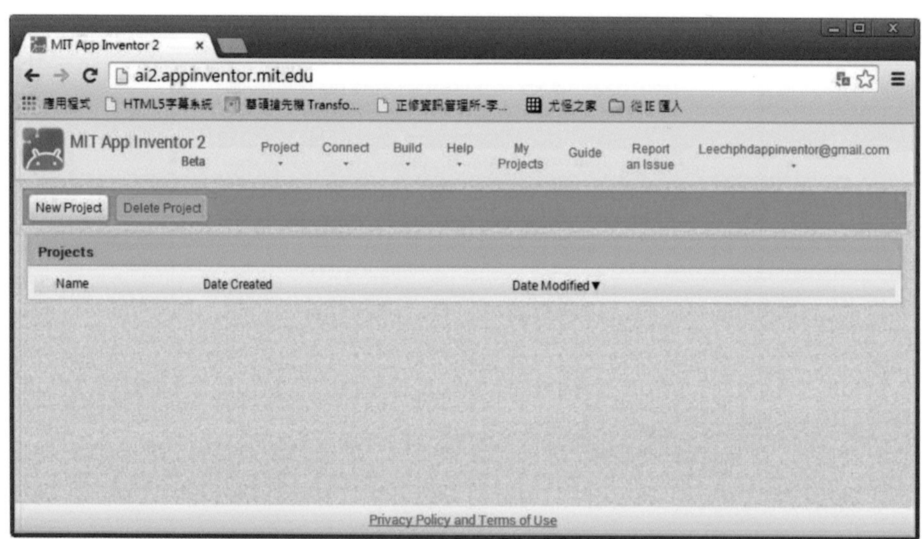

註 由於尚未新增「專案名稱」，所以，目前沒有任何專案在平台上。

1-3 App Inventor 2的整合開發環境

如果想利用「App Inventor 2」來開發Android App，必須要先熟悉App Inventor 2的整合開發環境操作程序，並依照以下的步驟來完成。

一、新增專案（New Project）

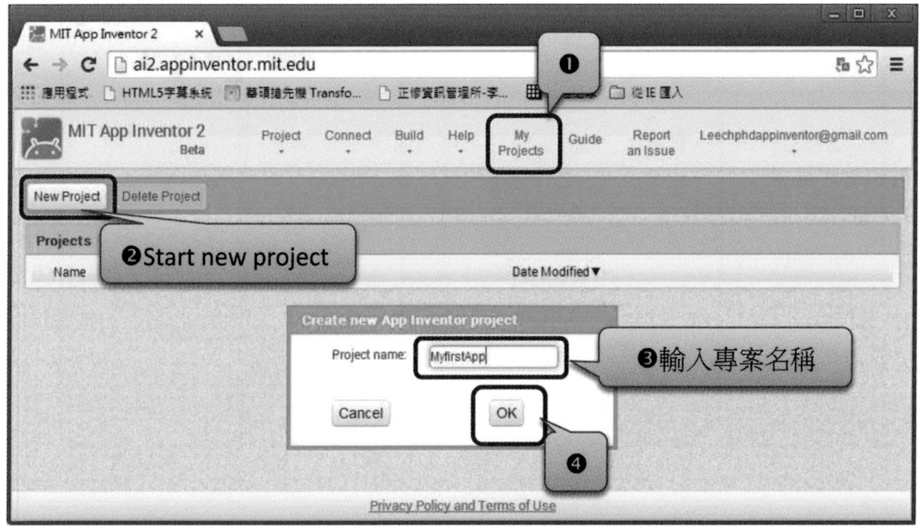

【專案名稱命名之注意事項】

1. 不可使用「中文字」來命名。
2. 只能使用大小寫英文字母、數字及底線符號「_」。
3. 專案名稱的第一個字必須是大小寫英文字母。

二、進入設計者（Designer）畫面

在「新增專案」（New Project）之後，App Inventor 2開發平台會立即進入到Designer的開發介面環境。基本上，App Inventor 2拼圖語言的操作環境中，分成四大區塊：Palette（元件群組區）、Viewer（手機畫面配置

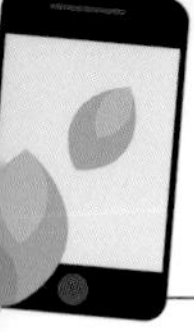

區）、Components（專案所用的元件區）、Properties（元件屬性區）。

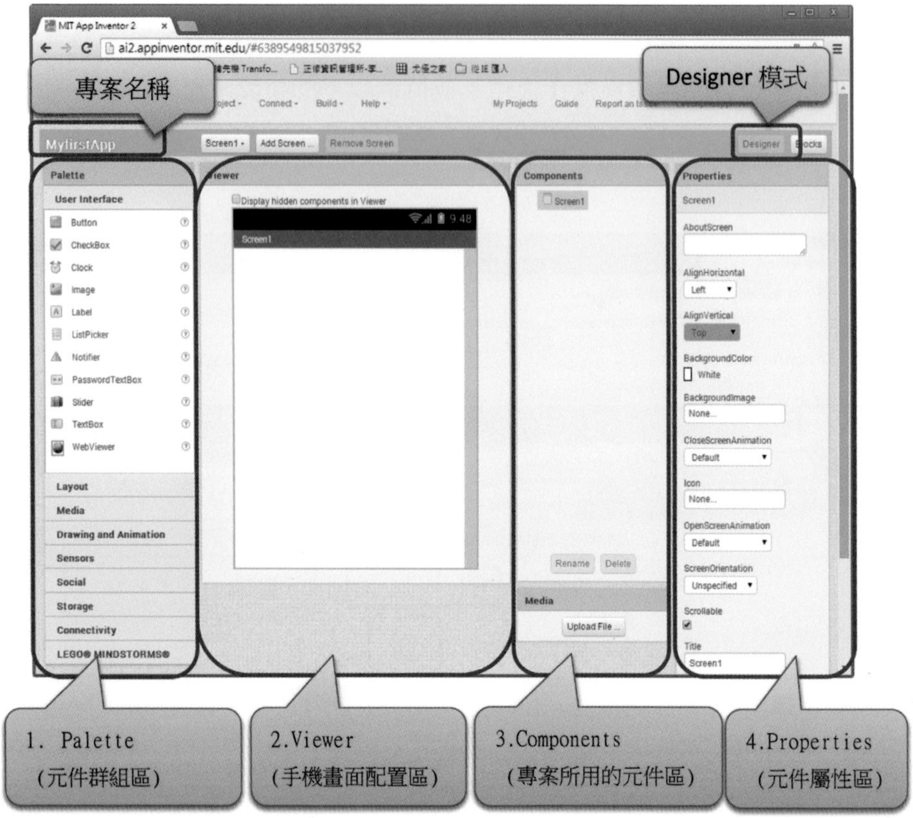
專案名稱
Designer 模式
MyfirstApp
Palette
User Interface
Viewer
Components
Properties
1. Palette
（元件群組區）
2.Viewer
（手機畫面配置區）
3.Components
（專案所用的元件區）
4.Properties
（元件屬性區）

(一) Palette（元件群組區）

(1)User Interface（使用者介面設計之元件）	元件說明
User Interface	
Button	Button（命令鈕元件）
CheckBox	CheckBox（核取方塊元件）
DatePicker	DatePicker（日期選取元件元件）
Image	Image（影像元件）
Label	Label（標籤元件）
ListPicker	ListPicker（清單選擇器元件）
ListView	ListView（清單顯示器元件）
Notifier	Notifier（訊息通知元件）
PasswordTextBox	PasswordTextBox（密碼文字框元件）
Slider	Slider（滑桿圖形元件）
Spinner	Spinner（下拉式選單元件）
TextBox	TextBox（文字框元件）
TimePicker	TimePicker（時間選取元件）
WebViewer	WebViewer（瀏覽器元件）

(2)Layout（畫面配置元件）	元件說明
Layout	
HorizontalArrangement	HorizontalArrangement（水平排列元件）
TableArrangement	TableArrangement（表格排列元件）
VerticalArrangement	VerticalArrangement（垂直排列元件）

(3)Media（多媒體元件）	元件說明
Media	
Camcorder	Camcorder（攝影機元件）
Camera	Camera（啓動照相機元件）
ImagePicker	ImagePicker（從相簿挑選照片元件）
Player	Player（播放音樂元件）
Sound	Sound（發出聲音元件）
SoundRecorder	SoundRecorder（錄製聲音元件）
SpeechRecognizer	SpeechRecognizer（語音辨識元件）
TextToSpeech	TextToSpeech（文字轉語音元件）
VideoPlayer	VideoPlayer（播放影片元件）
YandexTranslate	YandexTranslate（翻譯元件）

(4)Drawing and Animation （繪圖及動畫設計元件）	元件說明
Drawing and Animation	
Ball	Ball（球體元件）
Canvas	Canvas（畫布元件）
ImageSprite	ImageSprite（圖片精靈元件）

(5)Sensors （感測器元件）	元件說明
Sensors	
AccelerometerSensor	AccelerometerSensor（加速感測器）
BarcodeScanner	BarcodeScanner（條碼感測器）
Clock	Clock（時鐘元件）
LocationSensor	LocationSensor（定位感測器）
NearField	NearField（周邊通訊）
OrientationSensor	OrientationSensor（方向感測器）

(6)Social (社交元件)	元件說明
Social	
ContactPicker	ContactPicker（聯絡人選擇器元件）
EmailPicker	EmailPicker（電子郵件選擇器元件）
PhoneCall	PhoneCall（打電話元件）
PhoneNumberPicker	PhoneNumberPicker（電話號碼元件）
Sharing	Sharing（資源分享元件）
Texting	Texting（簡訊元件）
Twitter	Twitter（推特元件）

(7)Storage （儲存元件）	元件說明
Storage	
File	File（檔案存取元件）
FusiontablesControl	FusiontablesControl（表格視覺化元件）
TinyDB	TinyDB（微型資料庫元件）
TinyWebDB	TinyWebDB（網路微型資料庫元件）

(8)Connectivity（連接元件）	元件說明
Connectivity	
ActivityStarter	ActivityStarter（活動啓動器元件）
BluetoothClient	BluetoothClient（藍牙用戶端元件）
BluetoothServer	BluetoothServer（藍牙伺服端元件）
Web	Web（網頁元件）

(9)LEGO®MINDSTORMS®（控制樂高機器元件）	元件說明
LEGO® MINDSTORMS®	
NxtColorSensor	NxtColorSensor（顏色感測器元件）
NxtDirectCommands	NxtDirectCommands（直接控制指令元件）
NxtDrive	NxtDrive（馬達元件）
NxtLightSensor	NxtLightSensor（光源感測器元件）
NxtSoundSensor	NxtSoundSensor（聲音感測器元件）
NxtTouchSensor	NxtTouchSensor（觸碰感測器元件）
NxtUltrasonicSensor	NxtUltrasonicSensor（超音波感測器元件）

(二) Viewer（手機畫面配置區）

用來設計使用者手機端操作介面。

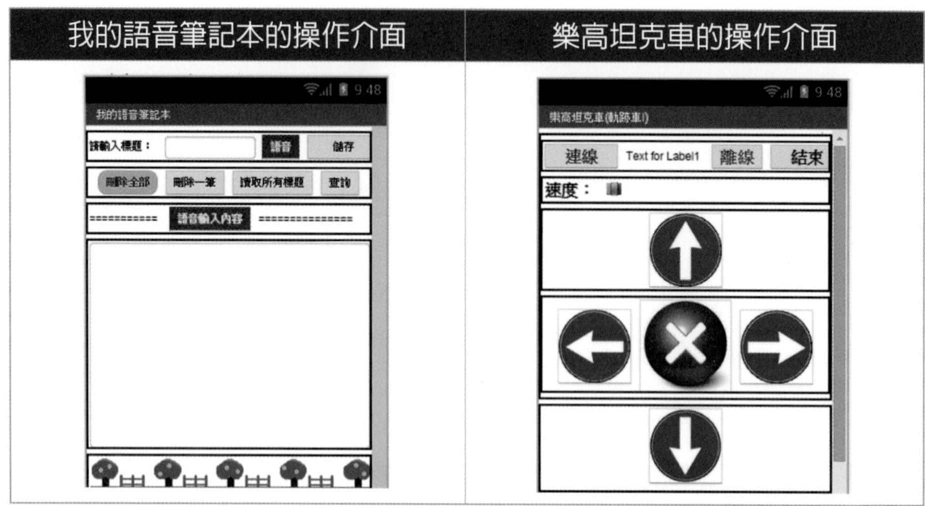

(三) Components（專案所用的元件區）

在本專案中，使用者手機端操作介面之所有元件，包含可視元件（如：Button）及不可視元件（如：Sound）。

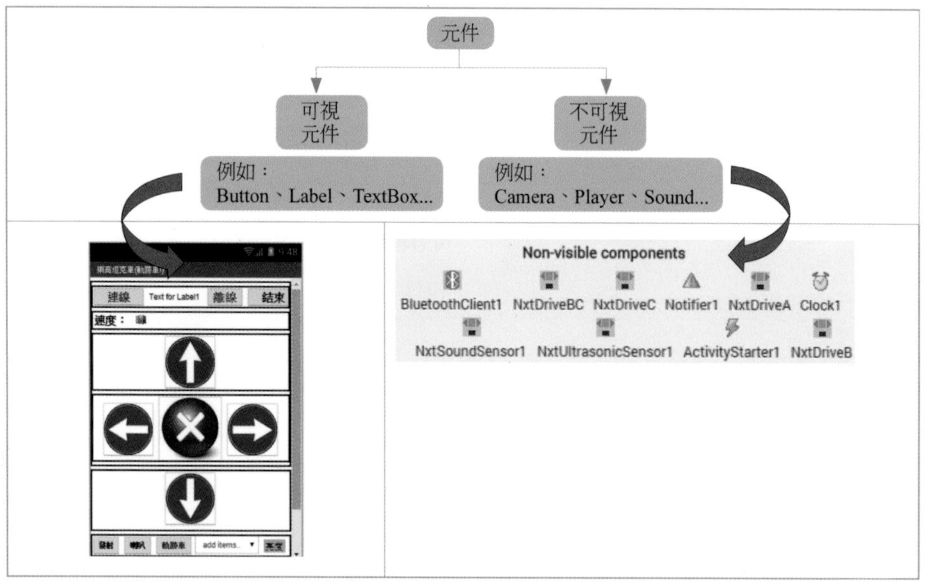

(四) Properties（元件屬性區）

用來設定Viewer中，某一元件的屬性，並且不同的元件會有不同的屬性。

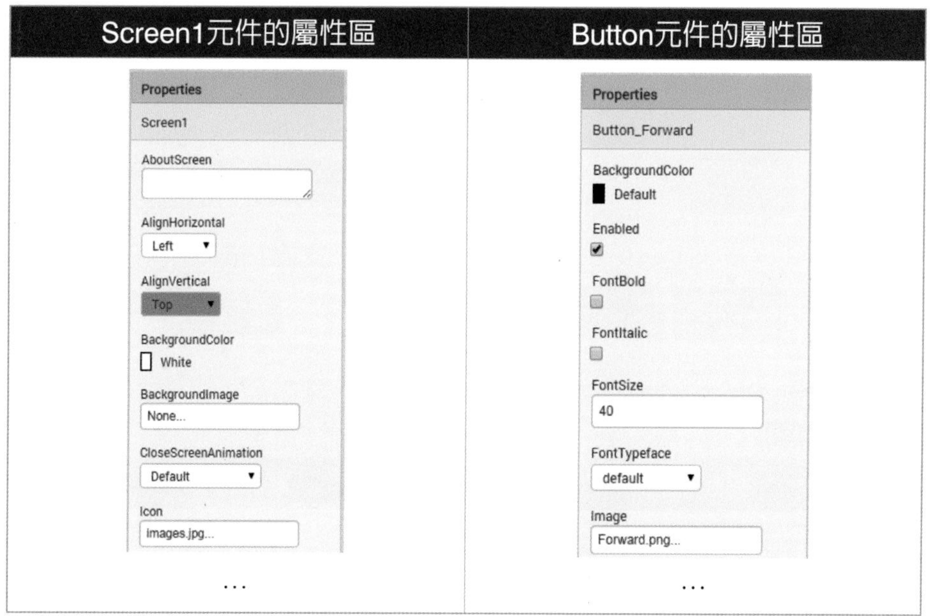

1-4 撰寫第一支App Inventor 2程式

由於App Inventor 2是一種「視覺化」的開發工具，也就是說，App Inventor程式所設計出來的畫面，使用者可以在手機上輕鬆操作所需要的功能。

【App Inventor 2開發環境架構】

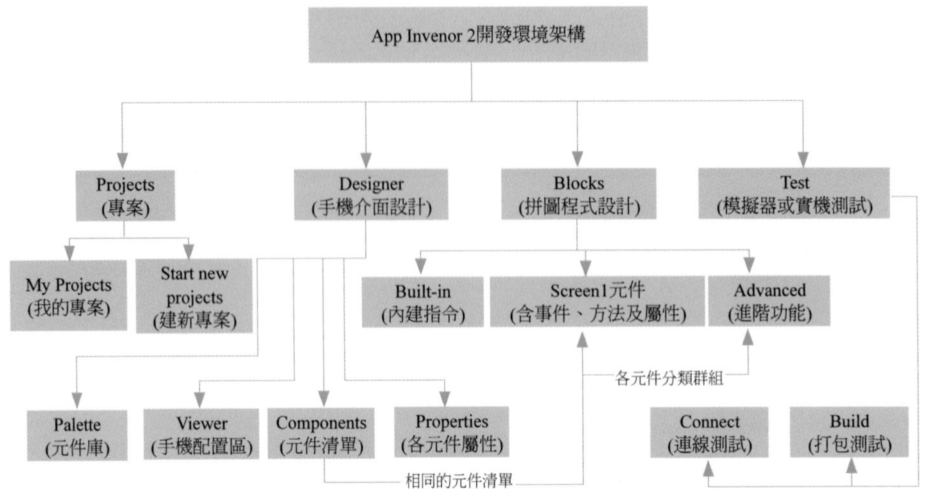

【開發流程】

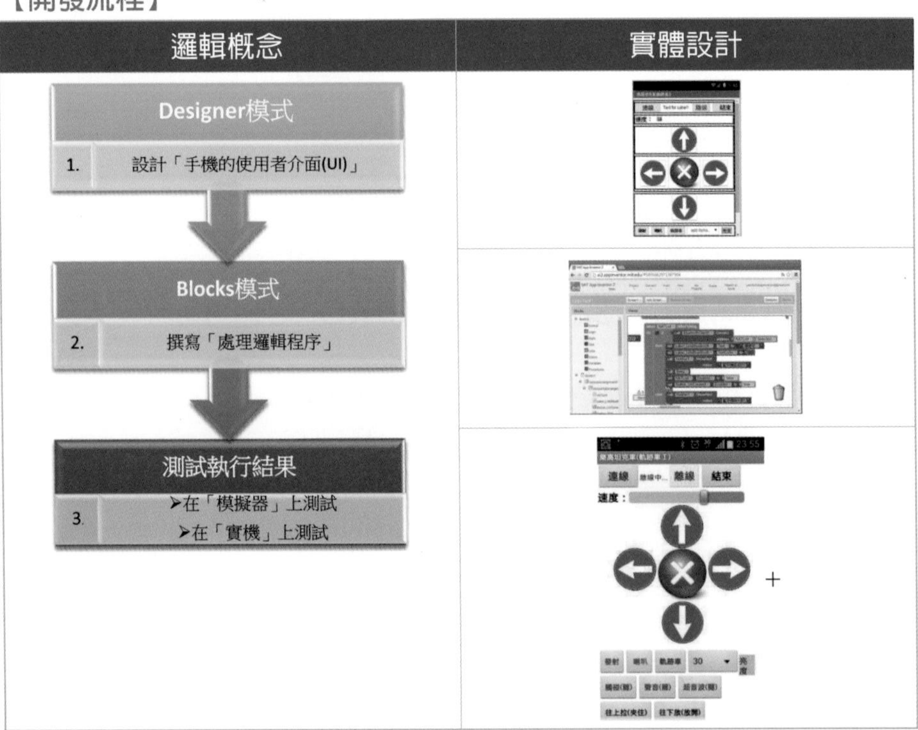

【說明】

在撰寫手機程式之前，必須要先了解每一個App Inventor 2程式都是由「介面」及「程式」這兩個部份組合而成。因此，共有以下五大步驟：

Designer模式（介面設計）	步驟一：從「元件群組區」加入元件到「手機畫面配置區」。
	步驟二：在「專案所需元件區」修改「選取元件」的元件名稱。
	步驟三：在「元件屬性區」設定「選取元件」屬性的屬性值。
Blocks模式（程式設計）	步驟四：撰寫拼圖程式。
	步驟五：測試執行結果（Android模擬器測試及實機測試）。

【Blocks模式（撰寫拼圖程式）】

在撰寫拼圖程式的環境中，左側共有三大項目，分別為：

1. Built-in（內建指令）：是指App Inventor 2軟體中內建的全部指令。

Control（流程控制）	Logic（邏輯運算）	Math（數值運算）	Text（字串處理）
......more		......more	......more

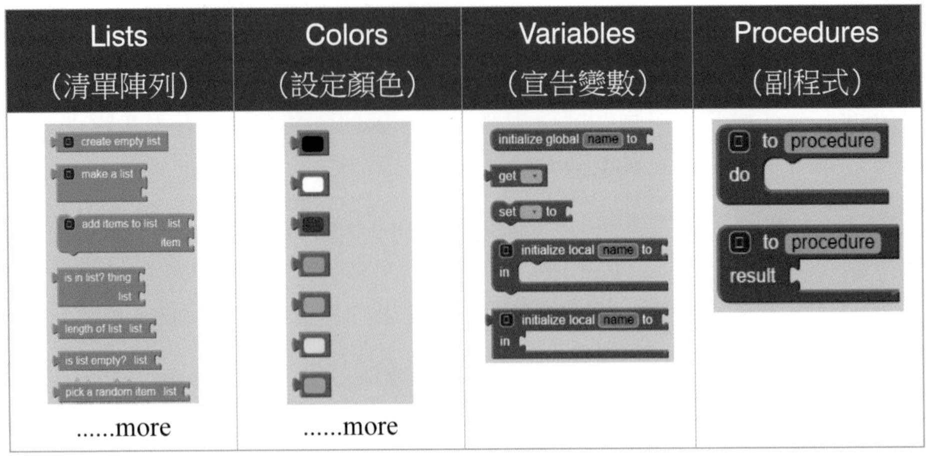

2. MyBlocks（Screen頁面元件）：是指設計者在Screen頁面中布置的元件，它會自動載入相關的觸發事件、方法及屬性的拼圖，以便讓設計者可以直接透過「拖、拉、放」來撰寫拼圖程式。

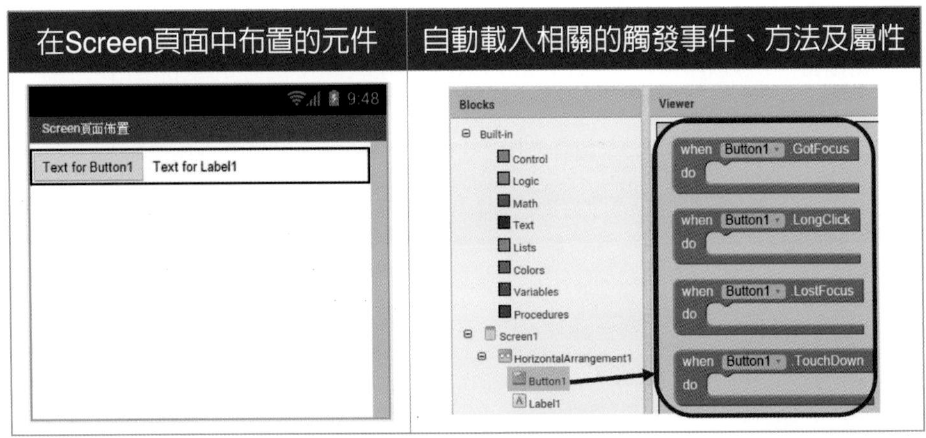

3. Advanced（進階功能）：是指設計者在Screen頁面中布置的元件，也會自動產生對應進階功能的拼圖，以便讓設計者設定同類元件的共同屬性。例如同時設定Button1與Button2兩個元件的大小、顏色及字體等屬性。

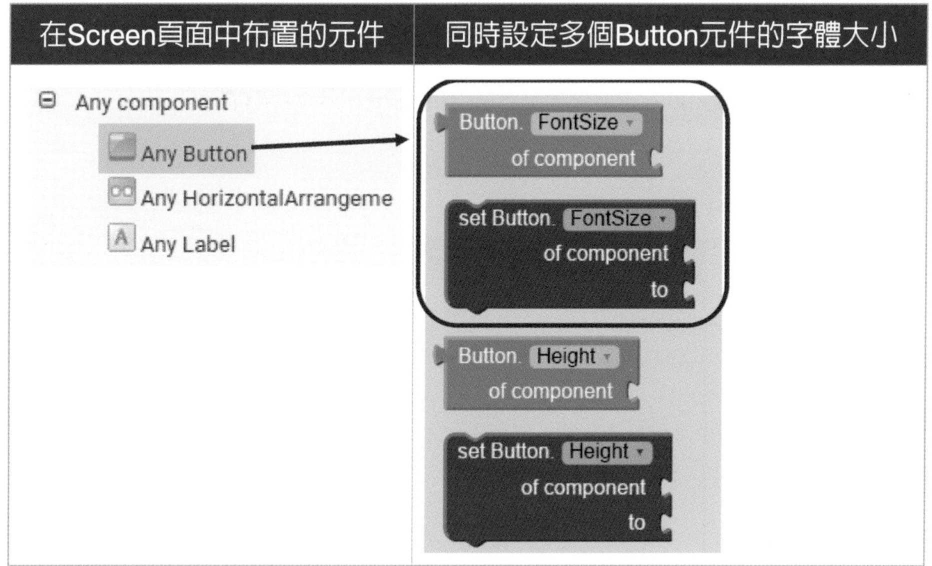

實例

請設計一個介面，讓使用者按下「Button」鈕時會顯示「我的第一支手機APP程式」訊息的程式。

步驟一：從元件群組區中的「User Interface」拖曳「Label1」與「Button1」兩個元件到「手機畫面配置區」。

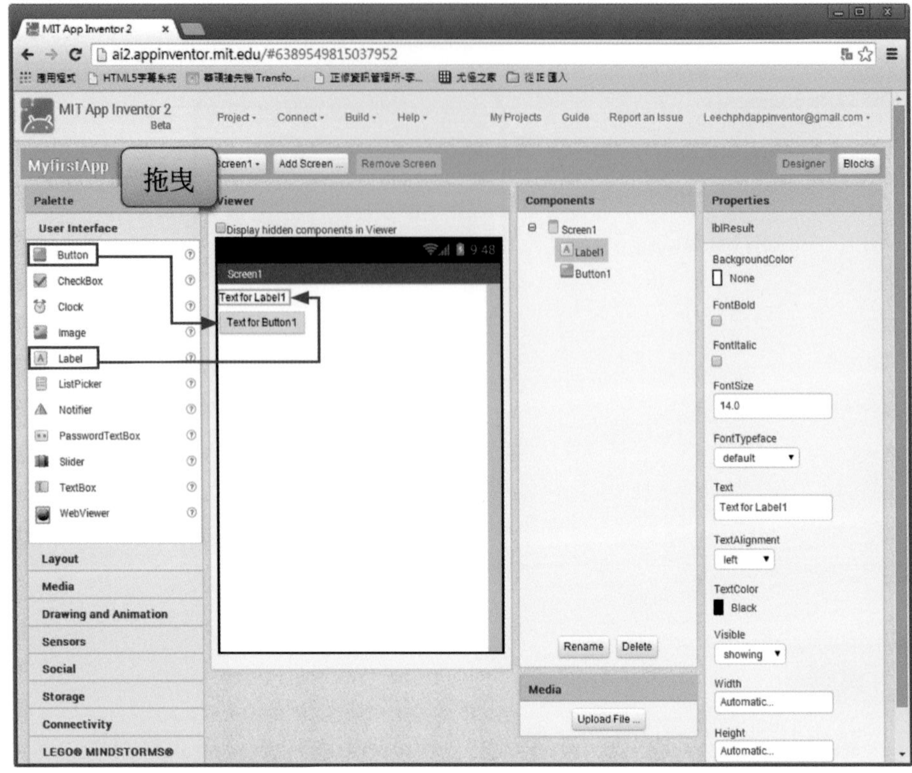

步驟二：在「專案所需元件區」修改「選取元件」的元件名稱。

元件名稱	屬性	屬性值
Label1	Name	Label_Result
Button1	Name	Button_Run

註 修改元件名稱的原則：前面保留元件的類別名稱，後面改為元件的功能。例如：Label_Result，其中「Label」代表標籤元件，「Result」代表用來顯示結果。

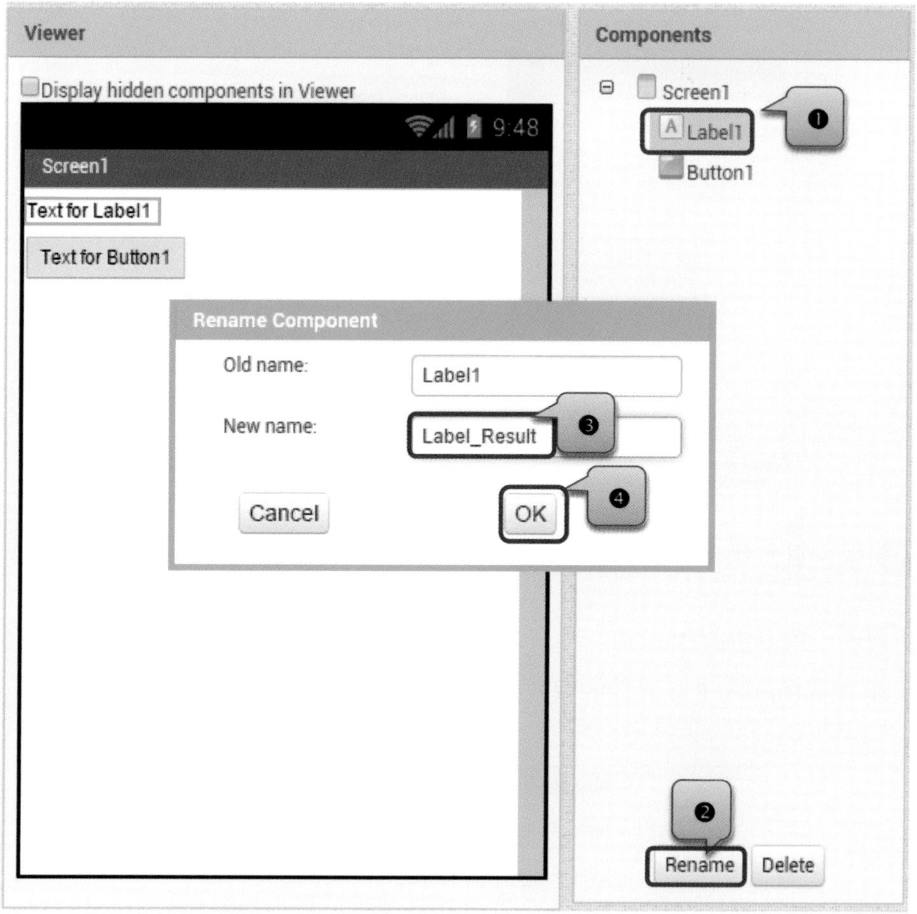

同上圖修改完畢後，以相同的方法，將Button1更名為「Button_Run」。

步驟三：設定元件屬性之屬性值。

物件名稱	屬性	屬性值
Button_Run	Text	請按我

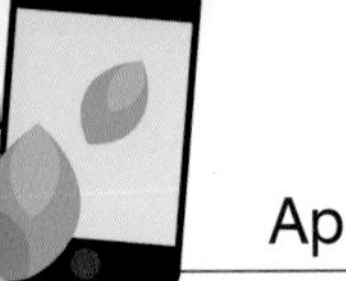

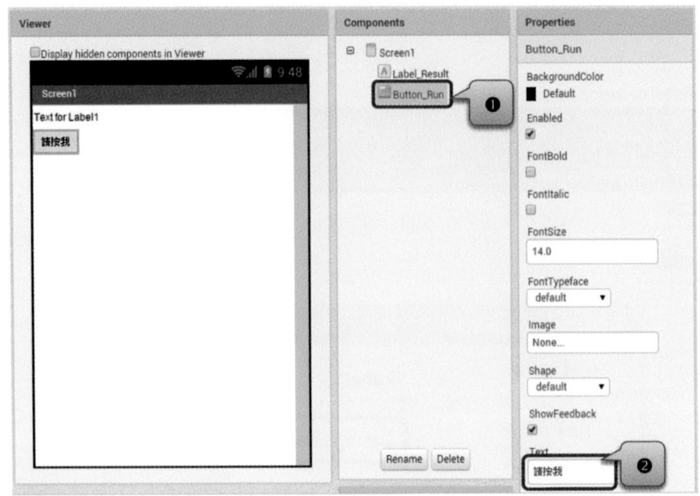

註 每一個元件相關屬性的詳細介紹，請參考第二章。

步驟四：撰寫拼圖程式。

(一) 加入Button_Run元件的程式拼圖

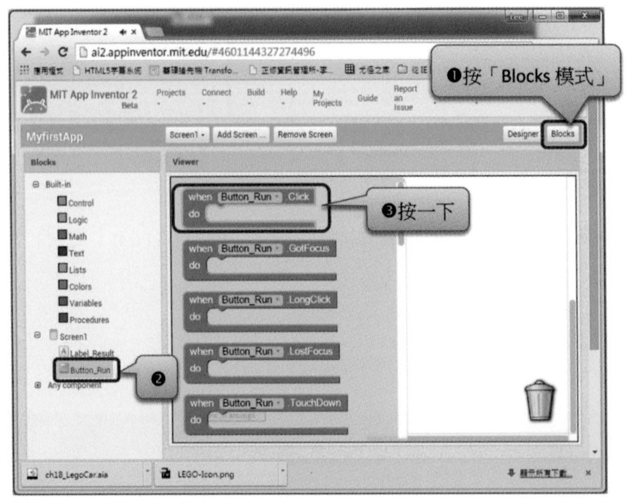

註 選擇元件需使用的「事件」，在本例中，使用「Click」事件。

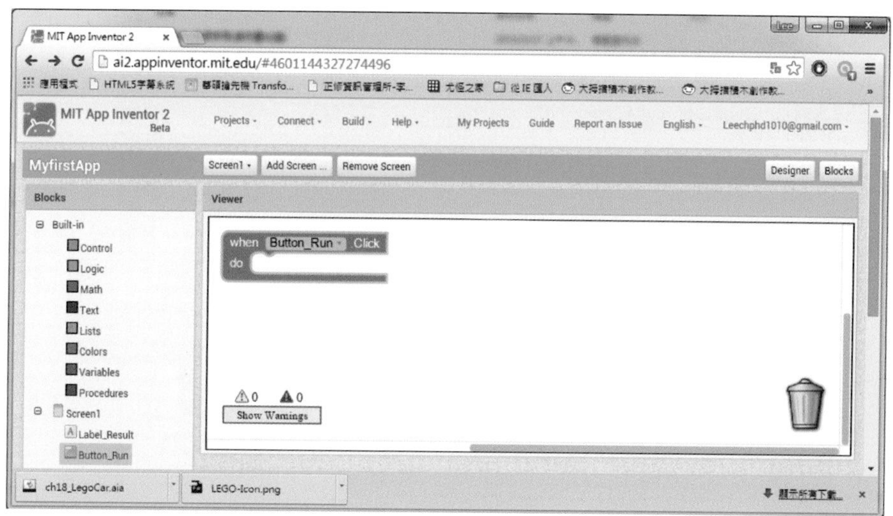

上圖呈現剛才選擇元件之事件，它代表當「Button_Run」按鈕被按下時，執行所包含的動作。

(二) 加入Label_Result元件的程式拼圖

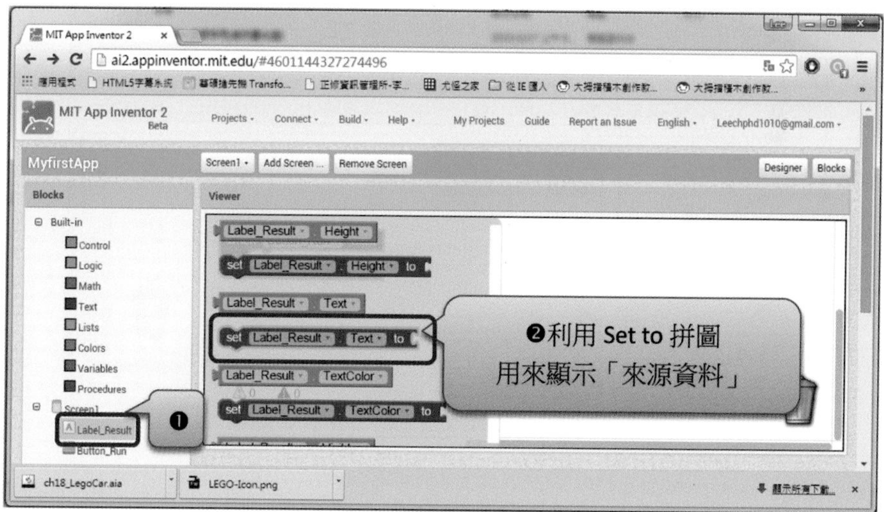

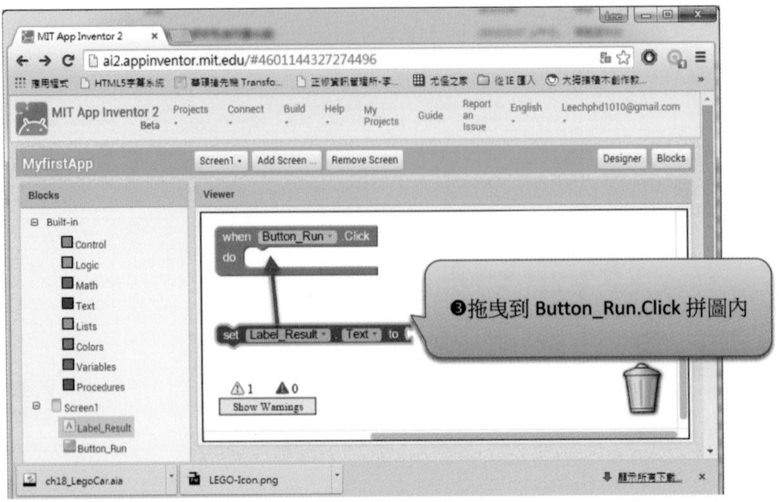

當Label_Result.Text拼圖的凹口與Button_Run.Click拼圖的凸口處接合時，會發出「咔」一聲，代表兩個拼圖正確接合。如圖所示：

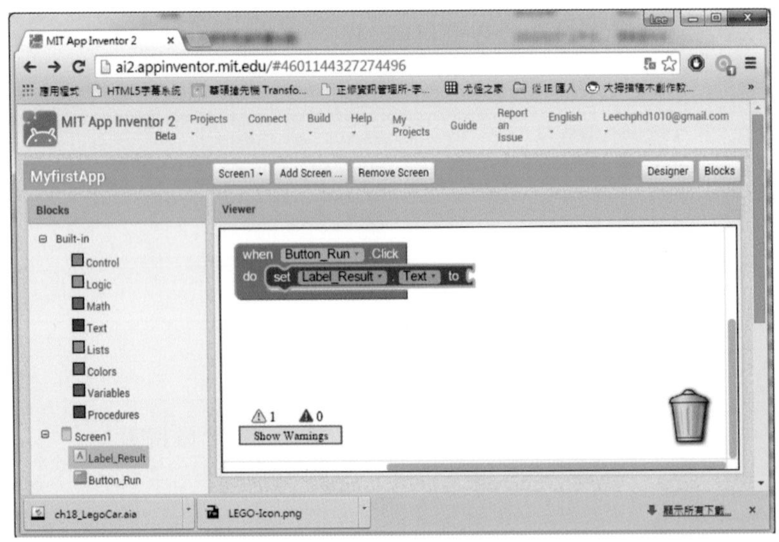

註 代表設定「Label_Result」標籤元件的文字（Text）內容為本指令右方插槽中的參數。

(三) 加入「來源字串資料」的程式拼圖

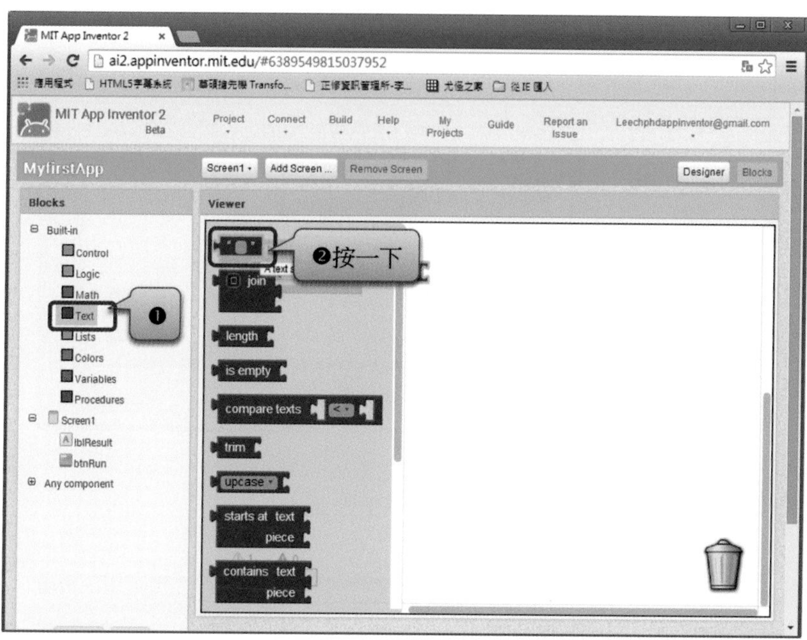

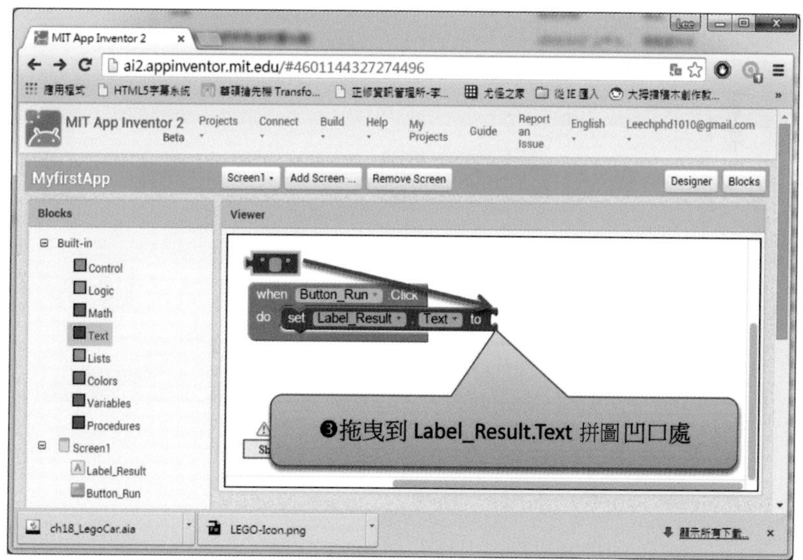

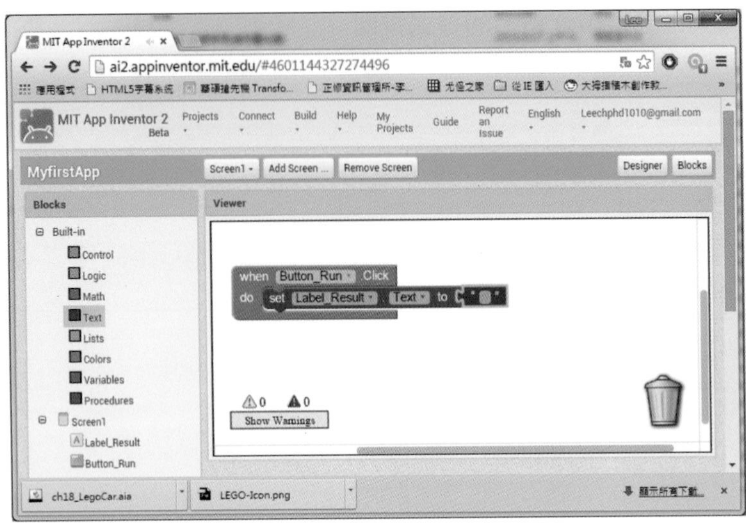

(四) 將其內容改爲「我的第一支手機APP程式」

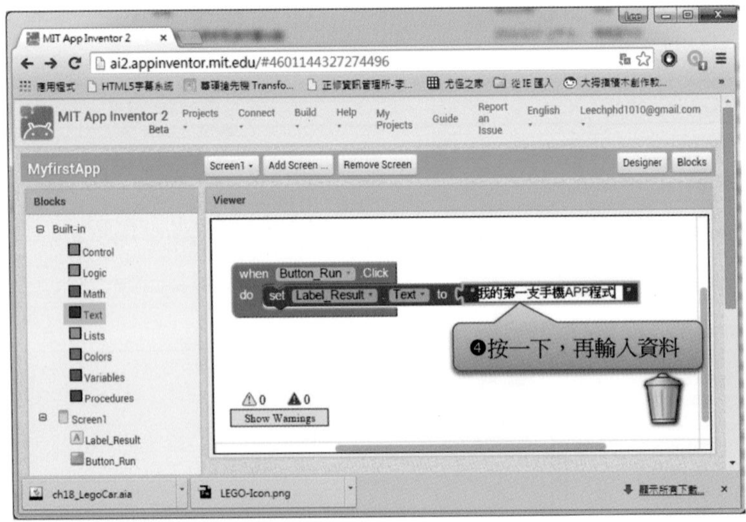

步驟五：測試執行結果（模擬器測試）。

在完成App Inventor 2程式中的「Designer模式」（手機介面設計）及

「Blocks模式」（拼圖程式設計）之後，接下來就可以利用「模擬器」來進行測試。

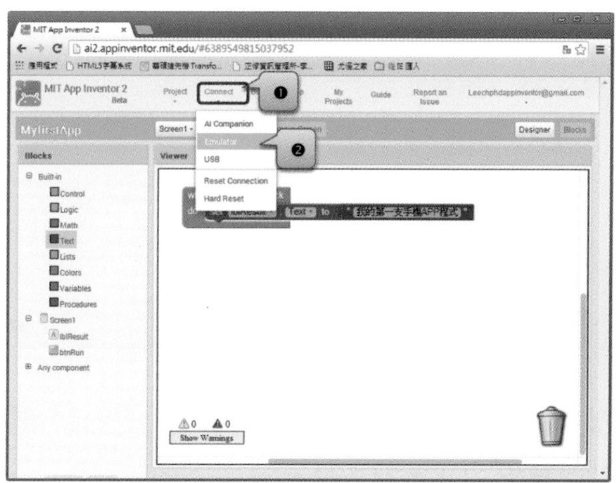

在進行「模擬器」測試時，必須要先啓動aiStarter，及在模擬器上安裝MIT AI2 Companion。其程序如下：

步驟一：啓動aiStarter。

【aiStarter儲存目錄】

如果在啓動「模擬器」時，尚未先啓動aiStarter程式，則會顯示以下的訊息方塊，此時，請按「OK」鈕即可。

當啓動aiStarter，並執行「Connect/Emulator」（模擬器）時，畫面上就會出現「模擬器」，這時將畫面鎖頭往右移動，即可解鎖。

在過數十秒後，系統自動啓動「模擬器」，但此時仍然無法順利執行App Inventor 2程式，因爲還必須要在模擬器上安裝MIT AI2 Companion元件程式。當顯示以下之訊息方塊，請按「OK」即可。

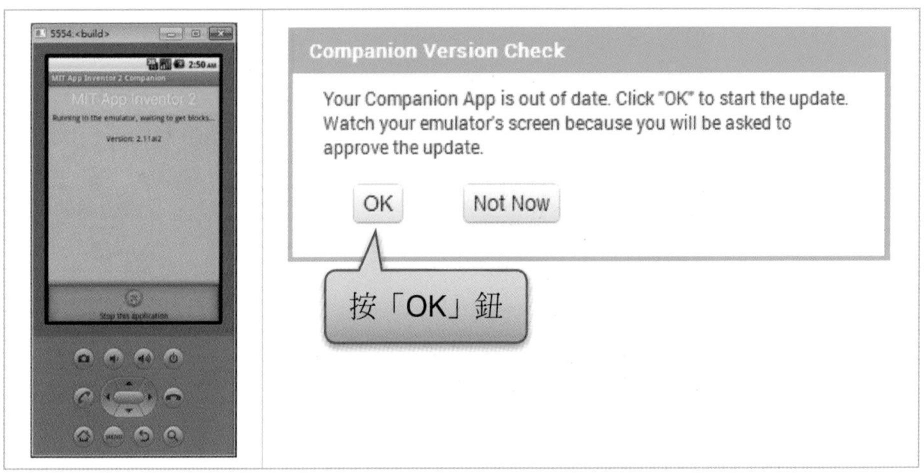

步驟二：在模擬器上安裝MIT AI2 Companion。

在上圖中按下「OK」之後，此時就會出現「軟體更新」的對話方塊，請按「Got It」即可。

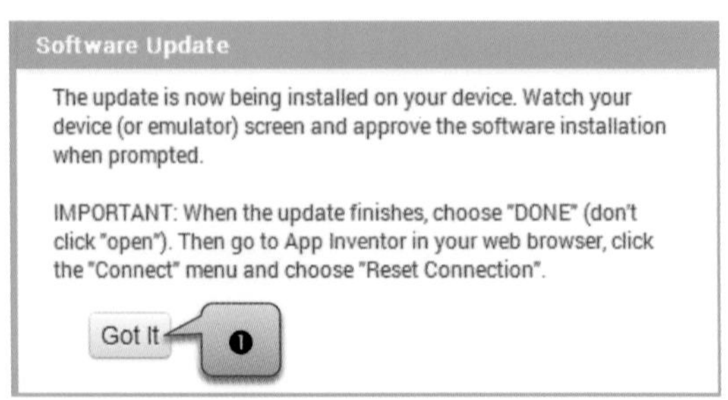

接下來，在「模擬器」上就會出現「Replace application」對話方塊，請按「OK」後，再按「Install」，此時，就會開始安裝「MIT AI2 Companion」。

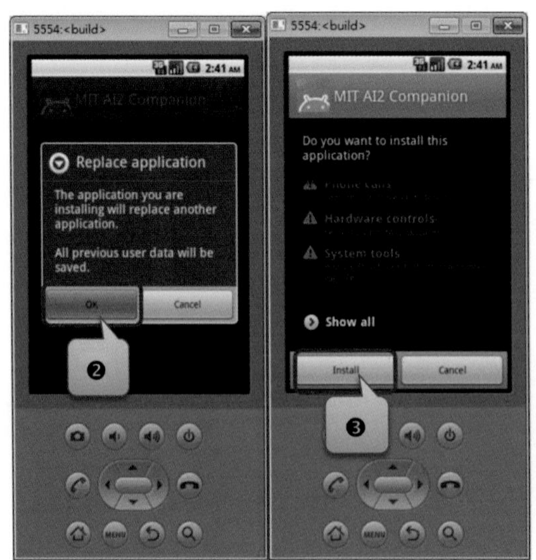

安裝完成之後，再按「Done」即可。此時「模擬器」的桌面上就會出現「MIT AI2 Companion」圖示。

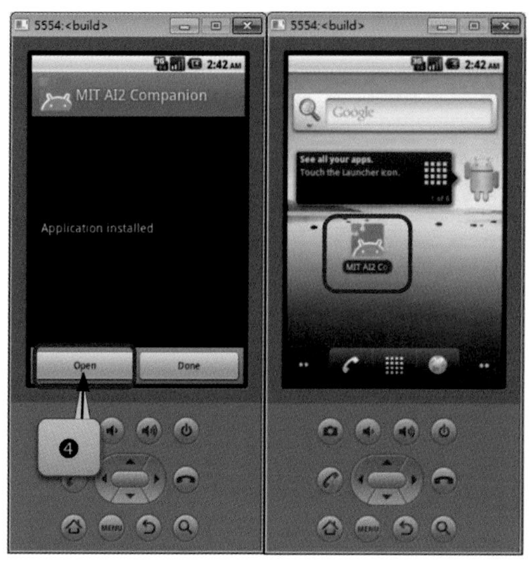

步驟三：模擬器測試。

重新執行一次「Emulator」，但當無法選擇此項目時，請先按「Reset Connection」來重新連線。

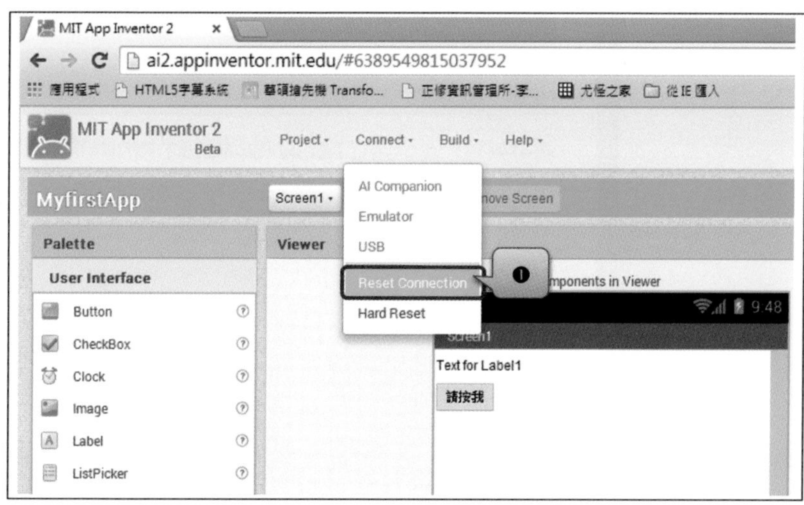

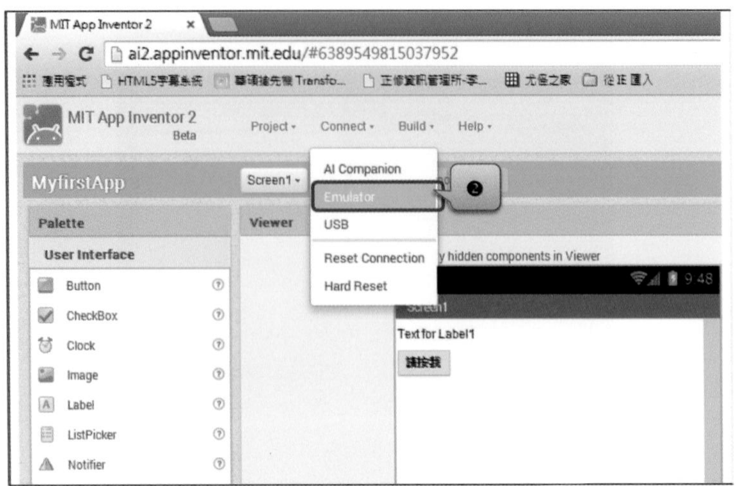

【執行畫面】

註 建議盡量使用實機進行測試，因為模擬器的啓動必須花費較長的時間，並且有些功能無法模擬，例如：照相機、感測器等。

1-5 App Inventor 2程式的執行模式

App Inventor 2程式的執行模式分爲以下幾種：

1. Emulator：利用模擬器測試。
2. USB：利用USB線來連接到手機測試。
3. AI Companion：利用WiFi連接到手機測試。
4. App（provide QR code for .apk）：利用QuickMark軟體來掃描QR Code以取得.apk檔安裝到手機上。
5. App（save .asp to my computer）：直接儲存到你的電腦之下載目錄中。

1-5-1 模擬器測試

在前一單元中，我們已經利用「模擬器」（Emulator）來執行「App Inventor 2」程式，但是利用「模擬器」測試時，等待時間較長，並且無法模擬感測器功能（如：溫度、聲量、亮度等）。

【適用時機】

沒有智慧型手機的初學者，亦即沒有實機也可以撰寫Android App。

【優點】

1. 方便性。
2. 無需擁有智慧型手機。

【缺點】

1. 執行時，等待時間較長。
2. 無法模擬感測器、照相機等功能。

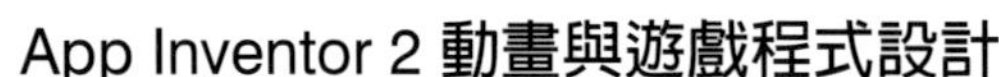

【操作方式】Connect / Emulator

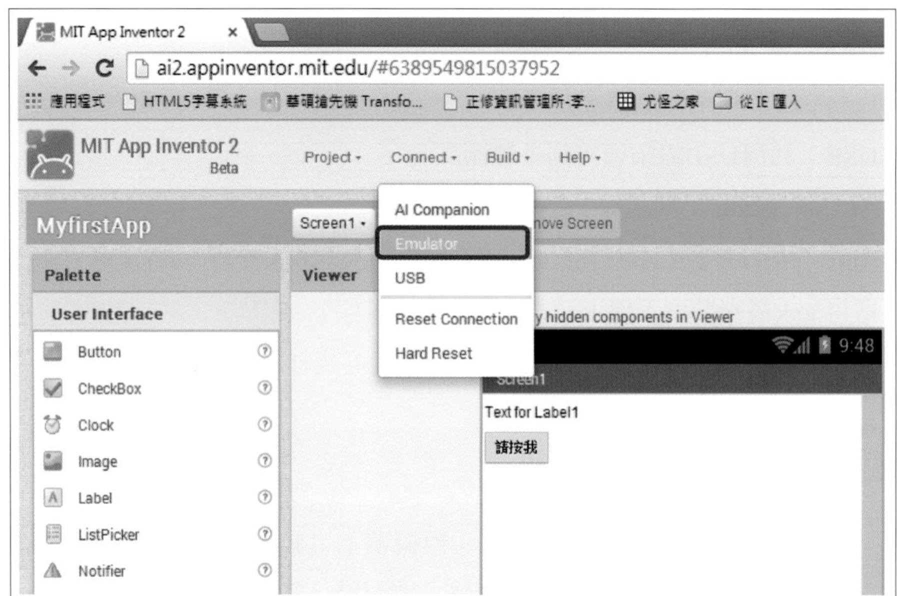

 1-5-2　USB連接手機測試

雖然利用模擬器（Emulator）可讓沒有智慧型手機的初學者得以撰寫Android App，但是，當開發的App必須要使用到感測器時，將無法測試其功能，此時就必須擁有智慧型手機透過USB與電腦連接進行測試。

【適用時機】

沒有WiFi及3G的環境中。

【優點】

可以真實模擬感測器、照相機等功能。

【缺點】

1. 必須擁有智慧型手機即USB傳輸線。

2. 必須要有手機的驅動程式。
3. 必須要先在手機上設定安全性及開發人員選項。
4. 並非每一台實機（智慧型手機）都可以與電腦連接成功，部份智慧型手機無法順利連線。

設定 / 安全性 / 未知的來源（勾選）	設定 / 開發人員選項 / USB偵錯（勾選）

【操作方式】Connect / USB

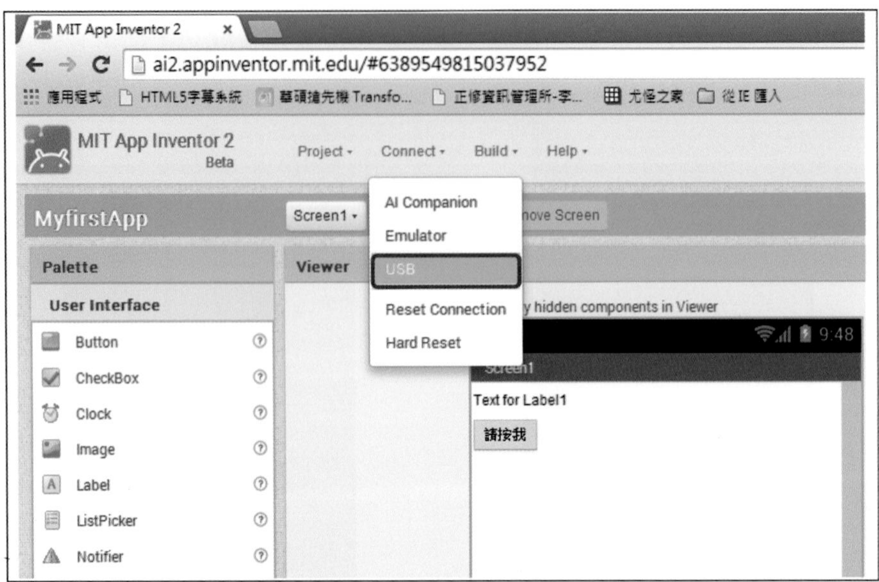

【執行畫面】

1-5-3 WiFi連接到手機測試

在前面已經介紹過利用「模擬器」（Emulator）及「USB連接手機」來測試執行結果的兩種方法，但其實還有一個最方便的方法，就是利用WiFi連線，也就是說，手機直接透過WiFi連線就可以測試程式。

【優點】

1. 快速方便。
2. 無線同步。

【缺點】

1. 在學校的電腦教室中，必須要是同一個網段。
2. 如果在WiFi不穩定的環境中，無法順利測試程式。

【注意】

1. 在家中，你的手機與電腦必須連結到同一個WiFi設備，否則無法順利連線。
2. MIT AI2 Companion軟體建議更新到最新版本。
3. 在學校或公共場所的WiFi環境，可能會有安全性考量，無法順利連線。

【解決方法】

1. 架設可攜式WiFi無線基地台。
2. 透過3G無線網路（見下一單元1-5-4，取得封裝檔（.apk）安裝到手機）。

【操作方式】

步驟一：手機連上WiFi。

步驟二：手機開啓MIT AI2 Companion。

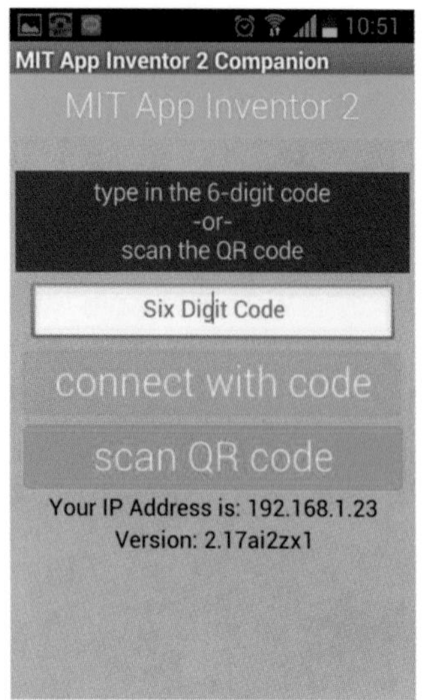

步驟三：Connect / AI Companion。

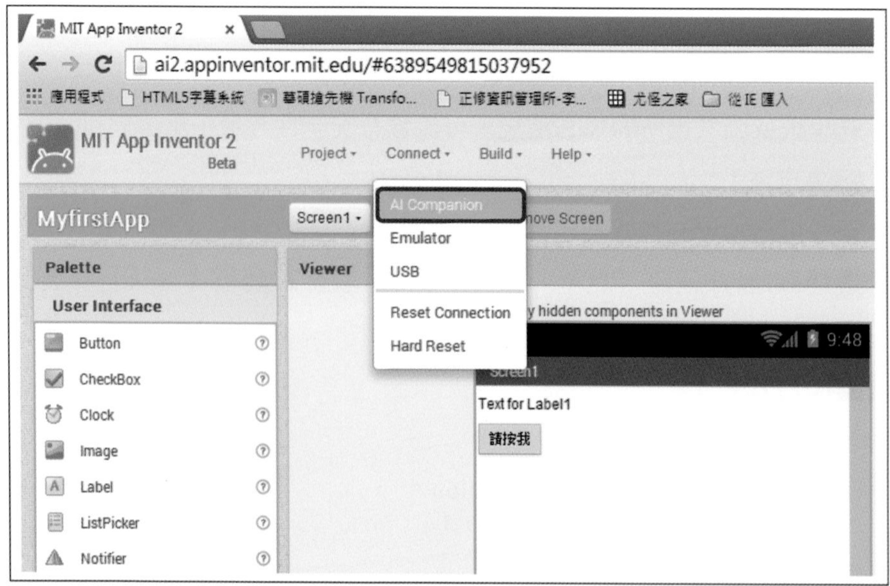

步驟四：利用手機中的「MIT AI2 Companion」程式，掃描步驟三的QR code。

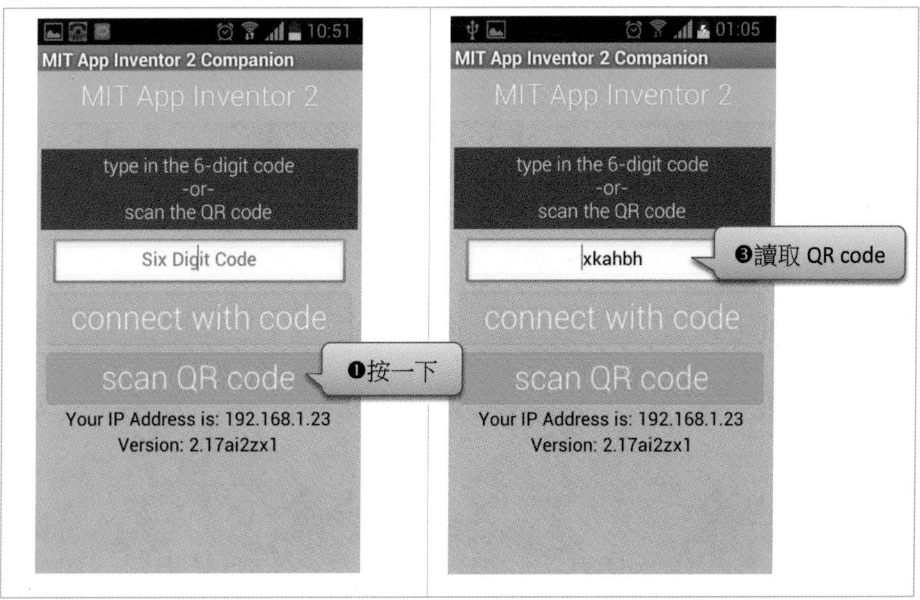

【執行畫面】

1-5-4 取得封裝檔（.apk）安裝到手機

在前面介紹的三種方法中，除了Emulator是在「模擬器」上執行外，WiFi及USB連接手機，皆是把手機當作「顯示器」來顯示執行結果，並沒有真正將封裝檔（.apk）安裝到手機中，因此，如果想將完成的作品在手機上執行時，則必須要使用「App（provide QR code for .apk）」。

【適用時機】

1. 沒有WiFi，而是在3G或4G的環境下。
2. 可將完成的作品在手機上執行。

【優點】

可真正將封裝檔（.apk）安裝到手機上。

【缺點】

必須要先下載再安裝，所以處理時間較利用WiFi連接到手機的方式要久。

【方法】

1. 利用QuickMark軟體來掃描QR Code以取得.apk檔
2. 利用LINE通訊軟體中的「行動條碼」。

【操作方式】Connect / App(provide QR code for .apk)

 1-5-5 下載封裝檔（.apk）到電腦

當我們好不容易開發一套非常好用、好玩的App時，往往都會想分享給好朋友，此時，你可以先利用「下載封裝檔（.apk）到電腦」方式，再轉換給其他人。

【適用時機】

1. 分享App給他人
2. 欲上架到Google Play商店

【優點】

可以讓多人下載、安裝及使用

【方法】

直接儲存到電腦內之下載目錄中。

【操作方式】Build / App(save .asp to my computer)

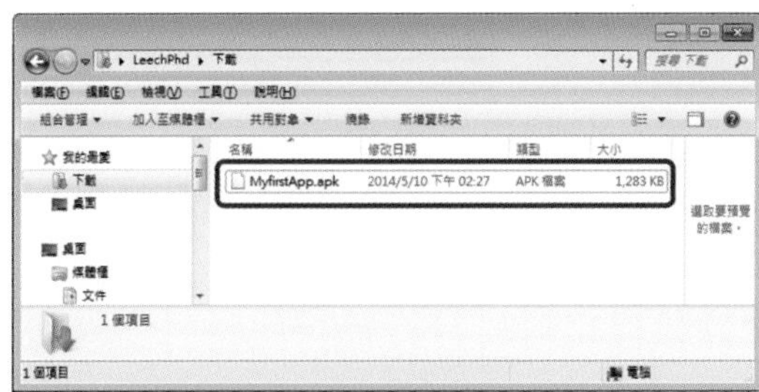

註 預設的下載路徑：C:\使用者\電腦名稱\下載。

1-6 管理自己的App Inventor 2專案

當我們利用App Inventor 2程式開發Android App時，往往都必須要進行各種管理，例如：新增專案、刪除專案、複製專案、匯入原始檔及匯出原始檔等。

1-6-1　新增專案

在前面的單元中，已經學會了如何「新增專案」（New Project），當我們要撰寫每一支App Inventor程式時，第一個工作就是「新增」專案，而作法有以下兩種：

1-6-2 刪除專案

當我們在撰寫一套功能完整的程式時，往往在這個過程中，會製作多個測試版的專案，等眞正開發完成（最後一個版本）時，在「我的專案」（My Projects）畫面中，就可以刪除非必要的測試版本專案。

【操作方式】

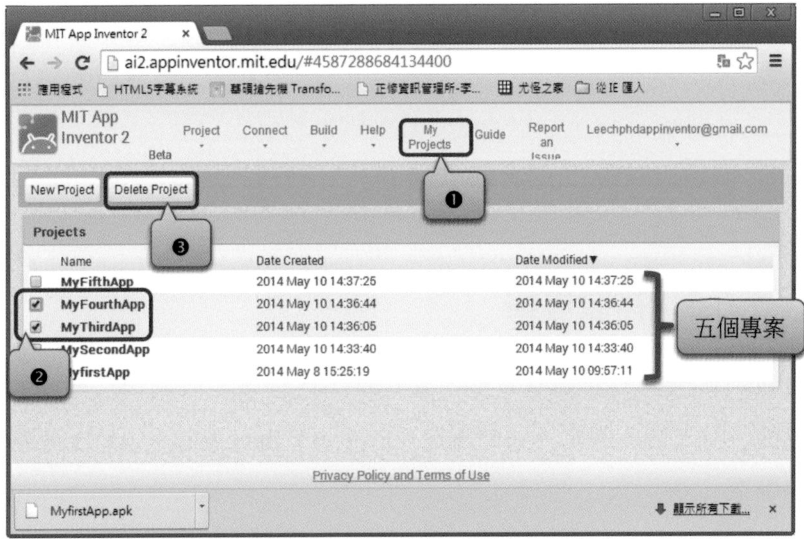

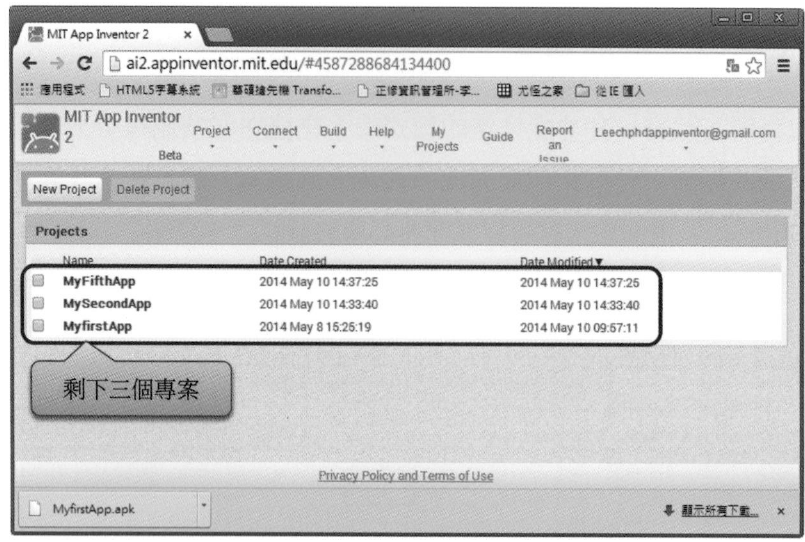

1-6-3 複製專案

當我們在撰寫一套功能完整的程式時，往往要定時備份目前完成的專案，以備不時之需，因此，我們選擇「Project / Save project as...」功能來進行複製專案。

【操作方式】

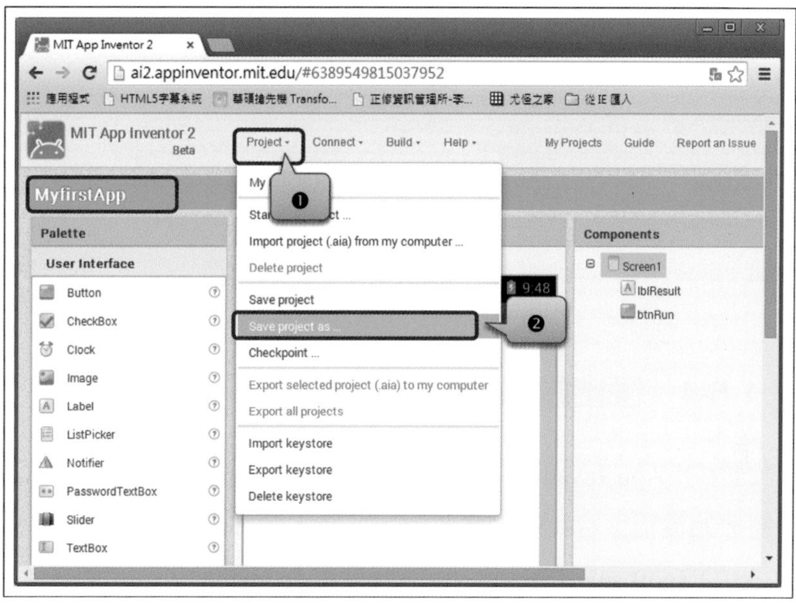

註 在進行「複製專案」時，務必要在「Designer模式」下進行，而不得在「My Projects」的專案畫面。

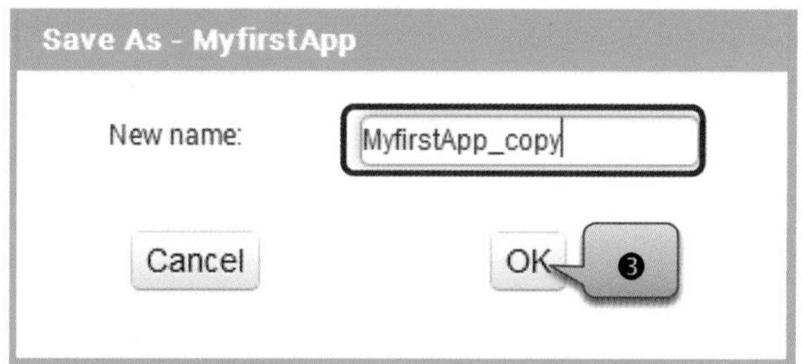

再回到「我的專案」（My Projects）畫面中，就可以看到剛剛備份的專案了。

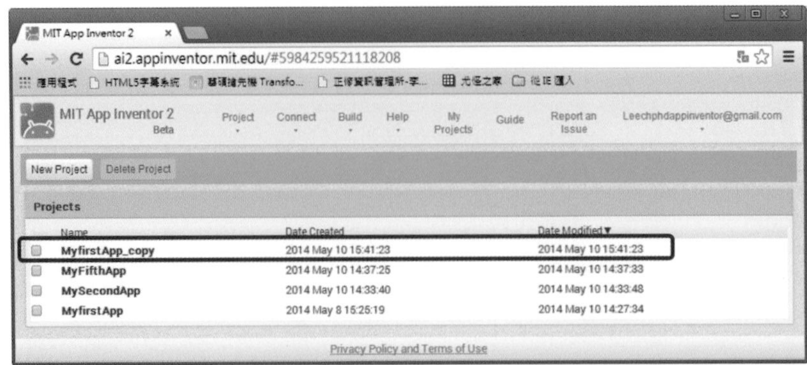

 1-6-4　匯出原始檔

當我們利用App Inventor 2程式開發Android App時，如果想要備份原始檔，或將原始檔提供給其他人修改時，此時，就必須要使用「匯出原始檔（.aia）」（Export selected project (.aia) to my computer）的功能。

【操作方式】

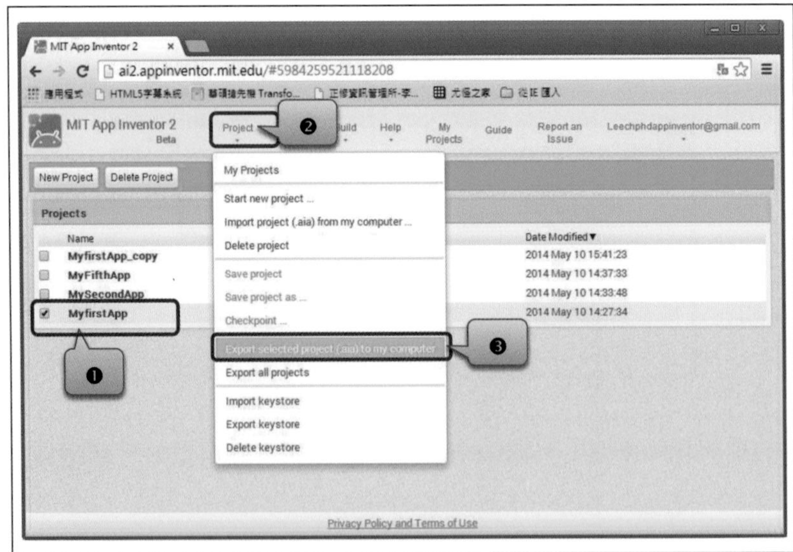

1-6-5 匯入原始檔

相同的，當我們想要載入以前備份原始檔，或取得其他人修改後的原始檔時，此時，就必須要使用「匯入原始檔（.aia）」（import project (.aia) from my computer ...）的功能。

【操作方式】

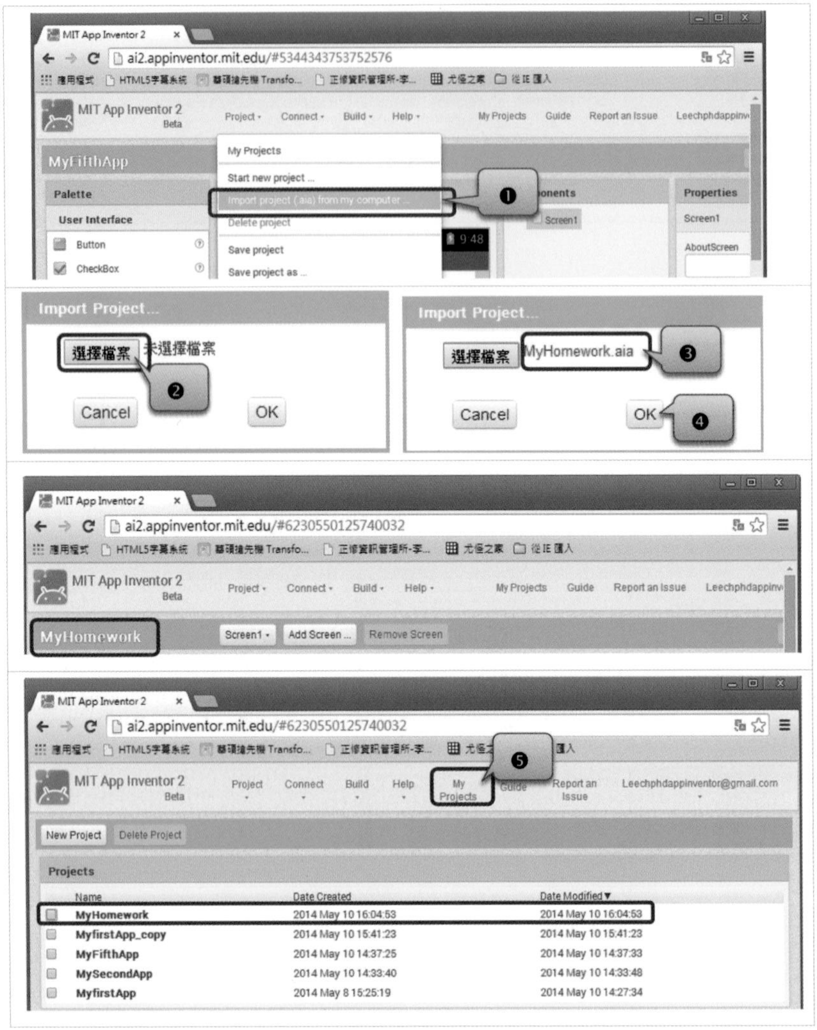

MIT App Inventor 2
ai2.appinventor.mit.edu/#5344343753752576
Project
Connect
Build
Help
My Projects
Guide
Report an Issue
MyFifthApp
Palette
User Interface
Button
CheckBox
My Projects
Start new project ...
Import project (.aia) from my computer ...
Delete project
Save project
Save project as ...
Screen1
Properties
AboutScreen
❶

Import Project...
選擇檔案
未選擇檔案
❷
Cancel
OK

Import Project...
選擇檔案
MyHomework.aia
❸
Cancel
OK
❹

MIT App Inventor 2
ai2.appinventor.mit.edu/#6230550125740032
MyHomework
Screen1
Add Screen ...
Remove Screen

MIT App Inventor 2
ai2.appinventor.mit.edu/#6230550125740032
❺
My Projects
Report an Issue
Leechphdappinventor@gmail.com
New Project
Delete Project
Projects
Name
Date Created
Date Modified
MyHomework 2014 May 10 16:04:53 2014 May 10 16:04:53
MyfirstApp_copy 2014 May 10 15:41:23 2014 May 10 15:41:23
MyFifthApp 2014 May 10 14:37:25 2014 May 10 14:37:33
MySecondApp 2014 May 10 14:33:40 2014 May 10 14:33:48
MyfirstApp 2014 May 8 15:25:19 2014 May 10 14:27:34

Chapter 2

動畫設計原理與實作

本章學習目標

1. 了解「動畫設計」的基本概念及原理。
2. 了解「動畫設計」基本元件及各種應用。

本章內容

2-1 動畫的基本概念

2-2 App Inventor 2動畫的基本元件

2-3 Canvas（畫布）

2-4 RGB百變顏色

2-5 手機跑馬燈

2-1 動畫的基本概念

【定義】

是指利用「繪圖軟體」或「手繪方式」呈現「卡通漫畫連續動作式」的內容。

【動畫與視訊】

1. 動畫與視訊兩者差異為：
   (1) 動畫是以「繪圖軟體」或「手繪」為主要的呈現工具，所以，一般是用來呈現「虛擬」的情境。
   (2) 視訊是以「攝影機」為主要的取景工具，所以，一般是用來呈現「眞實」的情境。
2. 動畫與視訊兩者相同之處為：
   (1) 都是利用眼睛「視覺暫留」的原理。
   (2) 都是可以透過軟體進行「剪接」、「配樂」與「特效」設計。

【圖解說明】

視覺暫留	連續播放	動畫的效果

【基本原理】

是指讓「動態圖片元件」在「畫布」中，隨著時間變化來改變「狀態」或「位置」，以產生動畫的效果。

實例一

以「發桌球」爲例「**改變圖片狀態**」，物件的位置相同，但圖片不同。

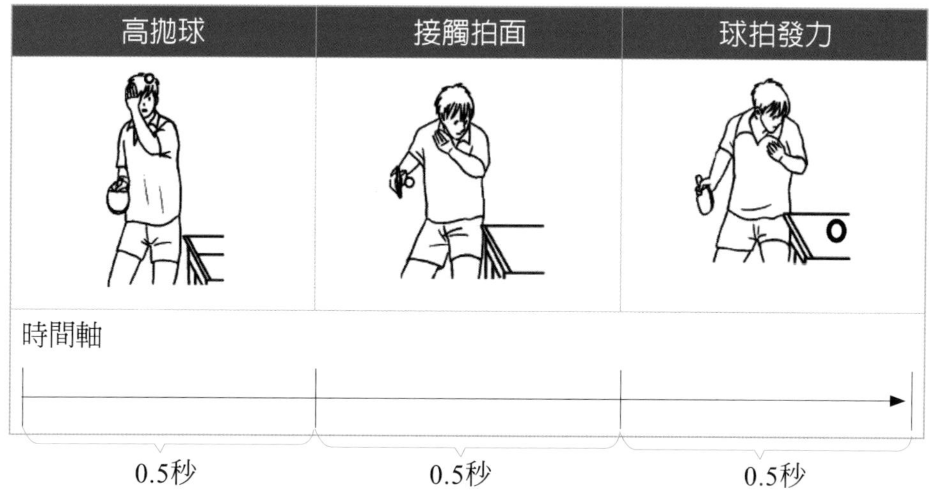

圖片來源：www.sanbengzi.com/tags/ksshk.html

【介面設計】

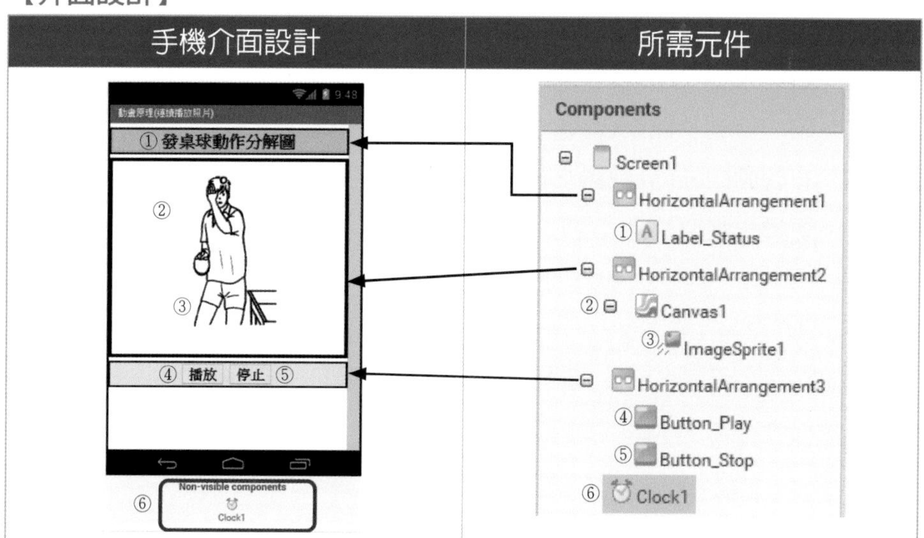

【參考程式】

拼圖程式	檔案名稱：ch2_1A.aia

```
01  initialize global count to 0
02  when Button_Play .Click
    do set Clock1 . TimerEnabled to true
03  when Button_Stop .Click
    do set Clock1 . TimerEnabled to false
    when Clock1 .Timer
04  do set global count to get global count + 1
05     if get global count ≤ 3
06     then set ImageSprite1 . Picture to join "Pic"
                                             get global count
                                             ".png"
07     else set global count to 0
```

【說明】

行號01：宣告變數count為全域性變數，初值設定為0，其目的是用來記錄目前播放到第幾張照片。

行號02～03：啓動及關閉Clock（時鐘）元件。

行號04：在啓動Clock計數器之後，count值每0.5秒，每次加1。亦即每0.5秒更換一張照片。

行號05：如果計數器count值小於等於3時。

行號06：每0.5秒更換一張照片。

行號07：如果計數器count大於3時，就會歸零，再從行號04開始計算。

【執行畫面】

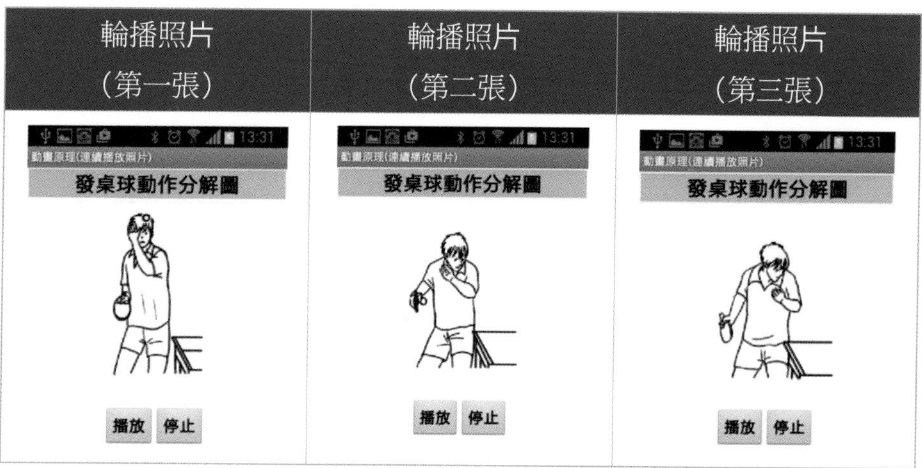

實例二

以「超級跑車」爲例「改變畫布底圖」，物件的圖片不相同，但位置相同。

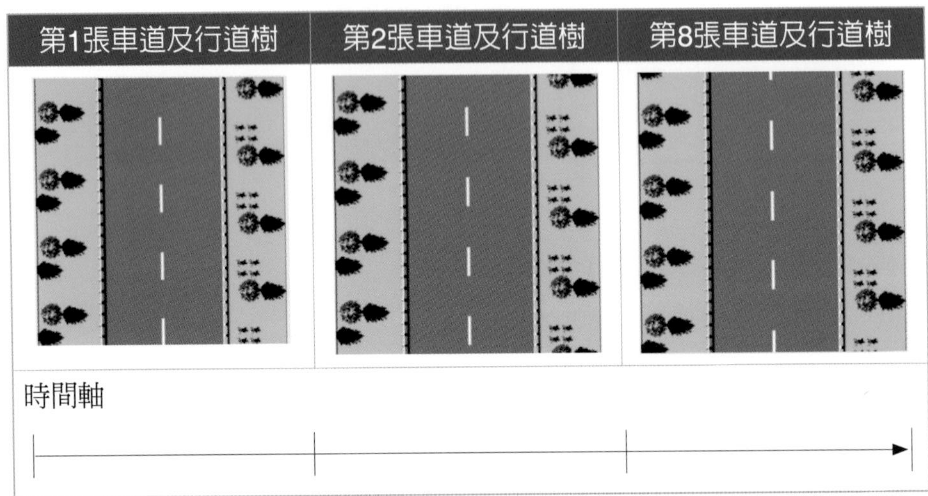

【介面設計】

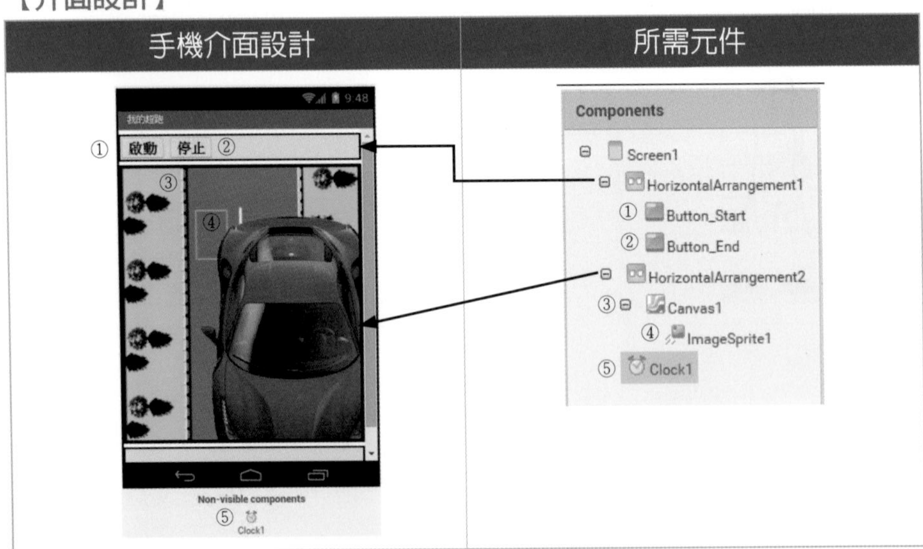

【參考程式】

拼圖程式	檔案名稱：ch2_1B.aia

```
01 initialize global Count to 0
02 when Button_Start .Click
   do set Clock1 . TimerEnabled to true
03 when Button_End .Click
   do set Clock1 . TimerEnabled to false
   when Clock1 .Timer
04 do set global Count to get global Count + 1
05    if get global Count ≤ 8
06    then set Canvas1 . BackgroundImage to join "road"
                                             get global Count
                                             ".png"
07    else set global Count to 0
08    call RunCar
           speed get global Count
09 to RunCar speed
   do set ImageSprite1 . Y to 20
10                          + get speed
                              × 30
```

【說明】

行號01～04：同實例一。

行號05～06：利用八張畫布底圖來輪流播放。

行號07：如果計數器Count大於8時，就會歸零，再從行號04開始計算。

行號08：呼叫「RunCar」副程式。

行號09：定義「RunCar」副程式，其目的是用來移動跑車的位置。

行號10：設定跑車的起點Y座標（20）+ 每0.1秒移動的距離。

【執行畫面】

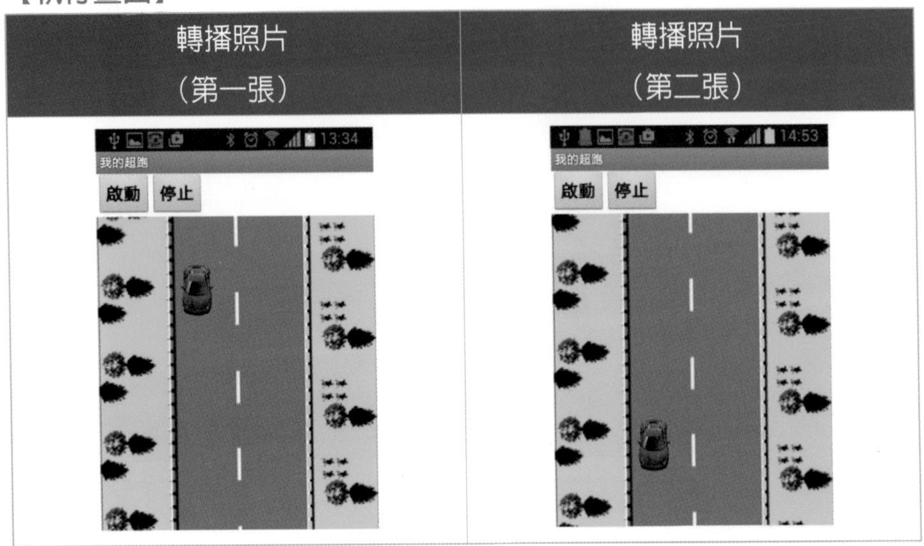

實例三

以「打地鼠」爲例「改變圖片位置」，物件的圖片相同，但位置不同。

【介面設計】

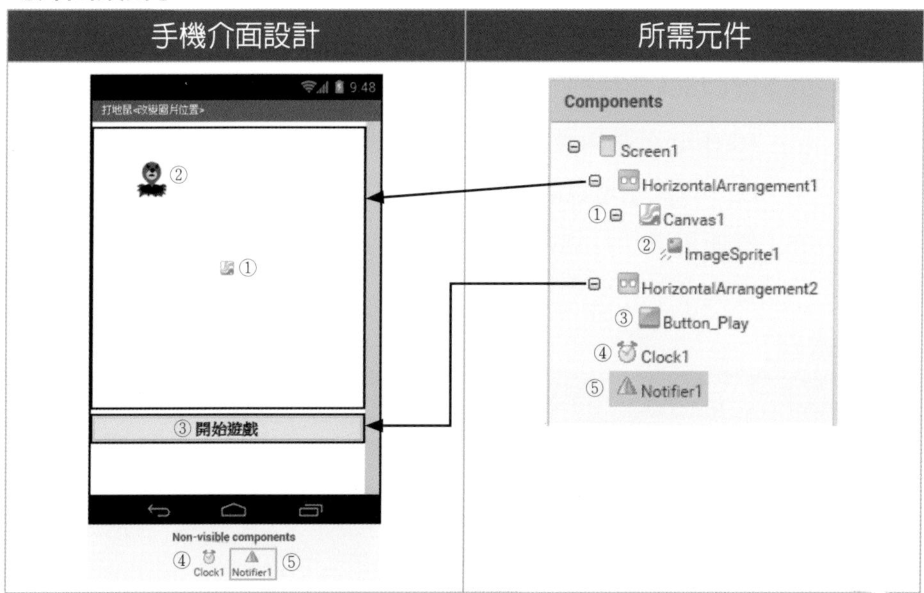

【參考程式】

拼圖程式	檔案名稱：ch2_1C.aia

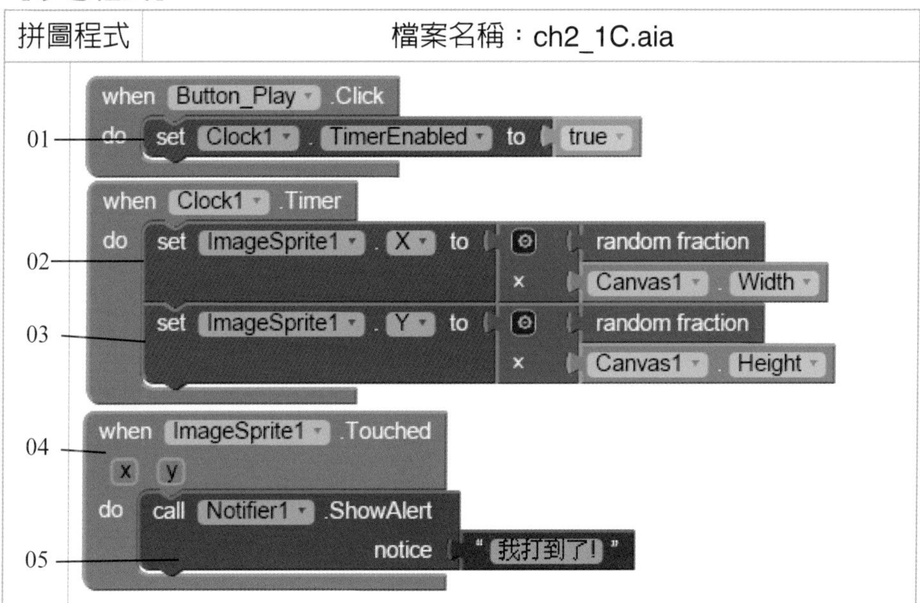

【說明】

行號01：設定Clock元件爲開啓狀態（true）。

行號02～03：當Clock元件的Timer事件被執行時，就會開始透過random fraction亂數函數來產生不同的數值，再乘上畫面的長度及寬度，以決定地鼠的跑動位置。

行號04～05：當使用者「打到地鼠」時，就會觸發Touched事件，顯示「我打到了！」。

【執行畫面】

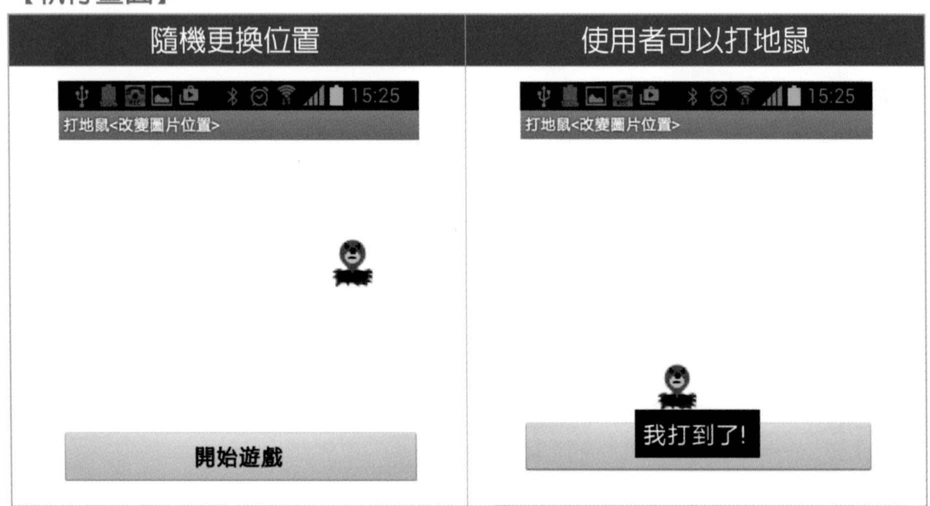

2-2 App Inventor 2動畫的基本元件

在App Inventor 2拼圖程式中，雖然只有三個基本元件，但是也可以用來設計及製作非常專業的手機遊戲的程式。基本元件如下圖所示：

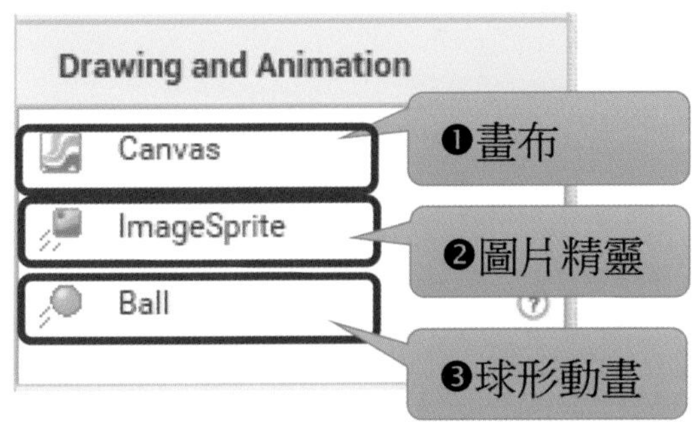

基本元件簡介如下：

1. Canvas（畫布）：可以容納各種動畫的元件。
2. ImageSprite（圖片精靈）：可以在畫布上移動的「照片」元件，並且具有Image元件所沒有的「事件」及「方法」功能。
3. Ball（球形動畫）：可以在畫布上移動的「圖形」元件，以作為控制器、發射器或球體運動的遊戲。

在實務上，除了以上三個元件之外，還必須要搭配Clock計數器元件，它是用來設定動畫效果的計時器。

從前一單元的實作例子就可以得知Clock元件的使用方法。

接下來，我們用實例來了解Image（圖片）元件與ImageSprite（圖片精靈）元件的不同功能。

實例一

請先製作至少三張的連續動作照片，透過Image元件及Clock元件來讓它連續播放，並且同時顯示該照片的中文解說及語音。

【三張連續動作的照片】

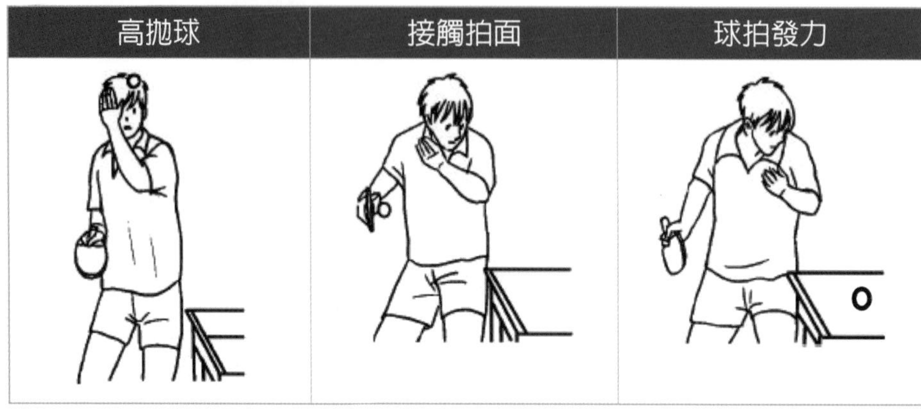

【介面設計】

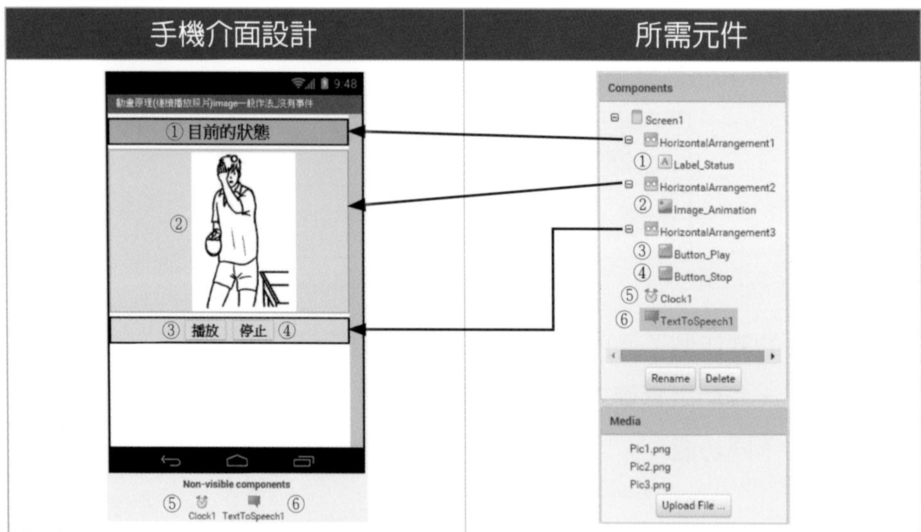

【參考程式】

一、宣告變數、頁面初始化、「播放」及「停止」鈕之程式

拼圖程式	檔案名稱：ch2_2A.aia

```
01  initialize global count to 0
02  initialize global ListAction to create empty list
03  when Screen1 .Initialize
    do  set global ListAction to make a list  " 高拋球 "
                                              " 接觸拍面 "
                                              " 球拍發力 "
04  when Button_Play .Click
    do  set Clock1 . TimerEnabled to true
05  when Button_Stop .Click
    do  set Clock1 . TimerEnabled to false
```

註 本書的「行號」及「引導線」盡量畫成水平線。

【說明】

行號01：宣告變數count爲全域性變數，初值設定爲0，其目的是用來記錄目前播放第幾張照片。

行號02：宣告ListAction爲清單變數，初值設定爲空清單，其目的是用來儲存播放照片時的動作說明。

行號03：設定ListAction清單變數內有三個元素，用來說明播放照片時的動作。

行號04～05：啓動及關閉Clock元件。

二、啓動Clock元件的事件程序之程式

拼圖程式	檔案名稱：ch2_1A.aia
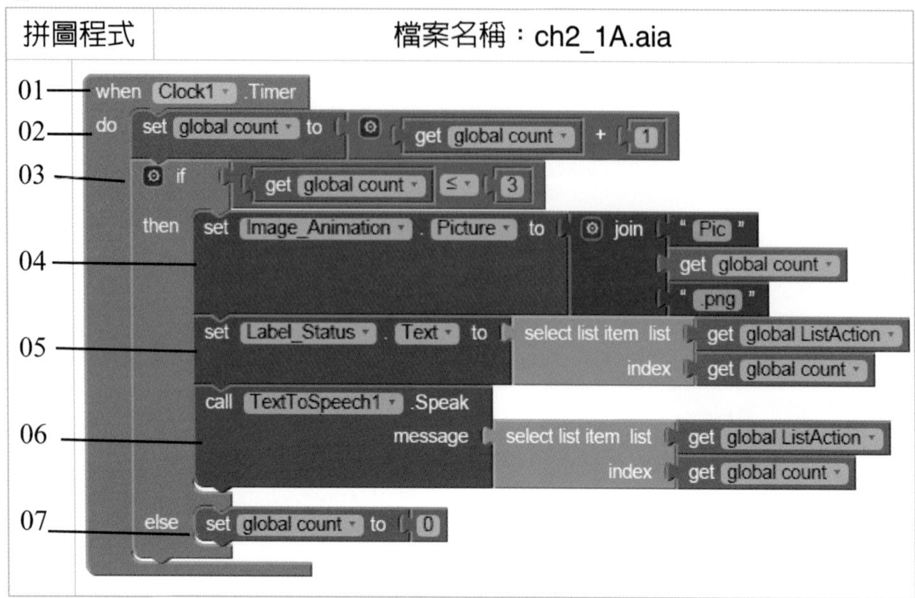	

【說明】

行號01～02：在啓動Clock計數器之後，count值每1.5秒，每次加1。亦即每1.5秒更換一張照片。

行號03：如果計數器count值大於3時。

行號04：每0.5秒更換一張照片。

行號05：顯示目前正在播放照片的「文字顯示」。

行號06：顯示目前正在播放照片的「語音解說」。

行號07：如果計數器count大於3時，就會歸零，再從行號04開始計算。

實例二

請先製作三張連續動作照片，透過ImageSprite加入到Canvas，讓它連續播放，並且同時顯示該照片的中文解說及語音。

增加功能：當按下圖片時自動停止，放開再連續播放。

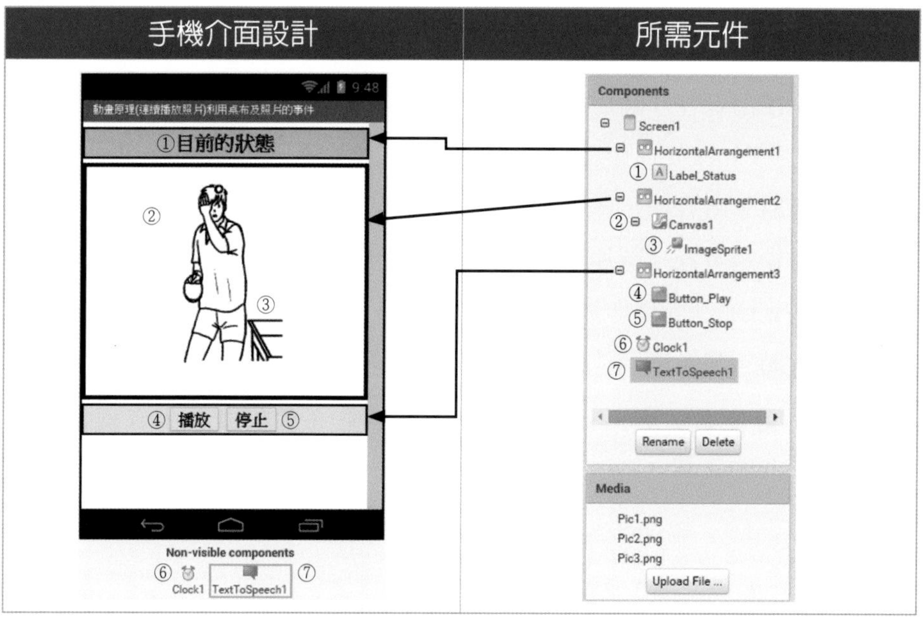

【關鍵程式】

拼圖程式	檔案名稱：ch2_2B.aia

```
01 when ImageSprite1 .TouchDown
     x y
02 do set Clock1 . TimerEnabled to false
03    set Label_Status . Text to " 暫停中... "

04 when ImageSprite1 .TouchUp
     x y
05 do set Clock1 . TimerEnabled to true
06    set Label_Status . Text to " 繼續播放 "
```

【說明】

行號01：當使用者在「圖片上按下」時，就會觸發TouchDown事件。

行號02：設定Clock元件作爲關閉狀態。

行號03：此時，將會顯示「暫停中...」在螢幕上方。

行號04：當使用者在「圖片上放開」時，就會觸發TouchUp事件。

行號05：設定Clock元件作爲開啓狀態。

行號06：此時，將會顯示「繼續播放」在螢幕上方。

註 由以上兩個實例中，我們就可以清楚了解「實例二」的範例是具有「事件」的效果。

2-3 Canvas（畫布）

在學會動畫的基本原理與實作後，接下來將詳細介紹設計動畫時，一定會使用的工作平台——Canvas（畫布）。

【定義】

是指可以容納各種動畫的元件。

【功能】

作為設計「動畫」時的工作平台。

【App Inventor 2的座標系統】

一般我們所認知的座標系統都是指數學上的直角座標，它的原點為(0, 0)在畫面的左下方，而X軸往右為遞增（+），Y軸則往上為遞增（+）。但是，在討論App Inventor 2拼圖程式中，與數學上的直角座標是不一樣的，因為App Inventor 2的座標系統中，其原點(0, 0)是在畫面的左上方，X軸往右為遞增（+），Y軸則往下為遞增（+）。如下圖所示：

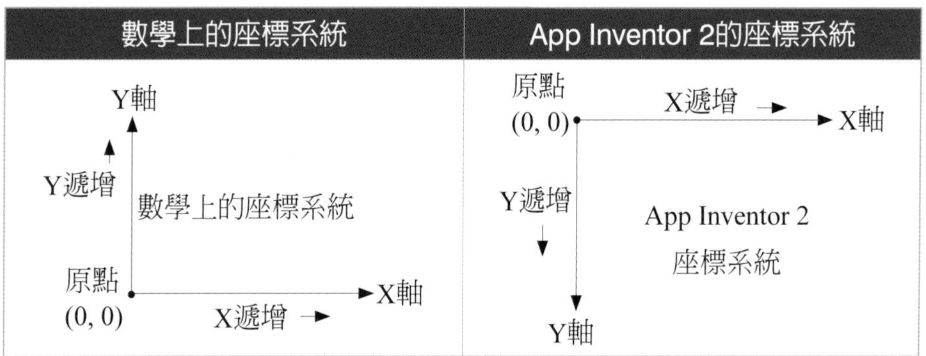

在了解數學與程式語言的座標系統差異之後，接下來還必須要了解螢幕的解析度。以Screen頁面的315×415螢幕解析度為例，以「像素」為單位，其X軸的座標範圍為（0～315），Y軸的座標的範圍為（0～415）。

【元件所在位置】Drawing and Animation/Canvas

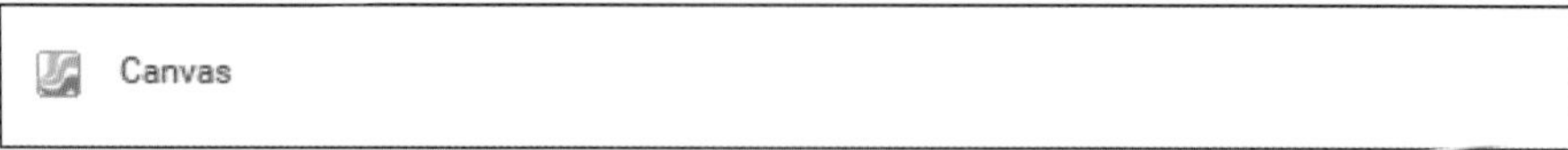

【Canvas元件的相關屬性】

屬性	說明	靜態（屬性表）	動態（拼圖）
BackgroundColor	設定畫布的「背景顏色」	✓	✓
BackgroundImage	設定畫布的「背景圖片」	✓	✓
FontSize	設定繪製文字的字型大小	✓	✓
Height	設定畫布的「高度」	✓	✓
LineWidth	設定在畫布上繪筆的「粗細」	✓	✓
PaintColor	設定在畫布上繪筆的「顏色」	✓	✓
TextAlignment	設定文字的排列方式	✓	✓
Visible	設定本元件是否顯示於螢幕上	✓	✓
Width	設定畫布的「寬度」	✓	✓

【Canvas元件的事件】

事件

事件
當使用者在畫布上，利用手指「拖拉」時，則會觸發本事件。在本事件中它提供七個參數，其說明如下： 1.(startX, startY)座標：是指使用者第一次觸碰螢幕時的點。 2.(prevX, prevY)座標：是指使用者上一次觸碰螢幕時的點 3.(currentX, currentY)座標：是指使用者目前觸碰的位置。 3.draggedSprite：是指動畫元件是否正被使用者「拖拉」著。
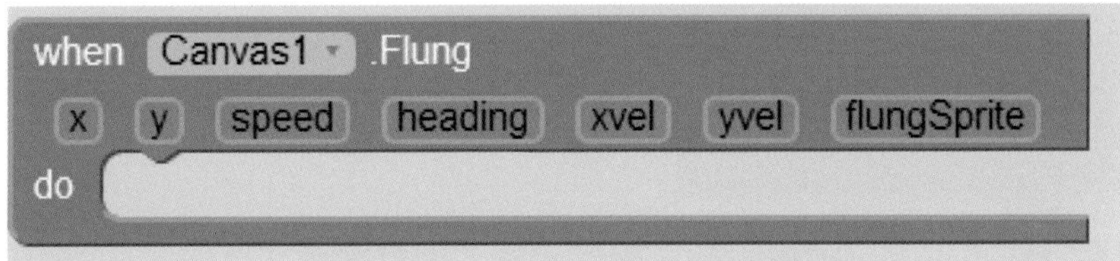
當使用者在畫布上，利用手指「滑動」時，則會觸發本事件。在本事件中它提供七個參數，其說明如下： 1.(x, y)座標：使用者手指滑動的起始位置。 2.speed：手指在畫布上移動的速度 3.heading：手指滑動的角度，從0度開始（範圍：0～360度）。 4.(xvel)：表示向左、右方向滑動。 5.(yvel)：表示向上、下方向滑動。 6.flungSprite：是指動畫元件是否正被使用者「觸碰」到。
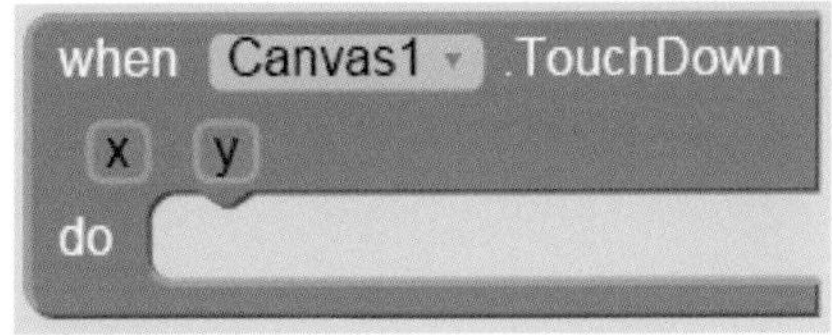
當使用者在畫布上，利用手指「觸碰」時，則會觸發本事件。在本事件中會回傳(x, y)座標，它代表使用者所點擊的位置。

事件
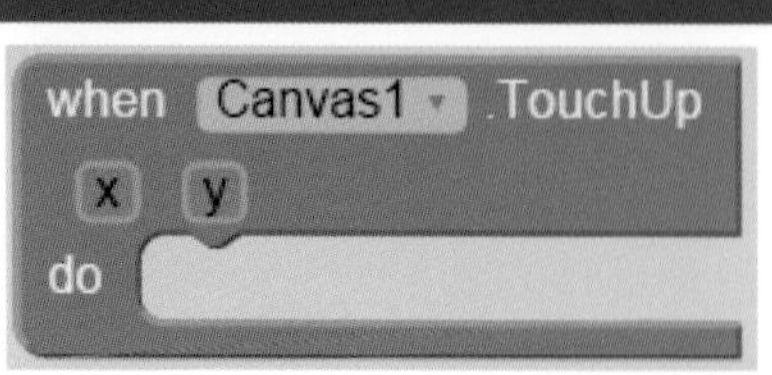
當使用者在畫布上，手指「離開」畫布時，則會觸發本事件。在本事件中會回傳(x, y)座標，它代表使用者手指離開的位置。
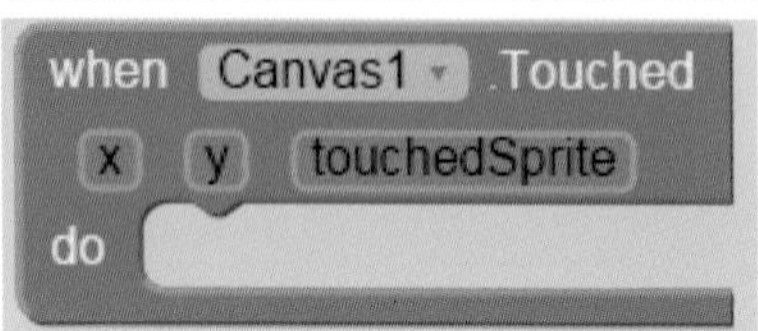
當使用者在畫布上，利用手指「觸碰」時，則會觸發本事件。在本事件中會回傳(x, y)座標，它代表使用者所點擊的位置。 如果「touchedSprite」值爲true，表示某個動畫元件正好被觸碰到。

【Canvas元件的方法】

方法	說明
call Canvas1 .Clear	用來清除Canvas（畫布）上的各種圖案，但是不會清除背景照片（圖片）。
call Canvas1 .DrawCircle x y r	在畫布上，以座標(x, y)爲圓心，並以半徑r，來繪製一個實心圓形。

方法	說明
call Canvas1 .DrawLine x1 y1 x2 y2	在畫布上，以起點(x1, y1)到終點(x2, y2)座標，來繪製一條直線，亦即相異兩點，來決定一條直線。
call Canvas1 .DrawPoint x y	在畫布上，以座標(x, y)來繪製一個點。
call Canvas1 .Save	將畫布當下狀態存成一個圖檔，其預設是儲存於Android裝置的外部儲存空間（SD記憶卡）；如果儲存時發生錯誤，則它自動會觸發Screen元件的ErrorOccured事件。
call Canvas1 .SaveAs fileName	除了同上Save方法的功能之外，此方法使用者必須要再指定「檔名」及「副檔名」（例如：.JPEG、.JPG或.PNG）。
call Canvas1 .DrawText text x y	用來指定座標(x, y)處，顯示文字text內容。
call Canvas1 .DrawTextAtAngle text x y angle	除了同上DrawText方法的功能之外，此方法使用者必須要再指定「旋轉角度」（angle）。
call Canvas1 .GetPixelColor x y	取得指定座標(x, y)的顏色，其回傳值爲色碼。

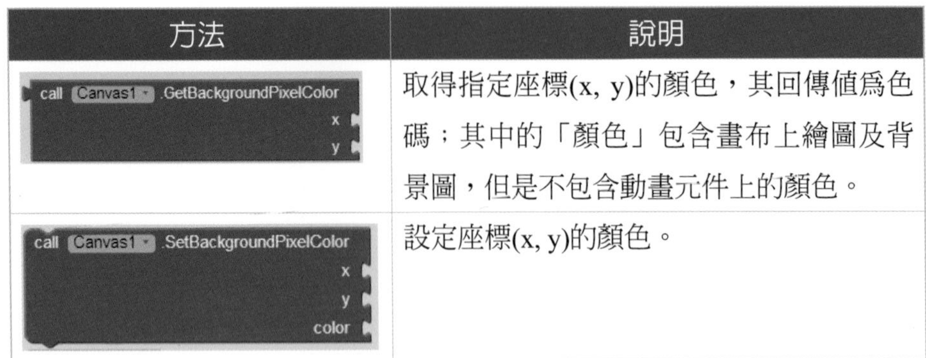

方法	說明
call Canvas1 .GetBackgroundPixelColor x y	取得指定座標(x, y)的顏色，其回傳值爲色碼；其中的「顏色」包含畫布上繪圖及背景圖，但是不包含動畫元件上的顏色。
call Canvas1 .SetBackgroundPixelColor x y color	設定座標(x, y)的顏色。

實例一

以滿天星爲例。

【介面設計】

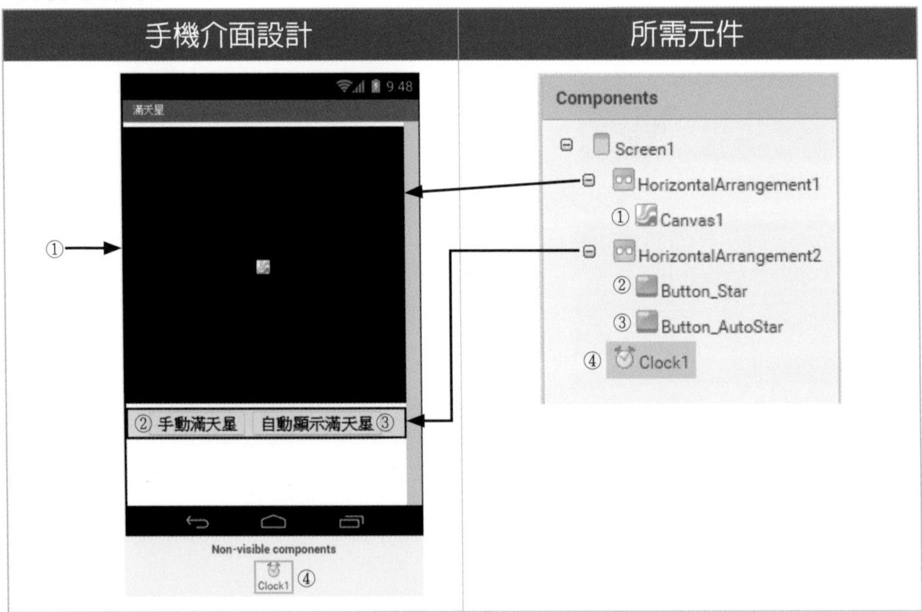

手機介面設計	所需元件

【參考程式】

一、頁面初始化及啓動Clock元件（自動顯示滿天星）

拼圖程式	檔案名稱：ch2_3A.aia

```
01  when Screen1 .Initialize
    do  set Canvas1 . LineWidth to 5
02      set Canvas1 . PaintColor to
03  when Button_AutoStar .Click
    do  set Clock1 . TimerEnabled to true
04  when Clock1 .Timer
    do  call Canvas1 .DrawPoint
05                x  random fraction
                     x  Canvas1 . Width
                  y  random fraction
                     x  Canvas1 . Height
```

【說明】

行號01～02：當頁面初始化時，設定在畫布上繪筆的「粗細」及「顏色」。

行號03：當按下「自動顯示滿天星」鈕時，就會設定Clock元件爲啓動狀態（true）。

行號04：當Clock元件被啓動時，就會觸發Timer事件。

行號05：此時，利用畫布的DrawPoint方法，隨機在畫布上顯示滿天星。

二、手動滿天星之程式

拼圖程式	檔案名稱：ch2_3A.aia
01 02 03	when Button_Star .Click do set Clock1 . TimerEnabled to false when Canvas1 .TouchDown x y do call Canvas1 .DrawPoint x get x y get y

【說明】

行號01：當按下「手動滿天星」鈕時，就會設定Clock元件爲關閉狀態（false）。

行號02：在Clock元件關閉之後，使用者就可以在畫布上「觸碰」，此時，畫布就會觸發TouchDown事件。

行號03：畫布上會針對使用者「觸碰」位置，顯示一個點（亦即星星）。

實例二

利用Canvas（畫布）元件的繪圖功能來設計「簡易的小畫家」。

【介面設計】

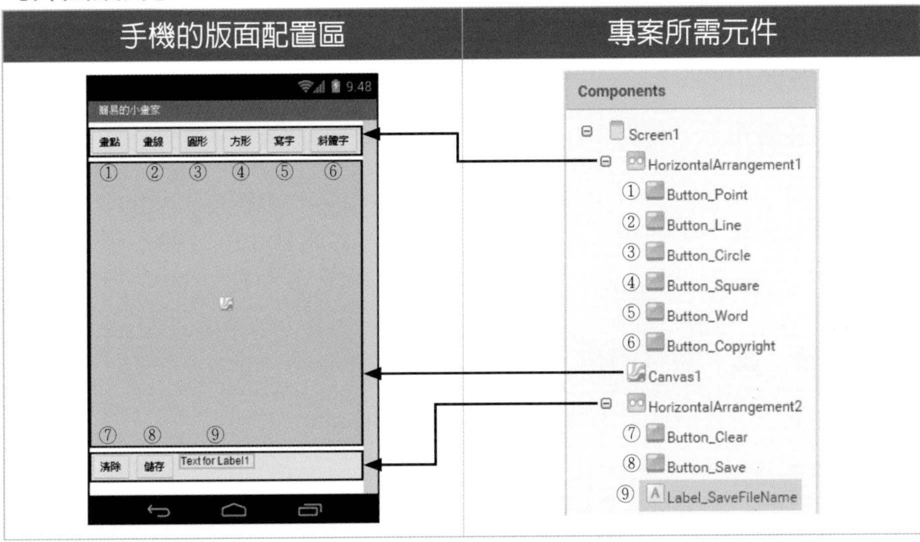

【參考程式】

一、頁面初始化及畫點、畫線

拼圖程式	ch2_3B.aia

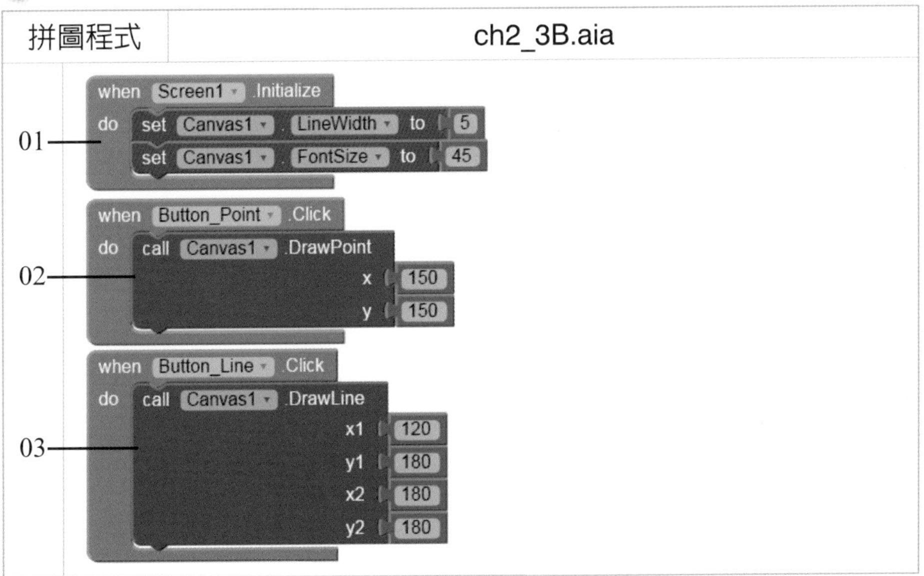

【說明】

行號01：當Screen1元件初始化時，設定在畫布上繪筆的「粗細」及繪製文字的字型大小。

行號02：在畫布上，利用「DrawPoint」方法，以座標(150, 150)來繪製一個點。

行號03：在畫布上，利用「DrawLine」方法，以起點(120, 180)到終點(180, 180)座標，來繪製一條直線。

二、畫「圓」及「方形」

拼圖程式	ch2_3B.aia

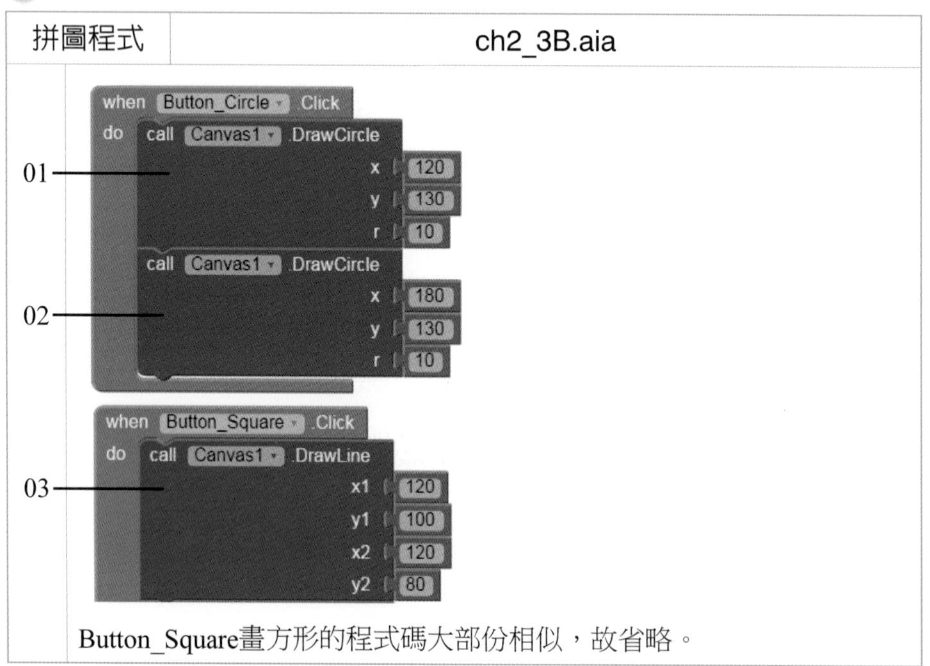

Button_Square畫方形的程式碼大部份相似，故省略。

【說明】

行號01～02：在畫布上，利用「DrawCircle」方法，分別以座標(120, 130)及(180, 130)為圓心，並以半徑10，來繪製2個實心圓形。

行號03：在畫布上，利用「DrawLine」方法來繪製二個外框。

三、繪文字及斜體字

拼圖程式	ch2_3B.aia
01	when Button_Word .Click do call Canvas1 .DrawText text " LEGO " x 100 y 50
02	when Button_Copyright .Click do call Canvas1 .DrawTextAtAngle text " 版權Leech所有!!! " x 0 y 280 angle 10

【說明】

行號01：在座標(100, 50)處，顯示文字「LEGO」內容。

行號02：在座標(0, 280)處，顯示旋轉10度的文字「版權Leech所有!!!」內容。

四、按下「繪小圓點」及「塗鴉」

拼圖程式	ch2_3B.aia

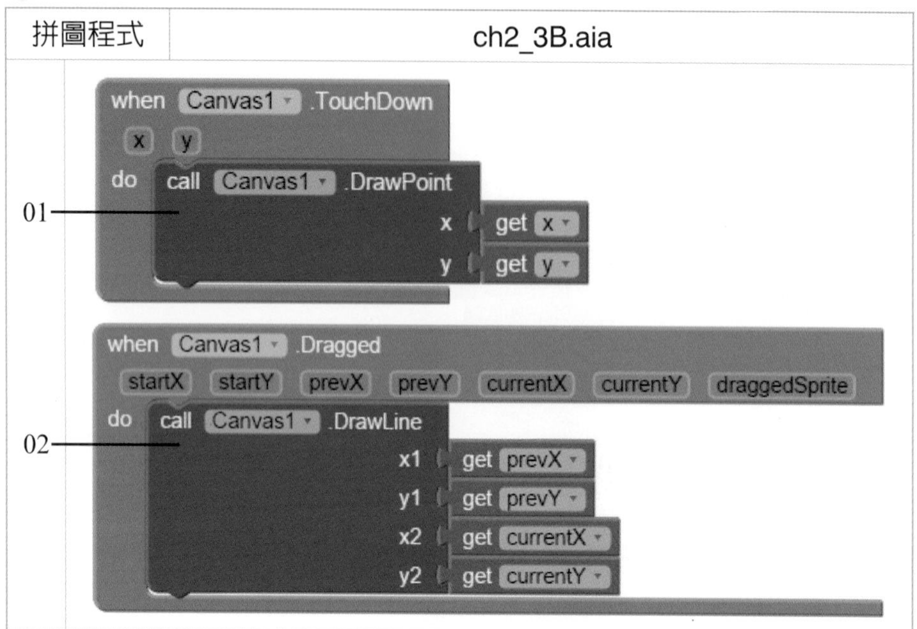

【說明】

行號01：當使用者在畫布上，利用手指「觸碰」時，則會觸發本事件。在本事件中會回傳(x, y)座標，來繪製一個「點」。

行號02：可以讓使用者塗鴉。

五、按下「清除」及「儲存」

拼圖程式	ch2_3B.aia

```
01  when Button_Clear .Click
    do call Canvas1 .Clear
02  when Button_Save .Click
    do set Label_SaveFileName . Text to call Canvas1 .SaveAs
                                             fileName " MyLego.jpg "
```

【說明】

行號1：用來清除畫布上的各種圖案，但是不會清除背景照片（或圖片）。

行號2：將畫布當下狀態存成一個圖檔（MyLego.jgp）。

【執行畫面】

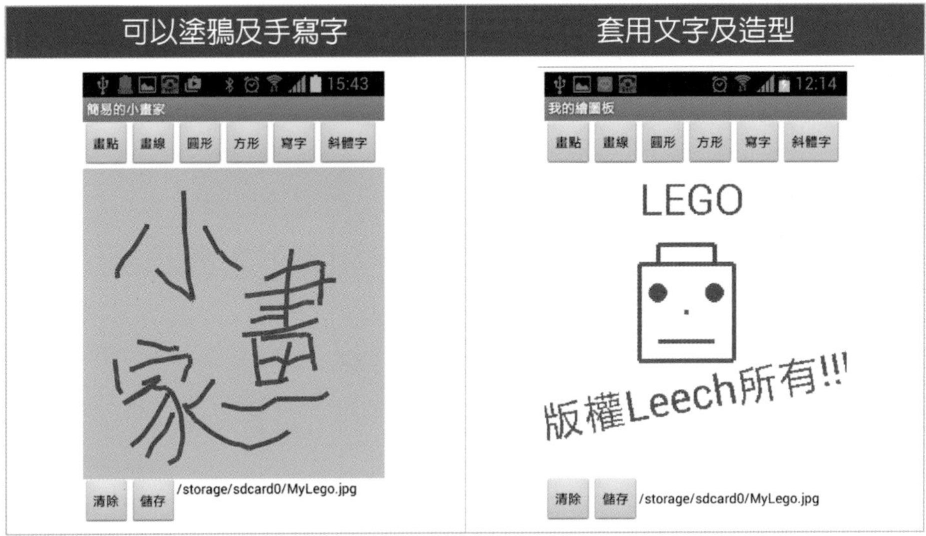

實例三

承上一題，請再增加「設定繪圖顏色」、「橡皮擦」及將畫布的背景顏色設爲「淡灰色」。

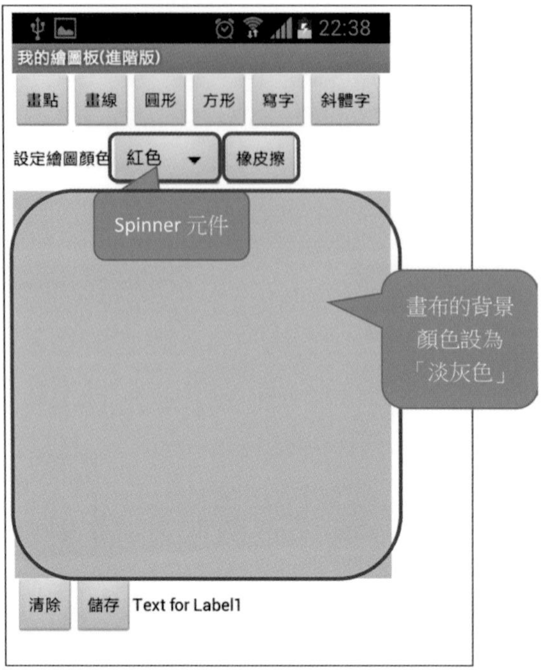

【參考程式】

拼圖程式	ch2_3C.aia

```
01  initialize global List_Color to  make a list  " 紅色 "
                                                  " 藍色 "
                                                  " 綠色 "

    when Screen1 .Initialize
    do
02    set Canvas1 . LineWidth to 5
      set Canvas1 . FontSize to 45
      set Spinner1 . Elements to get global List_Color
03    set Canvas1 . BackgroundColor to [ ]
```

拼圖程式	ch2_3C.aia
	04 when Spinner1 .AfterSelecting selection do if get selection = "紅色" then set Canvas1 . PaintColor to else if get selection = "藍色" then set Canvas1 . PaintColor to else set Canvas1 . PaintColor to when Button_Erase .Click 05 do set Canvas1 . PaintColor to Canvas1 . BackgroundColor 以下拼圖程式與上一題相同。 …

【說明】

行號01：宣告顏色清單List_Color變數，並設定初值爲「紅色」、「藍色」及「綠色」。

行號02：當Screen1元件初始化時，設定在畫布上繪筆的「粗細」、繪製文字的字型大小以及繪圖顏色的下拉式清單中，加入三個顏色選項。

行號03：設定畫布的背景顏色爲「淡灰色」。

行號04：當使用者在下拉式清單中，判斷選擇的繪圖顏色，來對應不同的畫布上繪筆的「顏色」。

行號05：設定在畫布上繪筆的「顏色」爲背景顏色「淡灰色」。亦即讓使用者有橡皮擦的效果。

2-4 RGB百變顏色

在動畫設計及繪圖的應用中，RGB（Red、Green、Blue）三種顏色的不同組合，可以呈現數千種不同的風格顏色。

【示意圖】

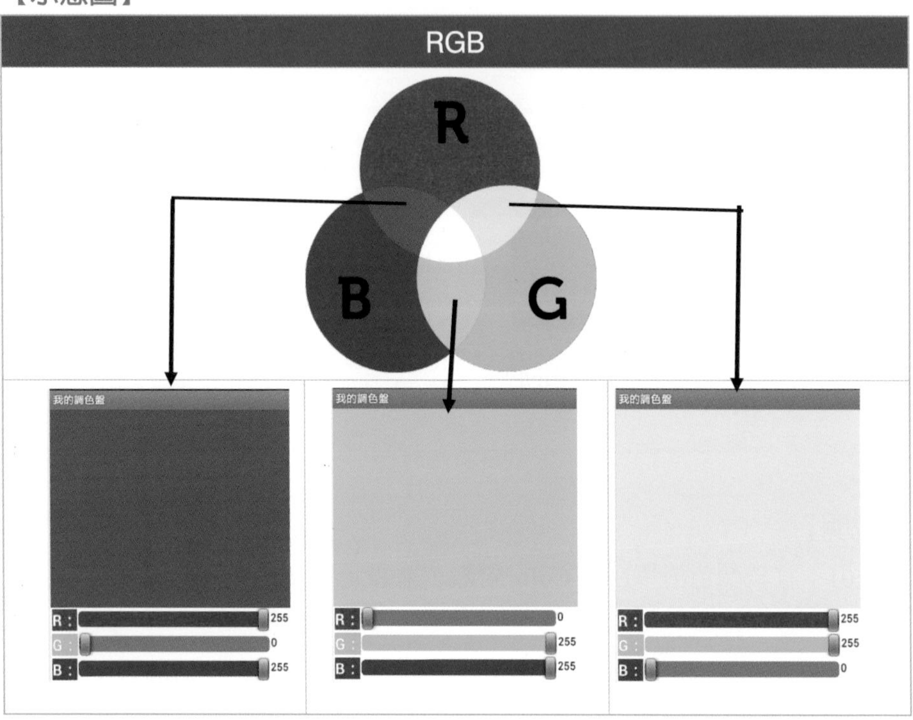

實例一

我的調色盤。

【介面設計】

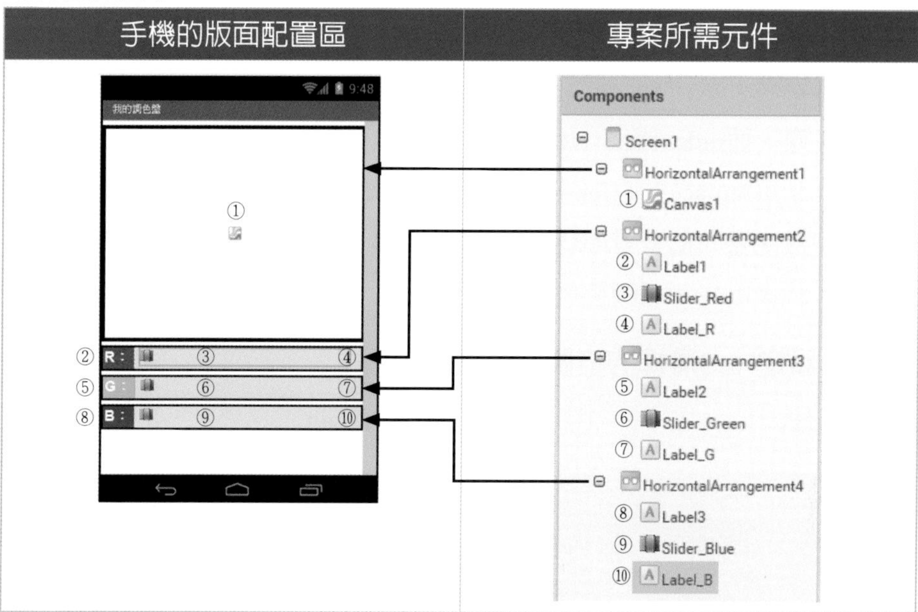

【參考程式】

一、宣告清單變數及定義SliderChangeCanvas副程式

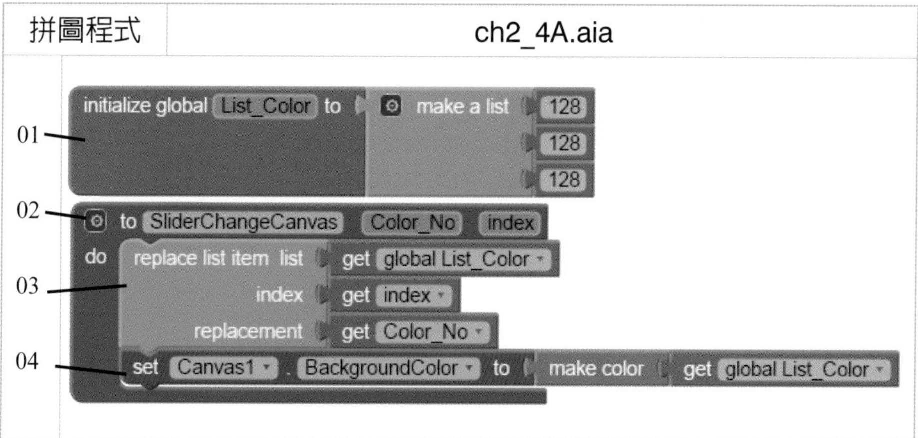

【說明】

行號01：宣告List_Color為清單變數，其初值有三個元素。

行號02：定義SliderChangeCanvas副程式，其中Color_No代表0～255顏色代碼，而index代表（R代表1、G代表2、B代表3）。

行號03：利用replace list item拼圖函式來更新List_Color清單內容。

行號04：設定畫布的背景顏色為List_Color是清單變數內的三個元素，亦即代表RGB三種顏色代碼。

二、設定Red滑桿的位置

拼圖程式	ch2_4A.aia

```
01  when Slider_Red .PositionChanged
      thumbPosition
    do
02    set Label_R . Text to  format as decimal number  get thumbPosition
                                                places  0
03    call SliderChangeCanvas
                  Color_No  get thumbPosition
                  index     1

    when Slider_Green .PositionChanged
      thumbPosition
    do
      set Label_G . Text to  format as decimal number  get thumbPosition
04                                              places  0
      call SliderChangeCanvas
                  Color_No  get thumbPosition
                  index     2

    when Slider_Blue .PositionChanged
      thumbPosition
    do
      set Label_B . Text to  format as decimal number  get thumbPosition
                                                places  0
05    call SliderChangeCanvas
                  Color_No  get thumbPosition
                  index     3
```

【說明】

行號01：當Red滑桿的位置改變時，就會觸發PositionChanged事件。

行號02：將回傳值以整數方式顯示出來。

行號03：呼叫SliderChangeCanvas副程式，並傳遞Color_No與index參數值。

行號04～05：相同的方法，用Green與Blue滑桿來改變數調整盤的顏色。

取得像素顏色。

【介面設計】

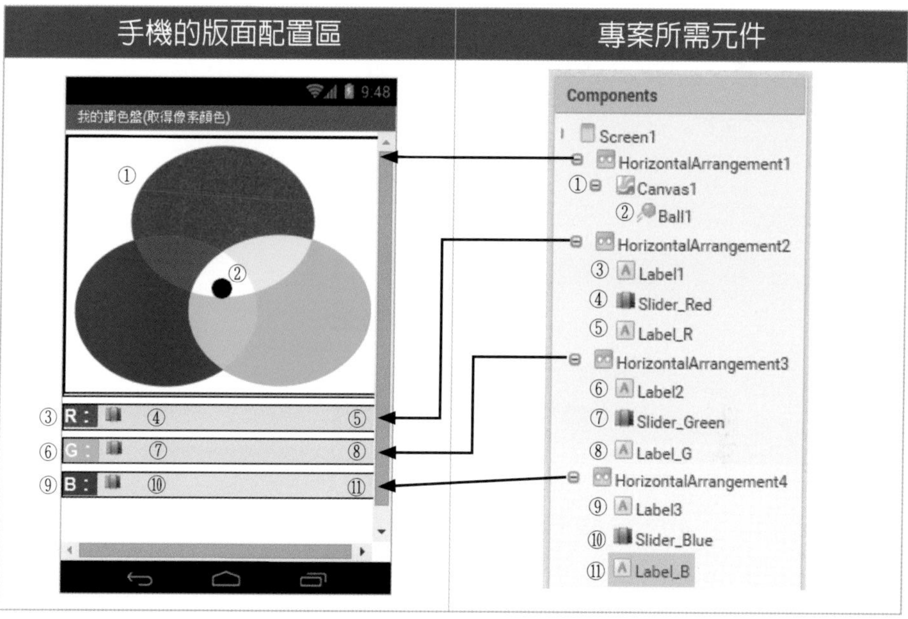

【參考程式】

一、宣告清單變數及拖拉時，來取得像素顏色。

拼圖程式	ch2_4B.aia

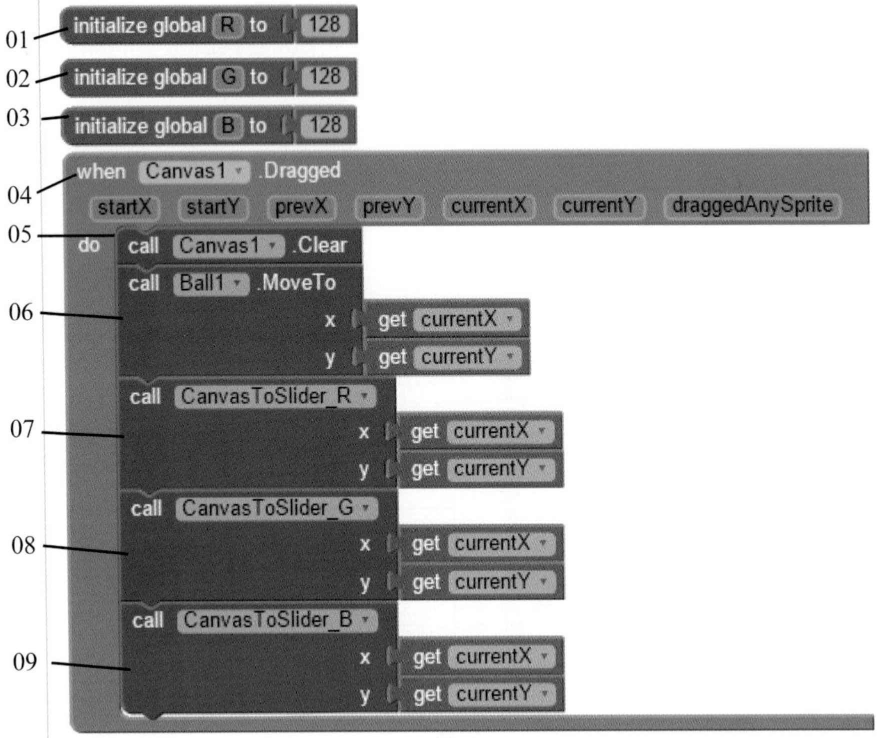

```
01 initialize global R to 128
02 initialize global G to 128
03 initialize global B to 128
04 when Canvas1 .Dragged
   startX startY prevX prevY currentX currentY draggedAnySprite
05 do call Canvas1 .Clear
06    call Ball1 .MoveTo
          x get currentX
          y get currentY
07    call CanvasToSlider_R
          x get currentX
          y get currentY
08    call CanvasToSlider_G
          x get currentX
          y get currentY
09    call CanvasToSlider_B
          x get currentX
          y get currentY
```

【說明】

行號01～03：宣告R、G、B三個全域性變數，其初值皆爲128，其目的是用來取得像素顏色。

行號04：當使用者在畫布上，利用手指「拖拉」時，就會觸發本事件。

行號05：畫布清除。

行號06：球形圖會跟著手指「拖拉」移動到目前的位置。

行號07：呼叫取得目前球形圖所在位置的R色碼。

行號08：呼叫取得目前球形圖所在位置的G色碼。

行號09：呼叫取得目前球形圖所在位置的B色碼。

二、定義取得像素顏色的三個副程式。

拼圖程式	ch2_4B.aia

```
01 to CanvasToSlider_R x y
   do
02    set global R to select list item list split color call Canvas1.GetPixelColor
                                                              x get x
                                                              y get y
                                         index 1
03    set Label_R.Text to get global R
04    set Slider_Red.ThumbPosition to get global R

05 to CanvasToSlider_G x y
   do
06    set global G to select list item list split color call Canvas1.GetPixelColor
                                                              x get x
                                                              y get y
                                         index 2
07    set Label_G.Text to get global G
08    set Slider_Green.ThumbPosition to get global G

09 to CanvasToSlider_B x y
   do
10    set global B to select list item list split color call Canvas1.GetPixelColor
                                                              x get x
                                                              y get y
                                         index 3
11    set Label_B.Text to get global B
12    set Slider_Blue.ThumbPosition to get global B
```

【說明】

行號01～04：定義取得目前球形圖所在位置的R色碼之副程式。

行號05～08：定義取得目前球形圖所在位置的G色碼之副程式。

行號09～12：定義取得目前球形圖所在位置的B色碼之副程式。

2-5 手機跑馬燈

【定義】

跑馬燈是指將字串「先分割，再合併」以達成動態的呈現效果。

【範例】

透過字串的分割及時間的變化來產生「文字跑馬燈」的動態效果。

文字跑馬燈App

【分析】

1. 輸入：文字內容。
2. 處理：(1)「分割字串」中的每一個字元到清單列陣中。
   (2)配合固定時間來依序播放字元。
3. 輸出：跑馬燈。

其中，以下將介紹如何進行「分割字串」。分割方法有：

1. split：分割成多個子字串
2. segment：取得子字串

2-5-1 split（分割成多個子字串）

【功能】

將text字串以at字串作爲分割依據，來分割成多個子字串。

【拼圖程式】

【說明】

split分割拼圖常與清單拼圖一起使用，亦即分割後的子字串存放到清單中。

【範例】

拼圖程式	執行結果
when Button_Result .Click do call Notifier1 .ShowAlert notice split text " 60,75,90 " at " , "	(60 75 90)

實例

請利用清單拼圖來存放split分割後的子字串，並顯示出來。

【介面設計】

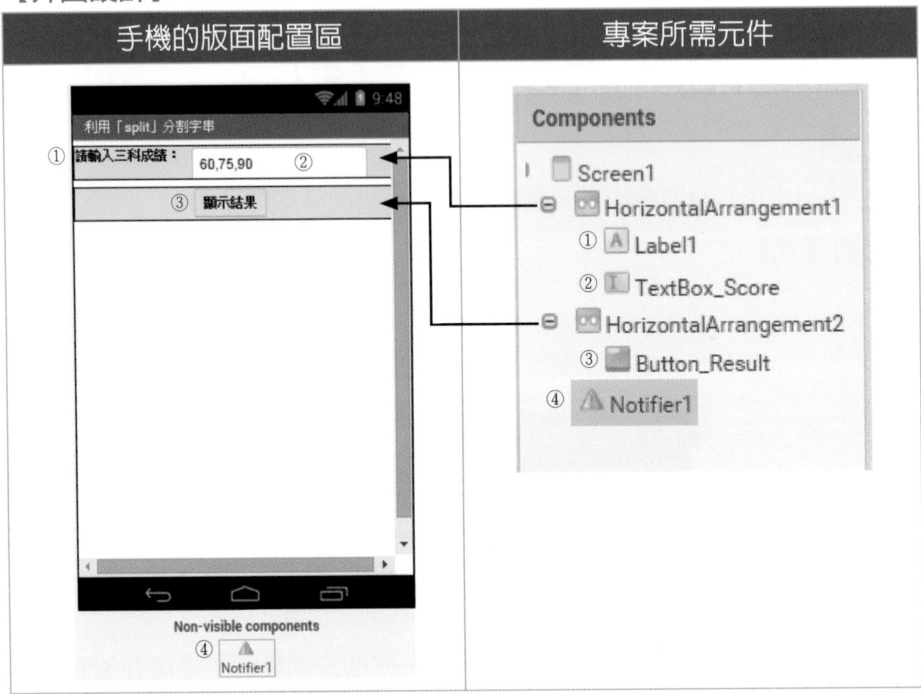

【參考程式】

拼圖程式	Ch2_5_1.aia
01	initialize global Score to create empty list
02	when Button_Result .Click do set global Score to split text TextBox_Score . Text at " , "
03	call Notifier1 .ShowAlert notice get global Score

【說明】

行號01：宣告全域性變數Score為空的清單變數。

行號02：先利用「split拼圖」來依照「，」分割字串，並指定給Score清單變數。

行號03：利用Notifier元件將Score清單內容顯示到螢幕上。

 2-5-2 segment（取得子字串）

【功能】

取得字串中的子字串。

【拼圖程式】

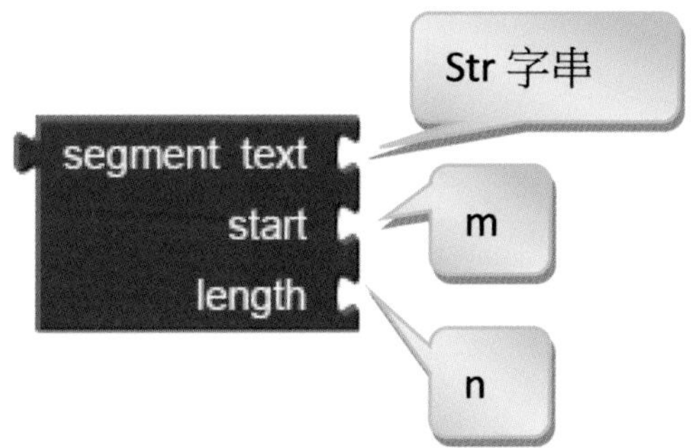

【說明】

從Str字串中的第m個位置開始取出n個字元。

【範例】

拼圖程式	執行結果
segment text " This is a new Lego book. " start 15 length 10	Lego book.

請設計一個可以判斷身份證字號是屬於男生或女生的程式。

【介面設計】

手機的版面配置區	專案所需元件
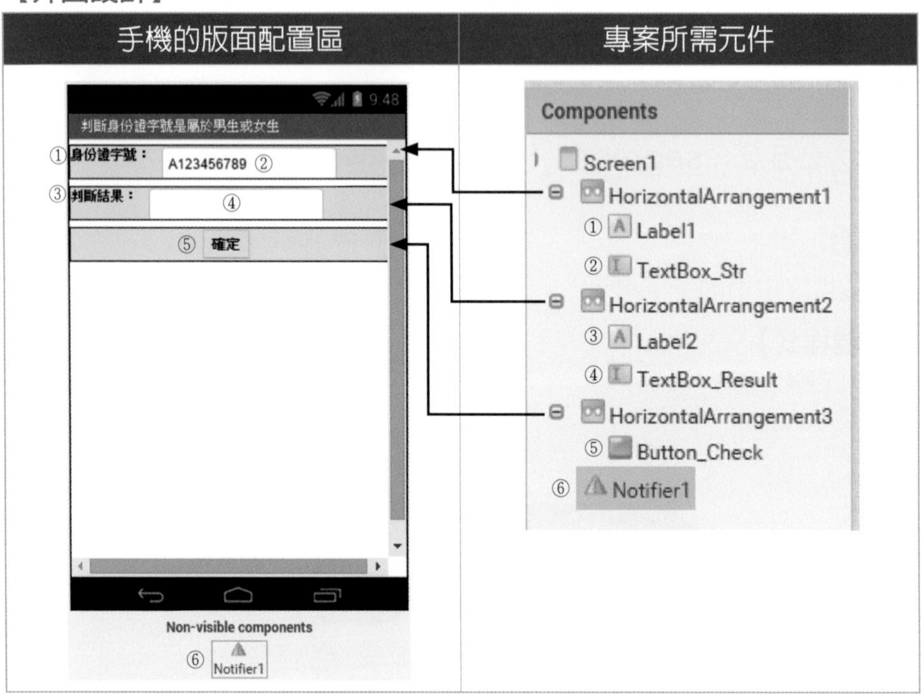	

【參考程式】

拼圖程式	檔案名稱：ch2_5_2A.aia

拼圖程式	檔案名稱：ch2_5_2A.aia

```
when Button_Check .Click
do  set global Sex to  segment text  TextBox_Str . Text
                               start  2
03                            length  1
04  if  get global Sex = "1"
05  then  set global Result to "男生"
06  else  set global Result to "女生"
07  set TextBox_Result . Text to  get global Result
```

【說明】

行號01～02：宣告Sex與Result兩個變數，並且初值皆為空字串。

行號03：利用Segment拼圖從原字串中的第2個位置取出1個字元，指定Sex為變數，亦即取出性別代碼。

行號04～06：判斷「性別代碼Sex」是否為1，如果是，則代表男生，否則就是女生，並且男生或女生字串指定給Result變數。

行號07：將Result為變數的內容顯示在螢幕上。

【執行結果】

判斷身份證字號是屬於男生或女生

身份證字號： A123456789

判斷結果： 男生

確定

實例二

手機跑馬燈。

透過字串的分割及時間的變化來產生「文字跑馬燈」的動態效果。

【介面設計】

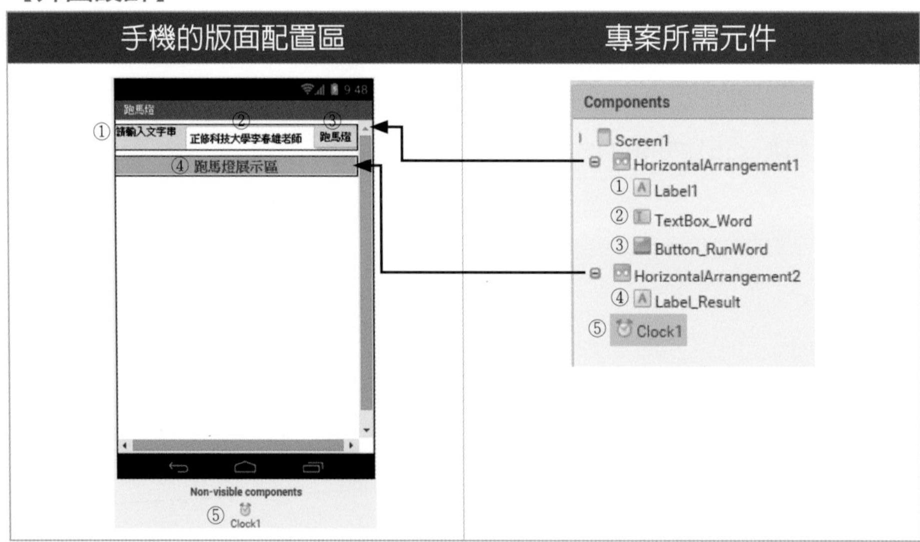

【參考程式】

一、宣告變數及分割輸入的字串並啟動Clock

拼圖程式	檔案名稱：ch2_5_2B.aia

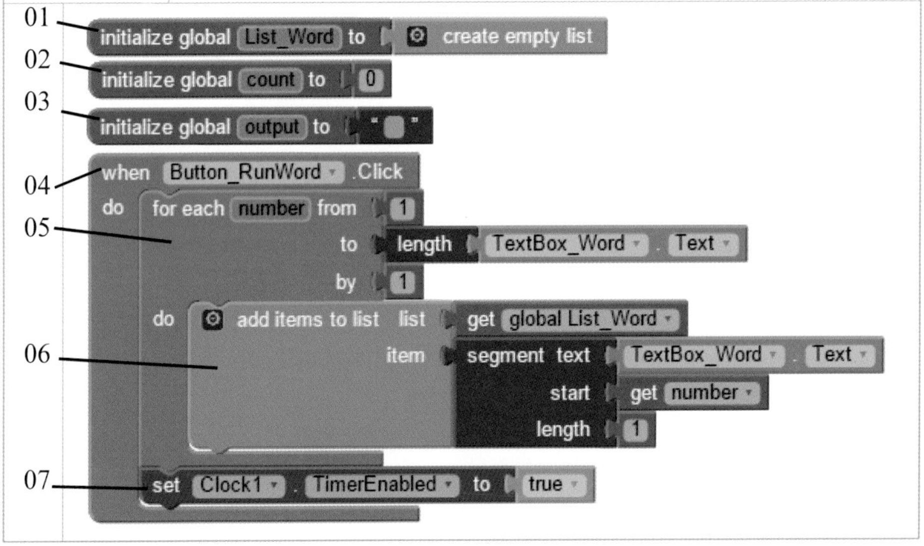

```
01 initialize global List_Word to create empty list
02 initialize global count to 0
03 initialize global output to " "
04 when Button_RunWord .Click
   do
05    for each number from 1
                        to length TextBox_Word . Text
                        by 1
      do
06       add items to list list get global List_Word
                           item segment text TextBox_Word . Text
                                        start get number
                                        length 1
07    set Clock1 . TimerEnabled to true
```

【說明】

行號01：宣告List_Word清單變數，初值設爲空清單，其目的是用來儲存字串分割後的字。

行號02：宣告count計數變數，初值設爲0，用來記錄正在讀取跑馬燈的文字。

行號03：宣告output輸出變數，初值設爲空字串，用來記錄正在輸出跑馬燈的文字。

行號04～06：透過for each迴圈及segment拼圖來分割字串。

行號07：啟動Clock。

二、啓動Clock並循環播放。

拼圖程式	檔案名稱：ch2_5_2B.aia

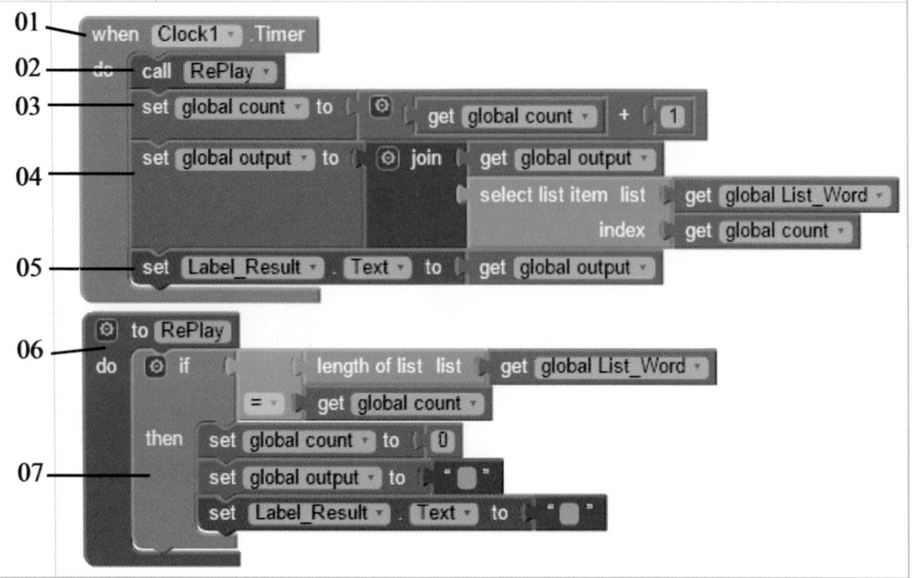

```
01 when Clock1 .Timer
02 do  call RePlay
03     set global count to ( get global count + 1 )
04     set global output to join ( get global output
                                  select list item list get global List_Word
                                                   index get global count )
05     set Label_Result . Text to get global output

06 to RePlay
   do  if ( length of list list get global List_Word = get global count )
07     then set global count to 0
            set global output to " "
            set Label_Result . Text to " "
```

【說明】

行號01～02：當Clock元件被啓動時，就會呼叫RePlay副程式。

行號03～05：每一秒從List_Word清單中取出一個字，以產生動態效果。

行號06～07：定義RePlay副程式，用來讓跑馬燈可以循環播放。

課後習題

一、請設計一支「五花八門色彩滿天星」App程式，可以讓使用者調整滿天星的大小及顏色。

介面效果

1. 動態顯示滿天星的大小。
2. 動態顯示滿天星的顏色。

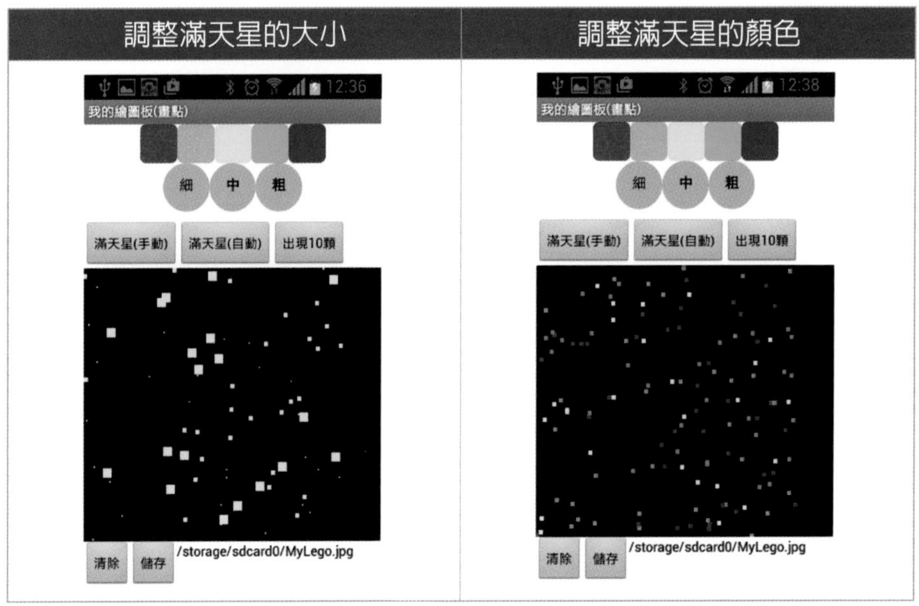

二、請設計一支「繪製不同顏色蜘蛛網」App程式，可以讓使用者調整蜘蛛網及蜘蛛人位置。

介面效果

1. 動態顯示蜘蛛網的顏色
2. 動態顯示蜘蛛人的位置

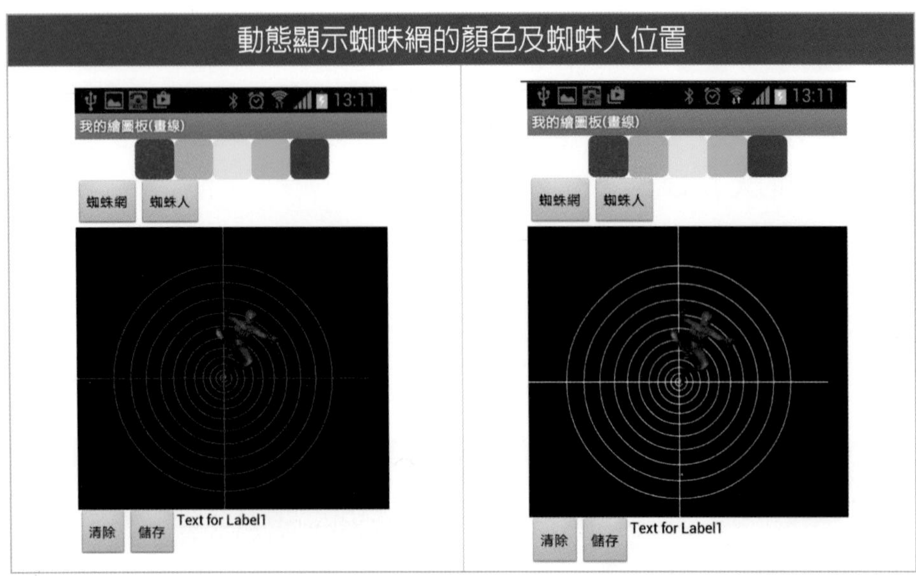

三、請設計一支「模擬航空站雷達圖」App程式，可以讓使用者模擬雷達圖的效果。

介面效果

1. 動態顯示雷達圖。
2. 動態顯示模擬雷達圖所觀看的不同亮點（飛機位置）。

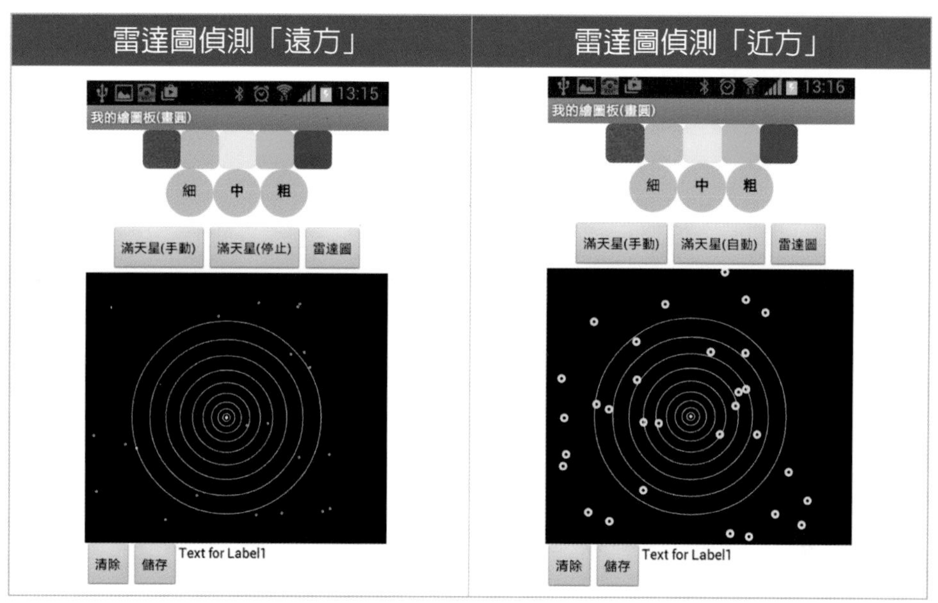

四、請設計一支「多媒體跑馬燈」App程式，可以讓使用者調整速度、字體、背景顏色。

介面效果

1. 動態顯示跑馬燈文字內容。
2. 動態調整跑馬燈文字之速度、字體、背景顏色。

第一種情況（紅色字體）	第二種情況（綠色字體）
22:37 跑馬燈(進階版) 請輸入文字串 正修科技大學李春雄老師 跑馬燈 正修科技大學李春雄老師 調整速度： 加速 變改字體顏色： 調顏色 變改背景顏色： 淡紅	22:38 跑馬燈(進階版) 請輸入文字串 正修科技大學李春雄老師 跑馬燈 正修科技大學李春雄老師 調整速度： 加速 變改字體顏色： 調顏色 變改背景顏色： 淡綠

五、請設計一支「樂高人跑操場」App程式，可以讓使用者了解動畫是由許多連續動畫組合而成。

介面效果

移動時會自動切換不同圖片。

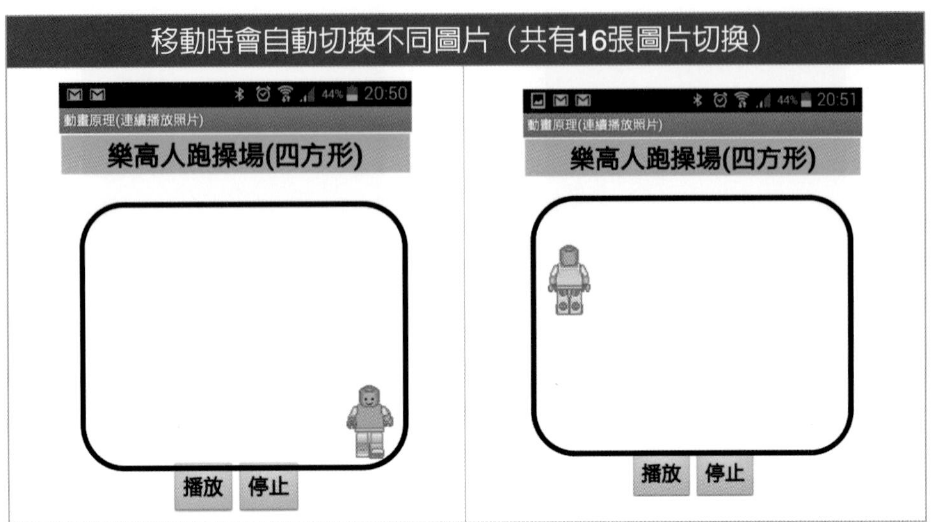

六、承上題，請修改成可慢跑又可快跑的「樂高人運動選手」App程式，可以讓使用者了解動畫是由許多連續動畫組合而成。

介面效果

1. 動態顯示慢跑效果。
2. 動態顯示快跑效果。

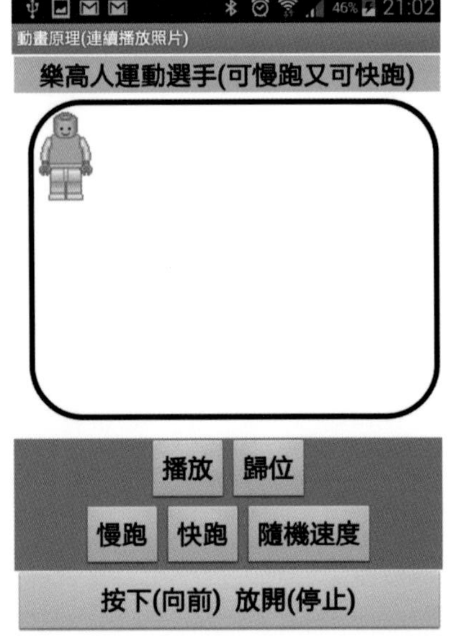

Chapter 3

圖片精靈與球形動畫的應用

本章學習目標

1. 了解「動畫設計」基本元件中的圖片精靈與球形動畫之使用方法。
2. 了解如何利用圖片精靈與球形動畫元件來設計各種動畫的應用。

本章內容

3-1 ImageSprite（圖片精靈）與Ball（球形動畫）

3-2 ImageSprite（圖片精靈）元件

3-3 Ball（球形動畫）元件

3-4 天上掉下來的禮物（Lego）

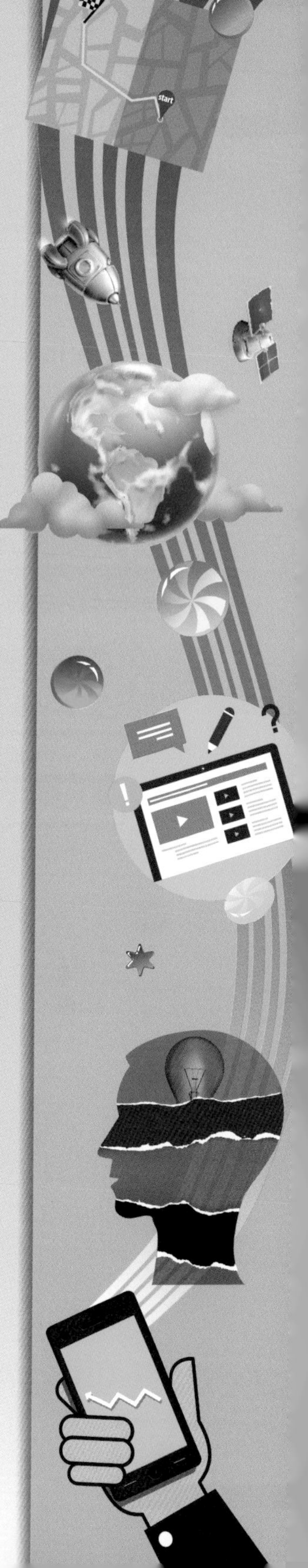

3-1 ImageSprite（圖片精靈）與Ball（球形動畫）

App Inventor提供了三個製作動畫的元件：Canvas（畫布）、ImageSprite（圖片精靈）及Ball（球形動畫）。其中，最重要也最基本的Canvas動畫平台，在第二章已有詳細介紹，而在本章節中，將使用Canvas元件來搭配ImageSprite與Ball來達到動畫的效果。

【元件所在位置】

繪圖與動畫的元件庫	說明
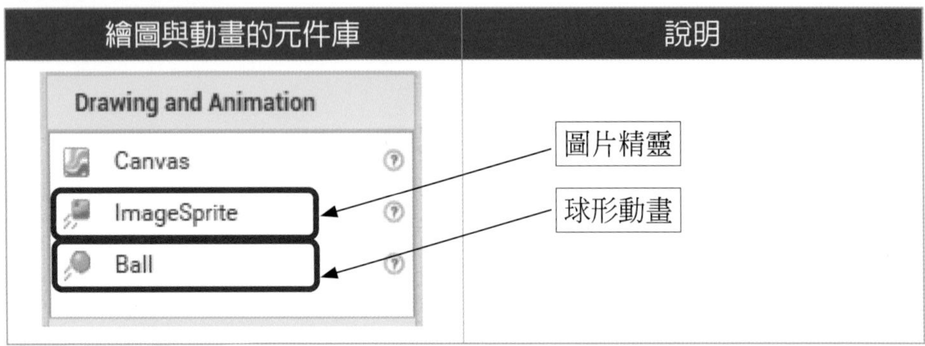	

註 以上三個元件，在第二章已經有基本的介紹與使用，在本章節會有更詳細的說明與應用。

在下圖中，說明動畫設計的三個重要元件的情況：

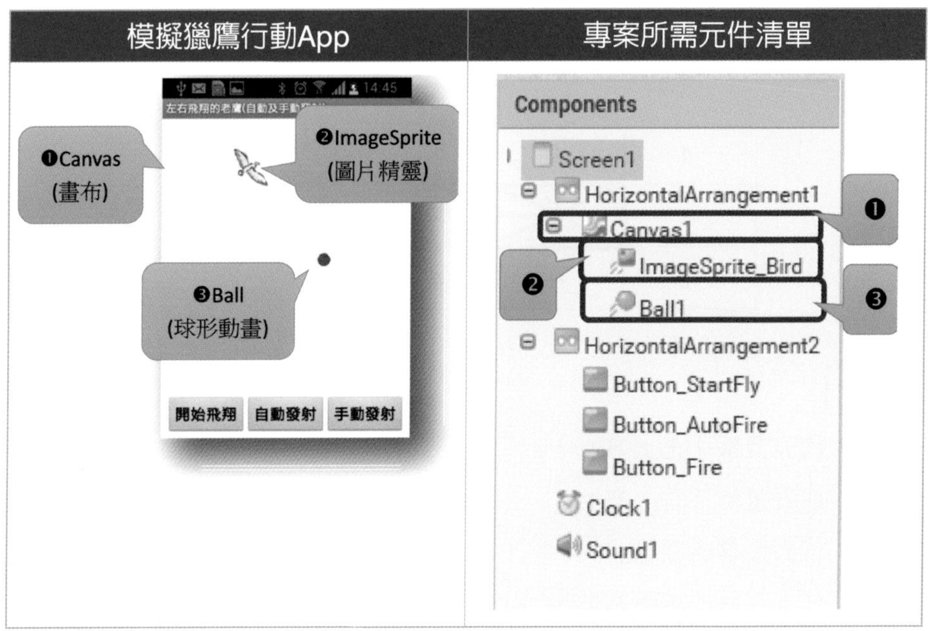

3-2 ImageSprite（圖片精靈）元件

【定義】

是指放置於畫布中的動畫元件。

【功能】

可以與畫布邊緣互動。

【舉例】

當它觸碰到邊緣時可以設定反彈或還原到中間位置。

【元件碰撞畫布邊界的方位代碼】

黑框代表「畫布邊界」

-4	1	2
-3		3
-2	-1	4

【說明】

方位1：代表螢幕「正上方」。

方位2：代表螢幕「右上方」。

方位3：代表螢幕「右緣」。

方位4：代表螢幕「右下方」。

方位-1：代表螢幕「正下方」。

方位-2：代表螢幕「左下方」。

方位-3：代表螢幕「左緣」。

方位-4：代表螢幕「左上方」。

註 當方位相反時，則方向彼此互為反數。

【示意圖】

當汽車碰撞到「左邊界」時，則會觸發EdgeReached事件。

-4	1	2
-3		3
-2	-1	4

【拼圖程式】

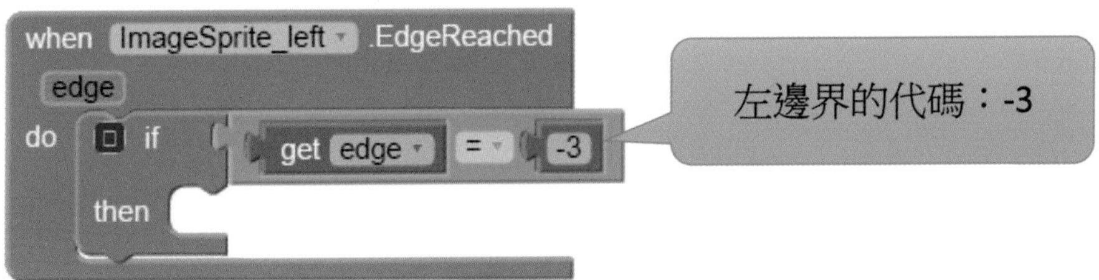

【元件所在位置】Drawing and Animation/ImageSprite

ImageSprite

【ImageSprite元件的相關屬性】

屬性	說明	靜態（屬性表）	動態（拼圖）
Enabled	設定ImageSprite元件是否可以被移動，預設爲true	✓	✓
Heading	設定ImageSprite的旋轉方向： 0度：向右（東）方 90度：朝上（北）方 180度：向左（西）方 270度：朝下（南）方	✓	✓
Height	設定ImageSprite元件的「高度」	✓	✓
Interval	設定移動的頻率，單位爲毫秒		✓
Picture	設定ImageSprite元件的圖片	✓	✓
Rotates	設定是否依移動方向來旋轉，預設爲true	✓	✓
Speed	設定每單位時間移動的距離（單位：像素）	✓	✓
Visible	設定本元件是否顯示於螢幕上	✓	✓
Width	設定ImageSprite元件的「寬度」	✓	✓
X	設定ImageSprite元件的在Canvas的X座標	✓	✓
Y	設定ImageSprite元件的在Canvas的Y座標	✓	✓
Z	設定ImageSprite元件的在Canvas的Z座標	✓	✓

【ImageSprite元件的事件】

事件	說明
when ImageSprite1 .CollidedWith other do	當兩個動畫元件（ImageSprite或Ball）碰撞時，則會觸發本事件，其中參數other是指與其它碰撞的元件。
when ImageSprite1 .Dragged startX startY prevX prevY currentX currentY do	當動畫圖片被「拖移」時，則會觸發本事件，其中參數說明請參閱Canvas元件。
when ImageSprite1 .Flung x y speed heading xvel yvel do	當使用者手指「滑過」時，則會觸發本事件，其中參數說明請參閱Canvas元件。
when ImageSprite1 .TouchDown x y do	當使用者「觸碰」，則會觸發本事件；在本事件中會回傳(x, y)座標，它代表使用者所點擊的位置。
when ImageSprite1 .TouchUp x y do	當使用者手指「離開」元件時，則會觸發本事件；在本事件中會回傳(x, y)座標，它代表使用者手指離開的位置。
when ImageSprite1 .EdgeReached edge do	當ImageSprite元件與畫布（螢幕）邊緣接觸時，則會觸發本事件；其中參數edge代表接觸的位置；而元件碰撞畫布邊界的方位代碼，在前面已介紹。
when ImageSprite1 .NoLongerCollidingWith other do	當兩個動畫元件（ImageSprite或Ball）不再碰撞時，則會觸發本事件。

事件	說明
when ImageSprite1 .Touched x y do	當ImageSprite元件被點擊時，則會觸發本事件。

【ImageSprite元件的使用方法】

方法	說明
call ImageSprite1 .Bounce edge	讓ImageSprite元件彈跳（反彈回去）。
call ImageSprite1 .CollidingWith other	判斷ImageSprite元件是否與指定的元件發生碰撞。其中other代表指定的元件。
call ImageSprite1 .MoveIntoBounds	如果ImageSprite元件超出畫布的邊界時，可以利用本方法將它移回邊界內。
call ImageSprite1 .MoveTo x y	讓ImageSprite元移動到指定點座標(x, y)。
call ImageSprite1 .PointTowards target	讓ImageSprite元件對準指定的目標。
call ImageSprite1 .PointInDirection x y	讓ImageSprite元件對準指定的座標(x, y)。

3-2-1 左右飛翔的老鷹

在了解ImageSprite元件的使用方法之後，接下來，就可以開始利用它來設計一隻在天空中，左右來回反覆飛翔的老鷹。

【實作】

請利用「ImageSprite元件」來設計「左右飛翔的老鷹」。

【介面設計】

手機的版面配置區	專案所需元件
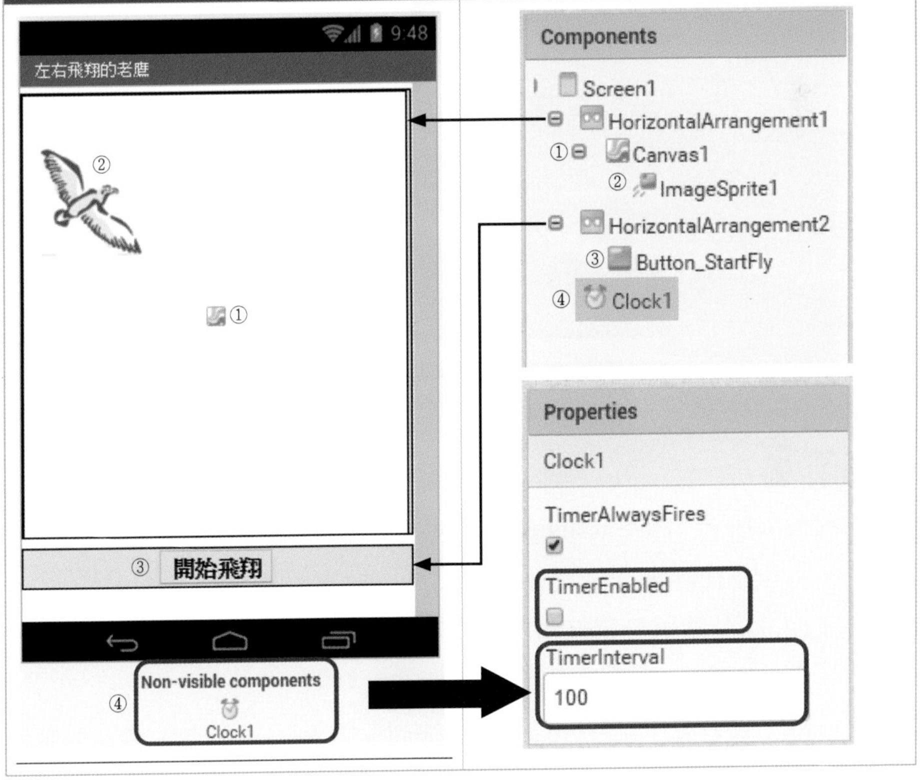 9:48 左右飛翔的老鷹 ② ① ③ 開始飛翔 ④ Non-visible components Clock1	Components Screen1 HorizontalArrangement1 ① Canvas1 ② ImageSprite1 HorizontalArrangement2 ③ Button_StartFly ④ Clock1 Properties Clock1 TimerAlwaysFires ☑ TimerEnabled ☐ TimerInterval 100

【參考程式】

拼圖程式 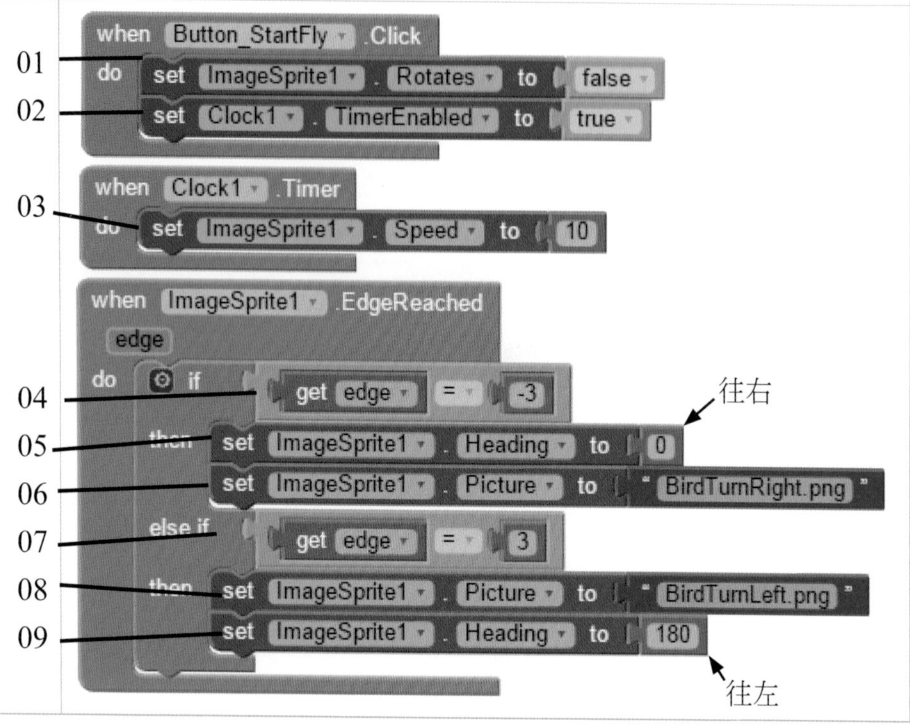	ch3_2_1.aia

```
   when Button_StartFly .Click
   do
01     set ImageSprite1 . Rotates to false
02     set Clock1 . TimerEnabled to true

   when Clock1 .Timer
03 do  set ImageSprite1 . Speed to 10

   when ImageSprite1 .EdgeReached
     edge
   do
04   if   get edge = -3
05   then set ImageSprite1 . Heading to 0                       ← 往右
06        set ImageSprite1 . Picture to " BirdTurnRight.png "
07   else if get edge = 3
08   then set ImageSprite1 . Picture to " BirdTurnLeft.png "
09        set ImageSprite1 . Heading to 180                     ← 往左
```

【說明】

行號01～02：按下「開始飛翔」鈕，設定不要依移動方向來旋轉（false），並且啓動Clock元件。

行號03：Clock計時器設定每單位時間移動10個像素位置。預設是往右移動。因爲Heading預設值爲0。

行號04～06：當老鷹往左飛行時，如果觸到左邊界（edge=-3）時，老鷹就會往右飛行，並且換成「老鷹向右的照片」。

行號07～09：反之，如果老鷹往右飛行時，如果觸到右邊界（edge=3）時，老鷹就會往左飛行，並且換成「老鷹向左的照片」。

3-2-2 操控樂高模擬飛機

實例一

請利用「ImageSprite元件」來設計簡易操控的「樂高模擬飛機App」。

【具備的功能】

1. 上、下、左、右。
2. 可以讓玩家拖曳到畫布上的任何起跑點。

【介面設計】

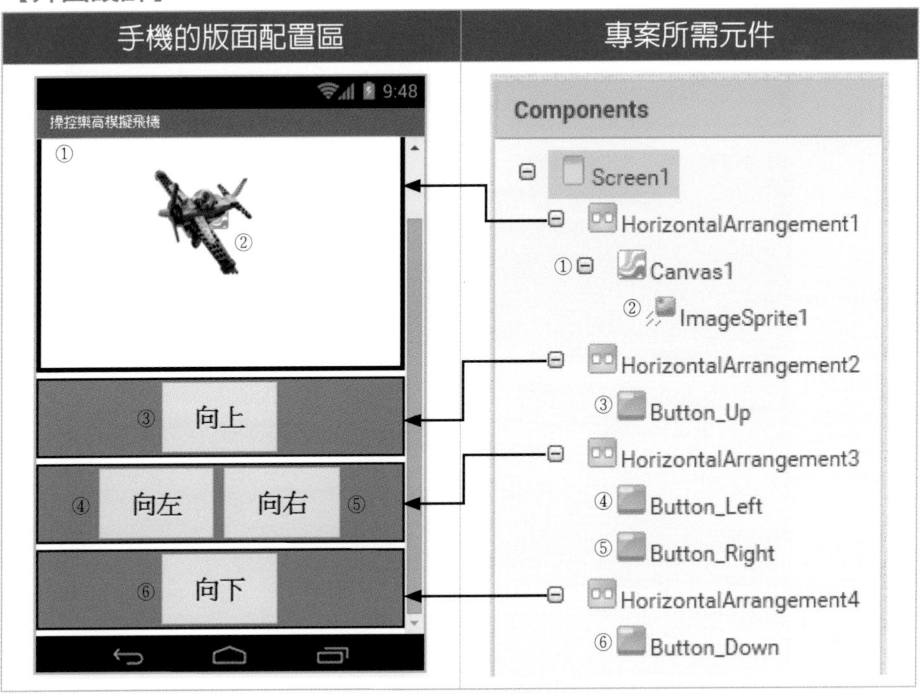

【參考程式】

拼圖程式	ch3_2_2A.aia
	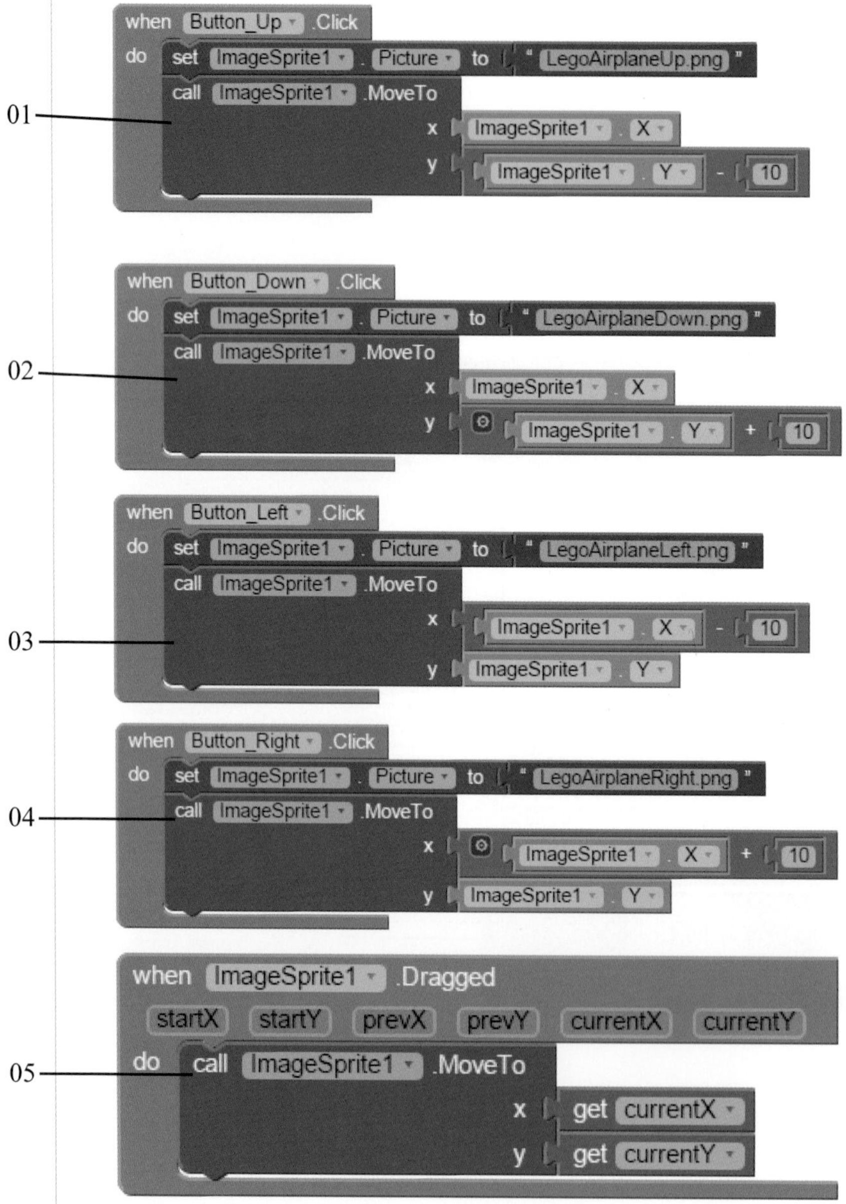 01 when Button_Up .Click do set ImageSprite1 . Picture to " LegoAirplaneUp.png " call ImageSprite1 .MoveTo x ImageSprite1 . X y ImageSprite1 . Y - 10 02 when Button_Down .Click do set ImageSprite1 . Picture to " LegoAirplaneDown.png " call ImageSprite1 .MoveTo x ImageSprite1 . X y ImageSprite1 . Y + 10 03 when Button_Left .Click do set ImageSprite1 . Picture to " LegoAirplaneLeft.png " call ImageSprite1 .MoveTo x ImageSprite1 . X - 10 y ImageSprite1 . Y 04 when Button_Right .Click do set ImageSprite1 . Picture to " LegoAirplaneRight.png " call ImageSprite1 .MoveTo x ImageSprite1 . X + 10 y ImageSprite1 . Y 05 when ImageSprite1 .Dragged startX startY prevX prevY currentX currentY do call ImageSprite1 .MoveTo x get currentX y get currentY

【說明】

行號01：飛機「向前」移動。

行號02：飛機「向後」移動。

行號03：飛機「向左」移動。

行號04：飛機「向右」移動。

行號05：可以讓玩家拖曳到畫布上的任何起跑點。

實例二

承上一題，請再增加一項功能如下：

當使用者點擊「樂高模擬飛機」時，會出現「你打中飛機了!!!」。

【介面設計】

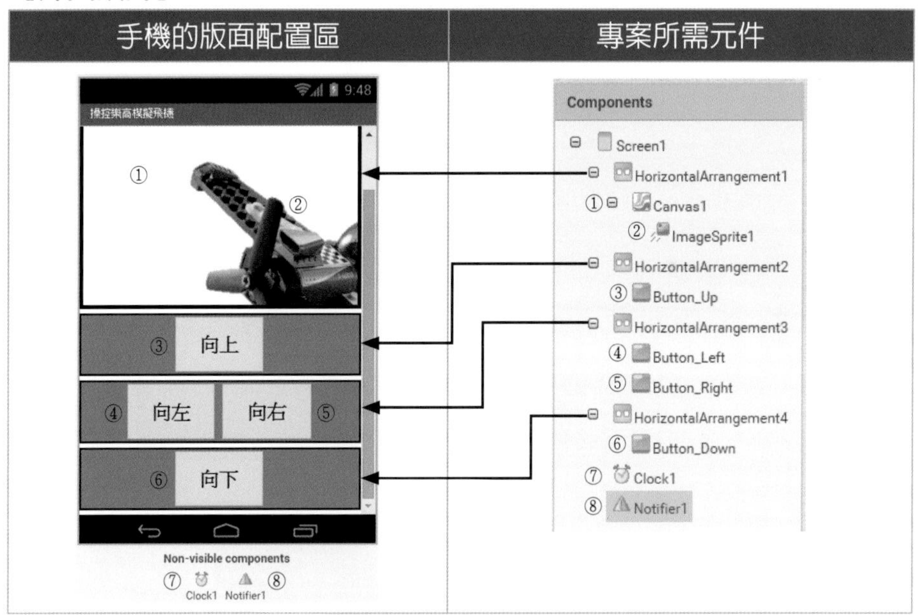

【參考程式】

一、宣告及撰寫「上、下、左、右」鈕之程式

拼圖程式	ch3_2_2B.aia

```
01  initialize global Direction to " "

02  when Button_Up .Click
    do  set global Direction to " Up "
        set Clock1 . TimerEnabled to true

03  when Button_Down .Click
    do  set global Direction to " Down "
        set Clock1 . TimerEnabled to true

04  when Button_Left .Click
    do  set global Direction to " Left "
        set Clock1 . TimerEnabled to true

05  when Button_Right .Click
    do  set global Direction to " Right "
        set Clock1 . TimerEnabled to true

06  when ImageSprite1 .Dragged
     startX  startY  prevX  prevY  currentX  currentY
    do  call ImageSprite1 .MoveTo
                             x  get currentX
                             y  get currentY
```

【說明】

行號01：宣告變數Direction用來記錄目前使用者的操作方向。

行號02～06：參考同上。

二、啟動Clock元件

拼圖程式	ch3_2_2B.aia

```
01 ─ when Clock1 .Timer
     do  if  get global Direction = "Up"
         then
02 ─       set ImageSprite1 . Picture to "LegoAirplaneUp.png"
           call ImageSprite1 .MoveTo
                              x  ImageSprite1 . X
                              y  ImageSprite1 . Y - 10
         else if  get global Direction = "Down"
         then  set ImageSprite1 . Picture to "LegoAirplaneDown.png"
03 ─       call ImageSprite1 .MoveTo
                              x  ImageSprite1 . X
                              y  ImageSprite1 . Y + 10
         else if  get global Direction = "Left"
         then  set ImageSprite1 . Picture to "LegoAirplaneLeft.png"
04 ─       call ImageSprite1 .MoveTo
                              x  ImageSprite1 . X - 10
                              y  ImageSprite1 . Y
         else if  get global Direction = "Right"
         then  set ImageSprite1 . Picture to "LegoAirplaneRight.png"
05 ─       call ImageSprite1 .MoveTo
                              x  ImageSprite1 . X + 10
                              y  ImageSprite1 . Y
```

【說明】

參考同上。

三、當使用者點擊「樂高模擬飛機」時，會出現「你打中飛機了!!!」

拼圖程式	ch3_2_2B.aia
01 when ImageSprite1 .Touched x y 02 do call Notifier1 .ShowAlert notice " 您打中飛機了!!! "	

【說明】

行號01：當使用者點擊「樂高模擬飛機」。

行號02：出現「你打中飛機了!!!」

3-3 Ball（球形動畫）元件

【定義】

是指放置於畫布中的球形動畫元件。

【功能】

可以與畫布邊緣互動。例如：它觸碰到邊緣時可以設定反彈或還原到中間位置。

【示意圖】

當「球體」碰撞到「左邊界」時，則會觸發EdgeReached事件

【拼圖程式】

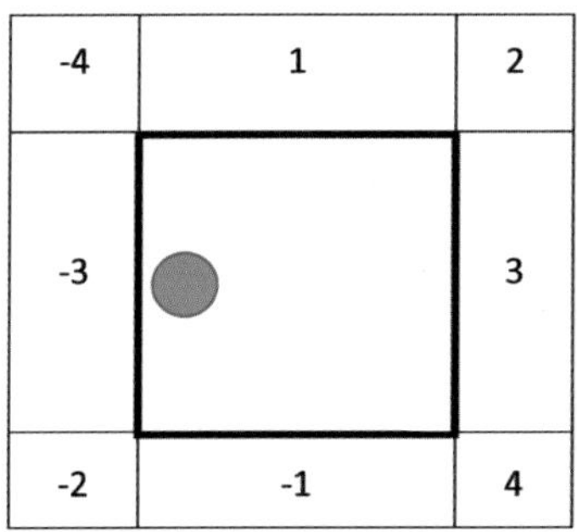

【範例】

球形動畫（Ball）的實作步驟如下所示：

【注意】

拖曳Ball元件之前，必需要先拖曳Canvas元件。

【Ball元件的相關屬性】

屬性	說明	靜態（屬性表）	動態（拼圖）
Enabled	設定Ball元件是否可以被移動，預設爲true	✓	✓
Heading	設定Ball的旋轉方向： 0度：向右（東）方 90度：朝上（北）方 180度：向左（西）方 270度：朝下（南）方	✓	✓
Interval	設定移動的頻率，單位爲毫秒	✓	✓
PaintColor	設定球的顏色	✓	✓
Radius	設定球的半徑	✓	✓
Speed	設定每單位時間移動的距離（單位：像素）	✓	✓
Visible	設定本元件是否顯示於螢幕上	✓	✓
X	設定Ball元件的在Canvas的X座標	✓	✓
Y	設定Ball元件的在Canvas的Y座標	✓	✓
Z	設定Ball元件的在Canvas的Z座標	✓	✓

【Ball元件的事件】

事件	說明
when Ball1 .CollidedWith other do	當兩個動畫元件（動畫或球）碰撞時，則會觸發本事件；其中參數other：是指與其它碰撞的元件。
when Ball1 .Dragged startX startY prevX prevY currentX currentY do	當球形動畫被「拖移」時，則會觸發本事件；其中參數說明請參閱Canvas元件。
when Ball1 .Flung x y speed heading xvel yvel do	當使用者手指「滑過」時，則會觸發本事件；其中參數說明請參閱Canvas元件。
when Ball1 .TouchDown x y do	當使用者「觸碰」，則會觸發本事件；在本事件中會回傳(x, y)座標，它代表使用者所點擊的位置。
when Ball1 .TouchUp x y do	當使用者手指「離開」元件時，則會觸發本事件；在本事件中會回傳(x, y)座標，它代表使用者手指離開的位置。
when Ball1 .EdgeReached edge do	當Ball元件與畫布（螢幕）邊緣接觸時，則會觸發本事件；其中參數edge代表接觸的位置，而元件碰撞畫布邊界的方位代碼，在前面已有介紹。

事件	說明
when Ball1 .NoLongerCollidingWith other do	當兩個動畫元件（動畫或球）不再碰撞時，則會觸發本事件。
when Ball1 .Touched x y do	當Ball元件被點擊時，則會觸發本事件。

【Ball元件的使用方法】

方法	說明
call Ball1 .Bounce edge	讓Ball元件彈跳（反彈回去）。
call Ball1 .CollidingWith other	判斷Ball元件是否與指定的元件發生碰撞。其中other代表指定的元件。
call Ball1 .MoveIntoBounds	如果Ball元件超出畫布的邊界時，可以利用本方法將它移回邊界內。
call Ball1 .MoveTo x y	讓Ball元移動到指定點座標(x, y)。

方法	說明
call Ball1 .PointTowards target	讓Ball元件對準指定的目標。
call Ball1 .PointInDirection x y	讓Ball元件對準指定的座標(x, y)。

3-3-1 獵人發射子彈打老鷹

在學習ImageSprite元件及Ball元件的使用方法之後，接下來，我們就可以開始利用它們來設計一支打獵的程式，亦即獵人發射子彈打在天空中左右來回反覆飛翔的老鷹。

實例一

承前一單元，再利用「Ball元件」來設計「獵人發射子彈」對準飛翔中的老鷹，並且在被射中時發出音效。

【介面設計】

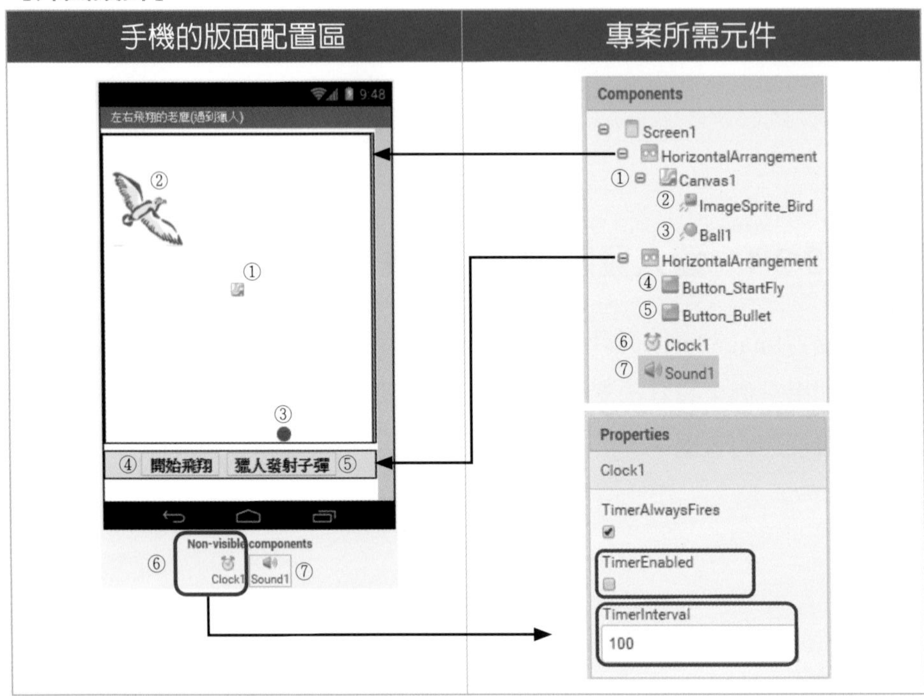

【參考程式】

一、按下「開始飛翔」鈕之後，老鷹在天空飛翔的程式

拼圖程式	ch3_3_1A.aia

```
   when Button_StartFly .Click
   do
01   set ImageSprite1 . Rotates to false
02   set Clock1 . TimerEnabled to true

   when Clock1 .Timer
03 do set ImageSprite1 . Speed to 10

   when ImageSprite1 .EdgeReached
    edge
04 do if  get edge = -3
05    then set ImageSprite1 . Heading to 0
06         set ImageSprite1 . Picture to " BirdTurnRight.png "
07    else if  get edge = 3
08    then set ImageSprite1 . Picture to " BirdTurnLeft.png "
09         set ImageSprite1 . Heading to 180
```

【說明】

同上ch3_2_1.aia程式。

二、頁面初始化時，「球形子彈」元件會停止在下方處(200, 300)位置

拼圖程式	ch3_3_1A.aia
	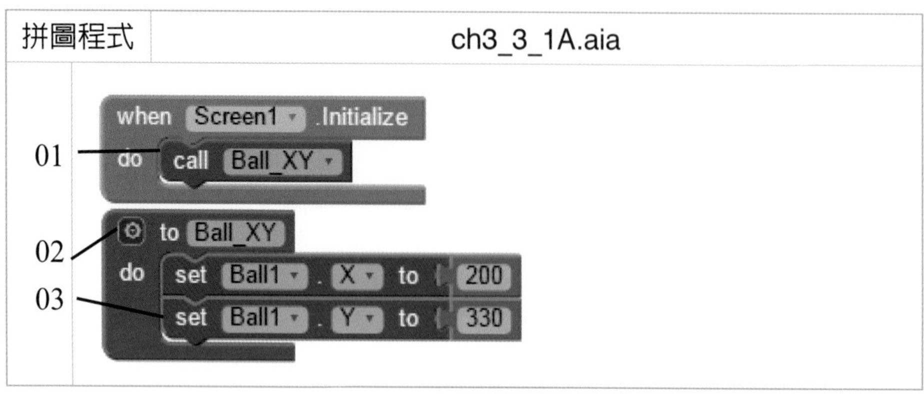

【說明】

行號01：頁面初始化時，呼叫「Ball_XY」副程式。

行號02～03：定義「Ball_XY」副程式，用來設定「球形子彈」元件會停止在下方處(200, 300)位置。

三、「獵人發射子彈」鈕之程式

拼圖程式	ch3_3_1A.aia
	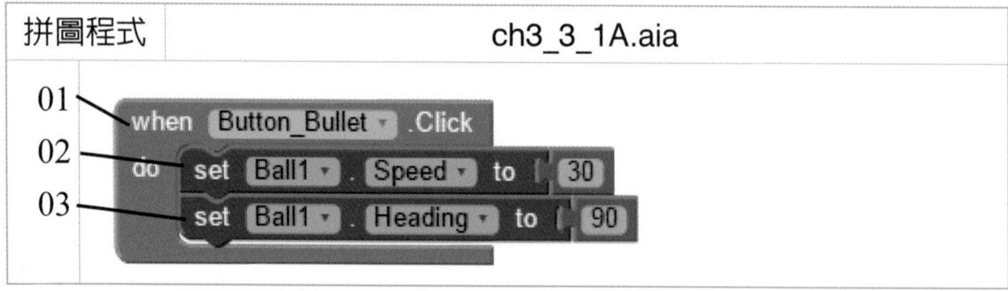

【說明】

行號01：當使用者按下「獵人發射子彈」鈕。

行號02：設定每單位時間移動30個像素位置。

行號03：設定球形子彈往上發射（90度方向），Heading設為90。

四、「子彈打中老鷹」的事件程序

拼圖程式	ch3_3_1A.aia

```
01 when Ball1 .CollidedWith
     other
02 do  if  get other = ImageSprite_Bird
03     then call Sound1 .Play
            call Ball_XY
```

【說明】

行號01：當「子彈打中老鷹」時，就會觸發CollidedWith事件。

行號02～03：如果子彈「碰觸」到老鷹時，就會發出音效，並將子彈位置還原。

五、當「子彈沒有打中」（亦即碰觸到天空框）

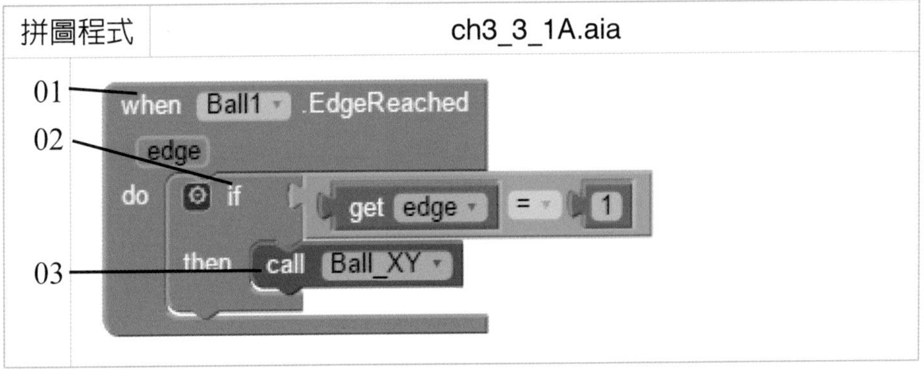

【說明】

行號01：當「子彈沒有打中」時，就會觸發EdgeReached事件。

行號02～03：如果子彈沒「碰觸」到老鷹時，子彈也會回到原發射的位置。

實例二

承上一題，當老鷹被射中時，會改變顏色。其更改的程式拼圖如下。（此時必須要另外製作向左及向右兩支不同顏色的老鷹）

拼圖程式	ch3_3_1B.aia

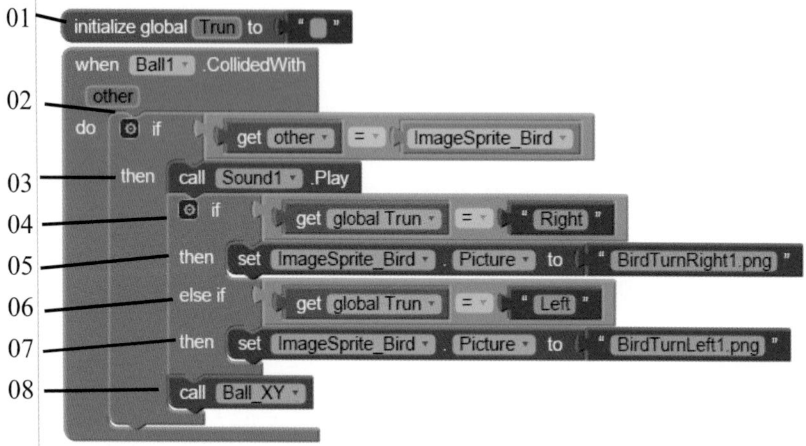

```
01  initialize global Trun to " "
    when Ball1 .CollidedWith
02    other
    do  if  get other = ImageSprite_Bird
03      then  call Sound1 .Play
04            if  get global Trun = " Right "
05            then  set ImageSprite_Bird . Picture to " BirdTurnRight1.png "
06            else if  get global Trun = " Left "
07            then  set ImageSprite_Bird . Picture to " BirdTurnLeft1.png "
08            call Ball_XY
```

註 完整的程式碼請參考ch3_3_1B.aia。

【說明】

行號01：宣告變數Trun爲全域性變數，初值設定爲空字串。其目的用來記錄目前老鷹飛翔的方向。

行號02～03：如果子彈「碰觸」到老鷹時，就會播放音效。

行號04～05：如果是「向右」飛翔時被射中，則更換成老鷹的顏色。

行號06～07：如果是「向左」飛翔時被射中，則更換成老鷹的顏色。

行號08：子彈會回到原發射的位置。

3-3-2 手動及自動發射器（獵槍）

承上題，再加入一支「手動發射器」，使得獵人可以使用「自動或手動發射器」，其介面設計及專案所需元件如下。

【介面設計】

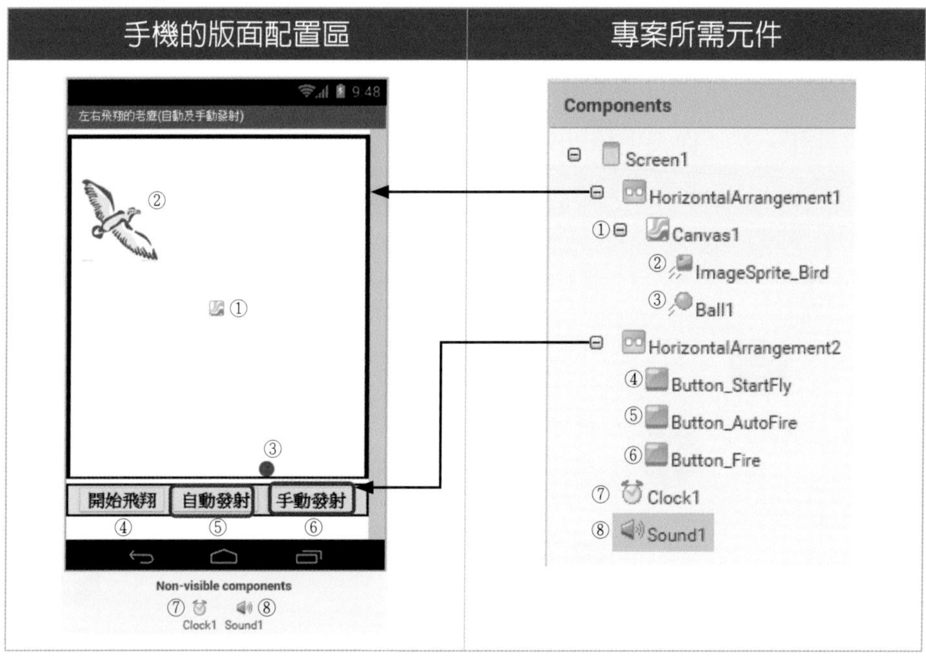

【關鍵拼圖程式】

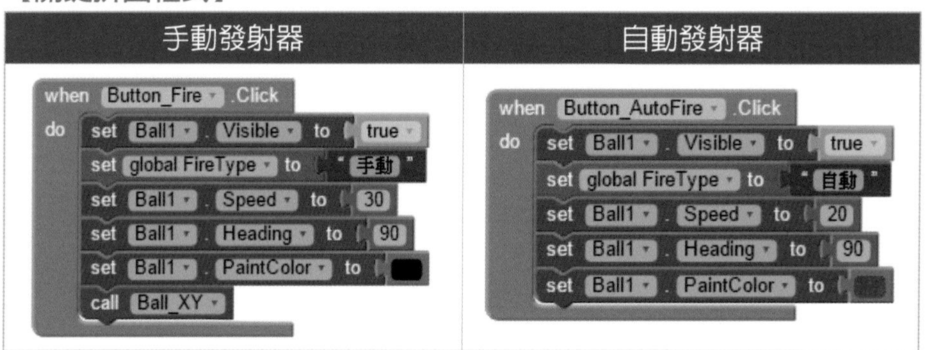

註 完整的程式碼，請參考ch3_3_2.aia。

3-4 天上掉下來的禮物（Lego）

在前面的例子中，一次都只能有一個ImageSprite元件在移置（例如老鷹或飛機），因此在本章節中，將介紹如何同時隨機產生多個ImageSprite元件，出現由上往下掉落的效果。

實例一

請設計一支「從天上掉下來的禮物」（Lego）App。

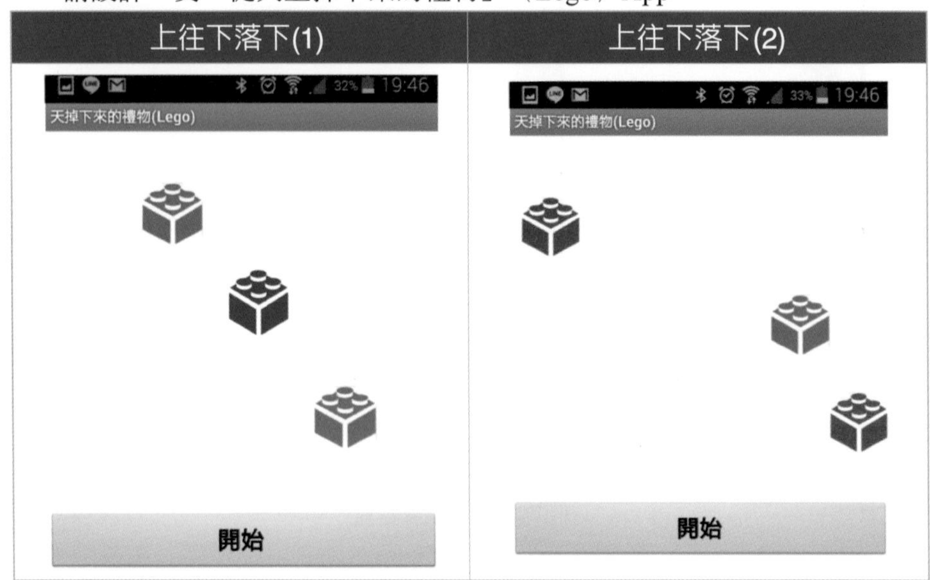

【介面設計】

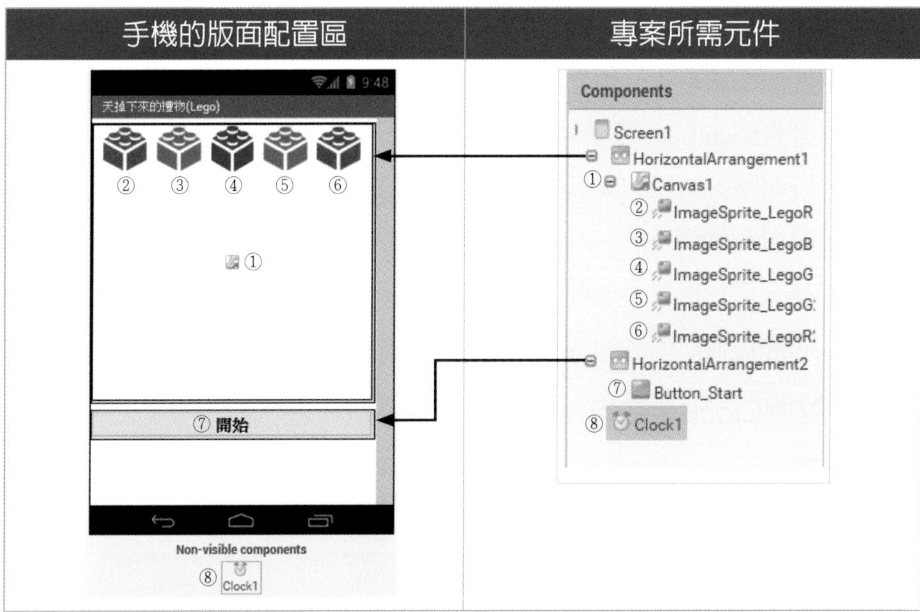

【參考程式】

一、宣告及頁面初始化及按下「開始」鈕

拼圖程式	ch3_4A.aia

```
01 initialize global ListLegos to create empty list
02 initialize global RandLego to 0
03 when Screen1.Initialize
04 do set global ListLegos to make a list ImageSprite_LegoR
                                           ImageSprite_LegoG
                                           ImageSprite_LegoB
                                           ImageSprite_LegoG2
                                           ImageSprite_LegoR2
   when Button_Start.Click
05 do set Clock1.TimerEnabled to true
```

【說明】

行號01：宣告ListLegos爲清單陣列，初值設爲空清單。其目的是用來儲存五個樂高積木的圖片。

行號02：宣告RandLego爲全域變數，初值設爲0。其目的是用來記錄每單位時間隨機出現的樂高積木。

行號03：頁面初始化

行號04：建立物件清單，亦即將五個元件儲存在清單中。

行號05：啓動Clock元件。

二、啓動Clock元件的Timer方法

拼圖程式	ch3_4A.aia
	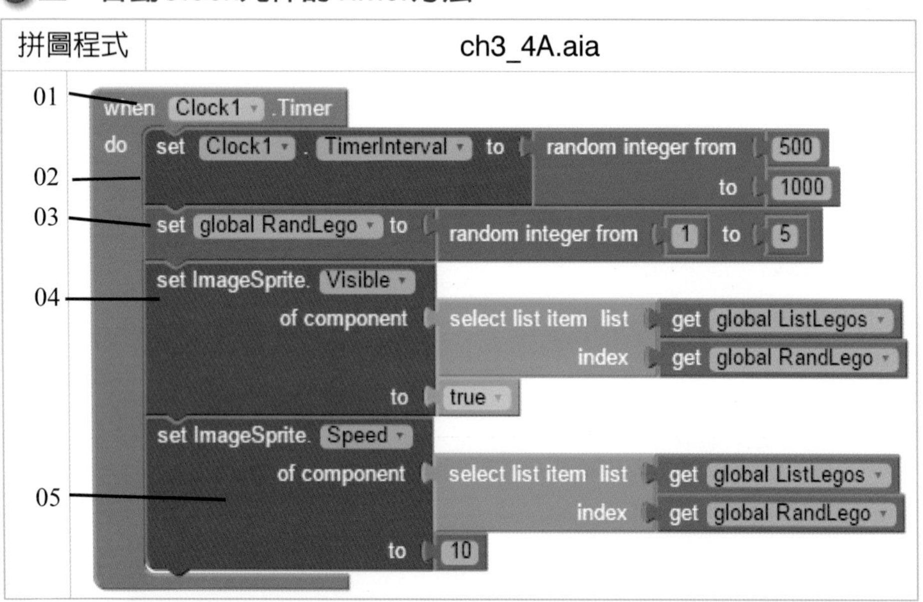

【說明】

行號01：啓動Clock元件的Timer方法。

行號02：利用隨機變數的值來設定Clock的單位時間（單位爲毫秒）。

行號03：隨機從1～5之間抽出一個數字，目的是用來決定每單位時間出現第幾個樂高積木（由左至右共有五個，其編號1～5）。

行號04：設定某一編號的樂高積木「顯示」。

行號05：設定某一編號的樂高積木「移動速度」。

三、當樂高積木碰撞到「下邊界」時，就會自動歸位

拼圖程式	ch3_4A.aia
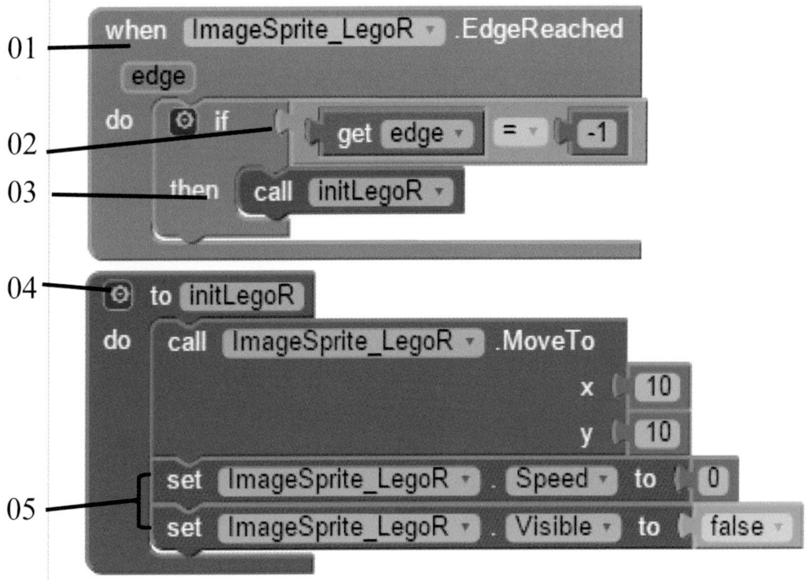 01	when ImageSprite_LegoR .EdgeReached edge
02	do if get edge = -1
03	then call initLegoR
04	to initLegoR do call ImageSprite_LegoR .MoveTo x 10 y 10
05	set ImageSprite_LegoR . Speed to 0 set ImageSprite_LegoR . Visible to false
06	…… …… ……

【說明】

行號01：當「樂高積木落下」時，就會觸發EdgeReached事件。

行號02～03：如果「樂高積木」碰觸到「最底部」時，呼叫「initLegoR」副程式，其目的是回到原先的位置。。

行號04：定義「initLegoR」副程式。亦即設定此樂高積木「移動速度」爲0，亦即爲靜止不動的狀態。

行號05：此時也設定此樂高積木「隱藏」狀態。

行號06：另外四個樂高積木的事件程序，與前五個步驟相同。

實例二

承上題，當天上掉下來禮物（Lego）時，有接到會加一分。

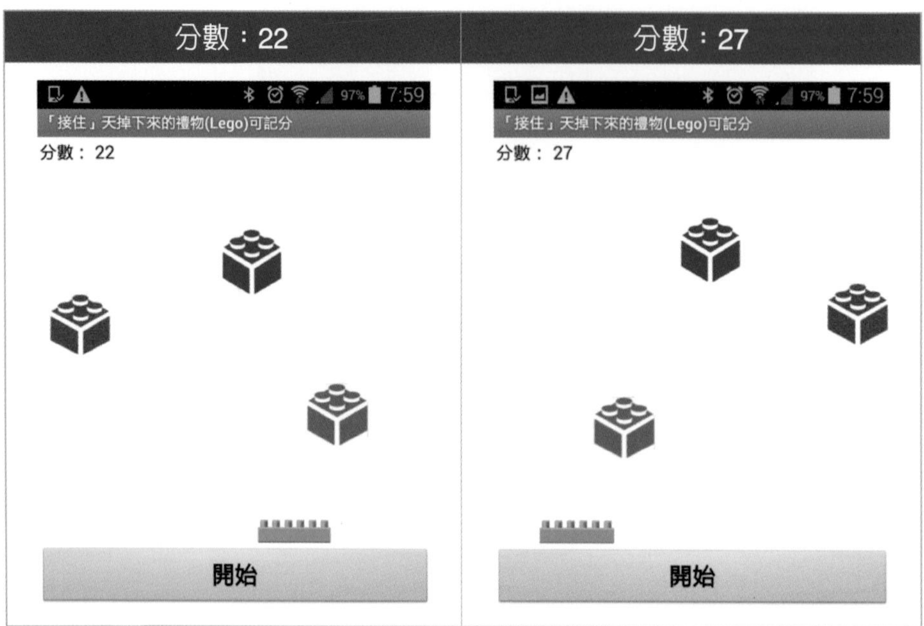

一、在底部增加一個「接物滑桿」圖片，利用手指「拖拉」

拼圖程式	ch3_4B.aia

01 when ImageSprite_HoldLego .Dragged
startX startY prevX prevY currentX currentY
do call ImageSprite_HoldLego .MoveTo
x ImageSprite_HoldLego . X + get currentX - get prevX
02
y ImageSprite_HoldLego . Y

【說明】

行號01：當使用者在畫布上，利用手指「拖拉」「接物滑桿」圖片時，就會觸發本事件。

行號02：當使用者手指拖拉「接物滑桿」圖片時，它就會跟著水平移動。

二、當「接物滑桿」圖片與任何一個樂高積木觸碰時

拼圖程式	ch3_4B.aia

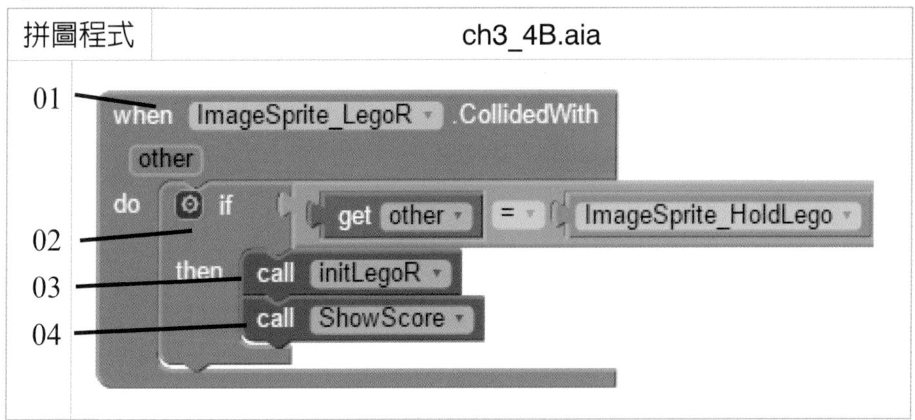

【說明】

行號01：當第一個樂高積木與「接物滑桿」圖片觸碰時，就會觸發本事件。

行號02：如果「接物滑桿」圖片與任何一個樂高積木觸碰時，就會呼叫「initLegoR」及「ShowScore」副程式。

行號03：呼叫「initLegoR」副程式，亦即設定此樂高積木「移動速度」爲0，亦即爲靜止不動的狀態。

行號04：呼叫「ShowScore」副程式，亦即分數會自動+1。

三、定義「ShowScore」副程式

拼圖程式	ch3_4B.aia
01 02 03 04	initialize global Score to 0 to ShowScore do set global Score to (get global Score + 1) set Label_Score . Text to get global Score

【說明】

行號01：宣告Score爲全域性變數，初值設定爲0，其目的是用來記錄目前的分數。

行號02：定義「ShowScore」副程式。

行號03～04：分數每次被呼叫時，自動+1，並顯示在螢幕上方。

實例三

承上題，當「接物滑桿」圖片每接到5個樂高禮物時，長度自動加5個像素（pixel）。

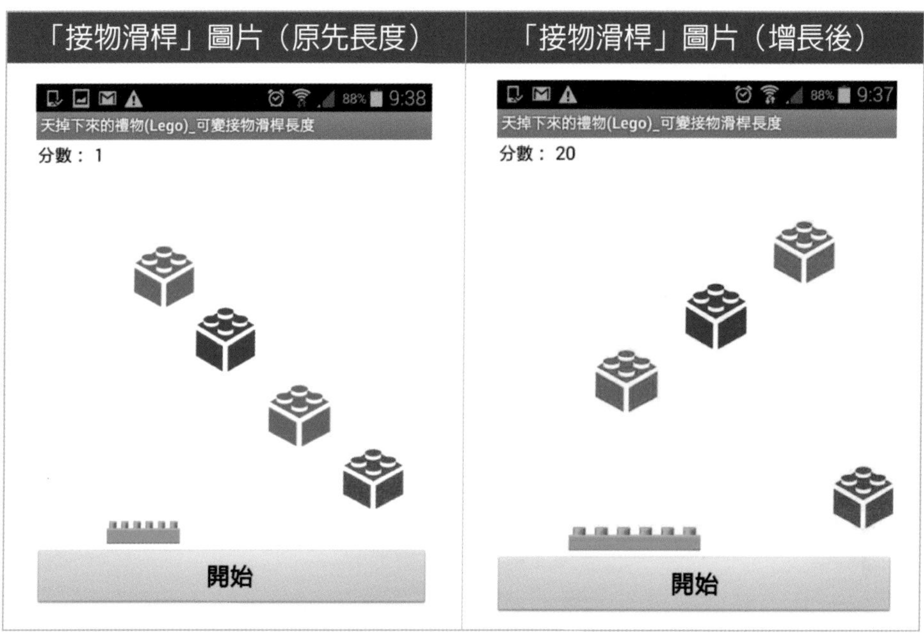

【參考程式】

拼圖程式	ch3_4C.aia

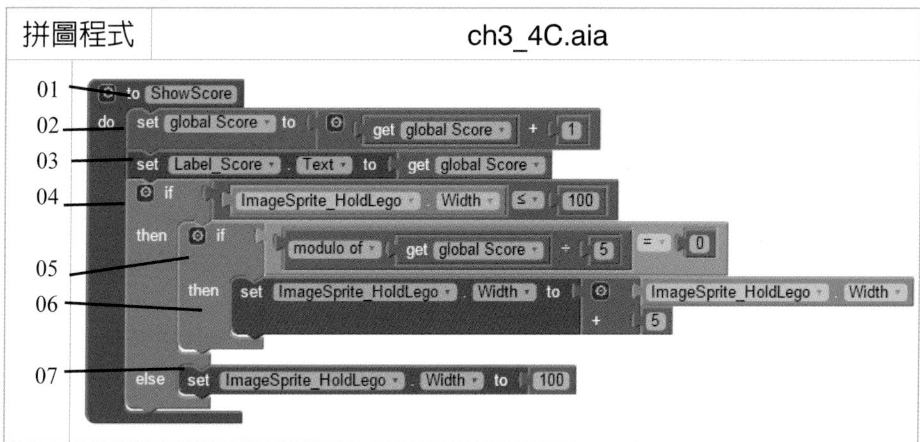

【說明】

行號01：定義「ShowScore」副程式。

行號02～03：每次被呼叫時，分數自動+1。並顯示在螢幕上方。

行號04～07：判斷目前的「接物滑桿」圖片的寬度是否小於或等於100像素，如果是，再判斷分數是否為5的倍數，如果是，就會自動加長5像素，否則就會維持原來的100像素。

課後習題

一、請設計一支「敵機來襲App」程式，它可以讓使用者按下戰機來發射子彈。

規則說明

1. 按下戰機來發射子彈。
2. 被打中後樂高忍者就會消失不見。
3. 當樂高忍者被打敗後，又可以重新出動士兵。

二、請修改本章的「ch3_4C.aia」程式，再增加「剩餘時間」的功能，時間設定爲60秒。

規則說明

1. 顯示剩餘時間。
2. 遊戲時間已結束。

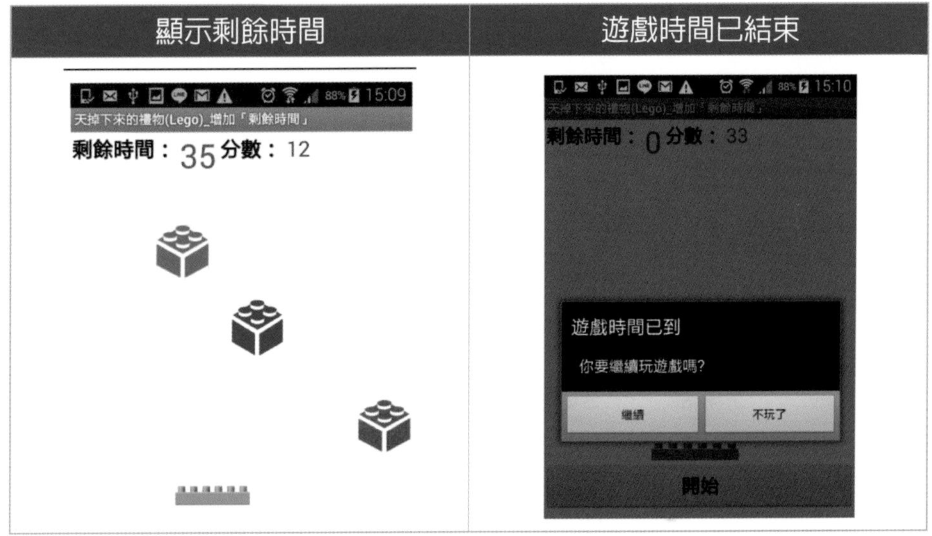

三、承第二題程式，再增加「關卡」功能。

規則說明

1. 每增加5分就會自動進下一關。
2. 每進下一關，樂高積木落下的速度就會加快。

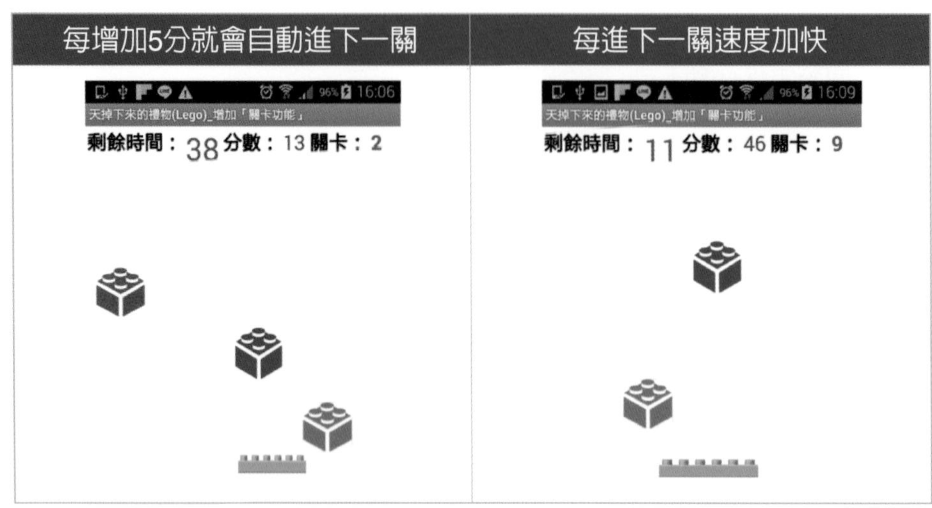

四、承第三題程式，結合資料庫來儲存最高紀錄保持人的姓名及分數。

規則說明

1. 儲存最高紀錄保持人的姓名及分數。
2. 每一次載入時，會顯示目前最高紀錄保持人。

Chapter 4

手機遊戲設計的原理與實作

本章學習目標

1. 了解「手機遊戲設計」的原理。
2. 了解「遊戲結合動畫」的各種應用。

本章內容

4-1 遊戲設計

4-2 何謂機率

4-3 App Inventor 2的亂數拼圖程式

4-4 遊戲結合動畫及亂數之應用

4-1 遊戲設計

利用手機來「玩遊戲」，已經成爲目前現代人最主要的娛樂方式之一，在本章節中，筆者將帶領各位讀者，利用「App Inventor 2」拼圖程式來輕鬆開發App遊戲。

基本上，一支完整的App遊戲程式，皆具備以下的功能：

1. 遊戲前：遊戲說明（Help）及登入玩家名稱。

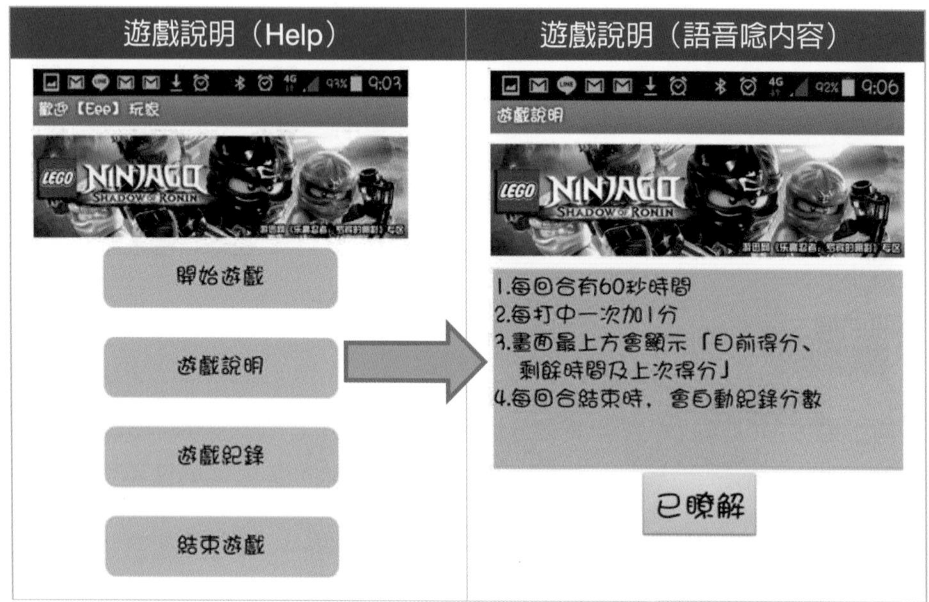

2. 遊戲中：記錄得分、時間及上一次的關卡或成績，此外，務必要搭配合適的「音效」及「背景音樂」，來增加遊戲的樂趣。

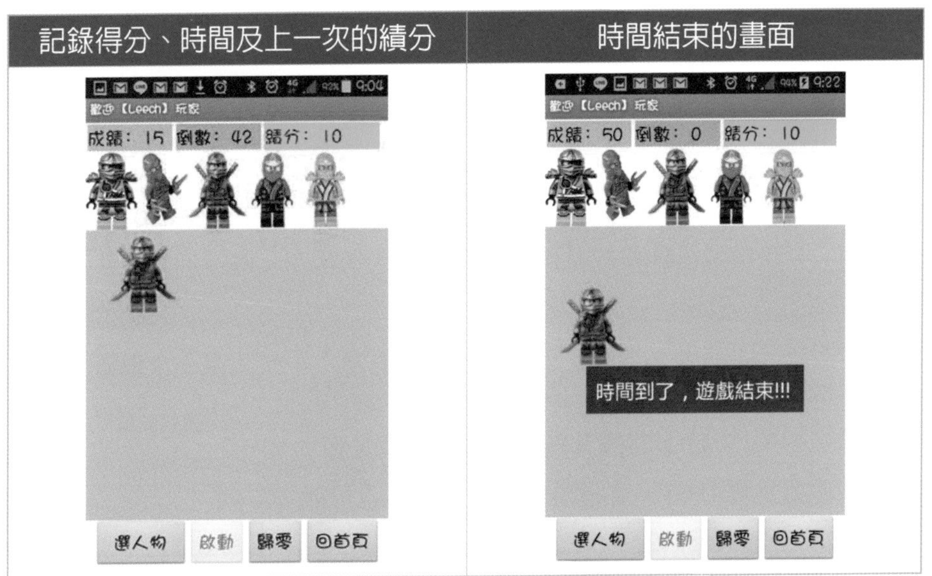

3. 遊戲後：查詢遊戲紀錄（包含玩家名、成績及排名）及結束遊戲。

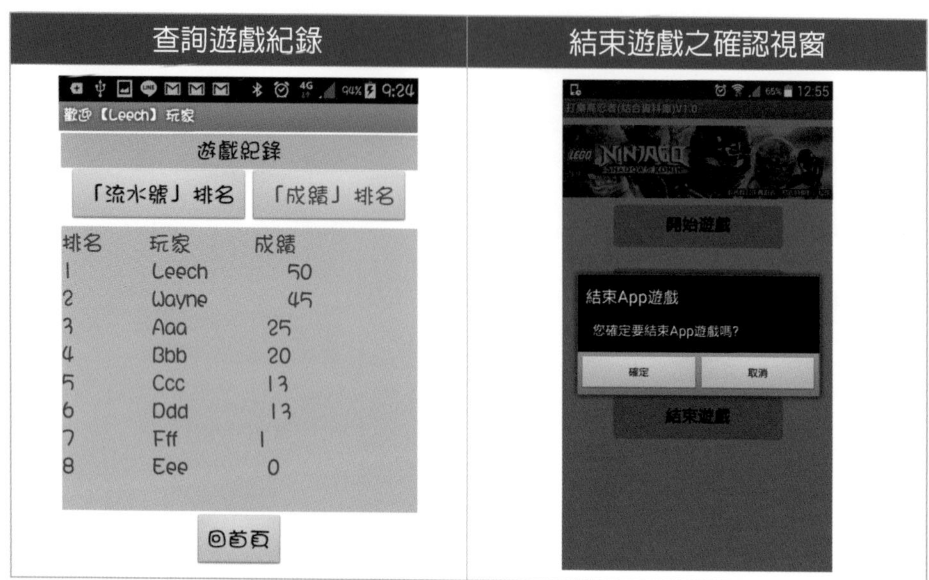

4-2 何謂機率

【定義】

指用來度量事件出現可能性大小的量。

【表示範圍】

0到1之間。

【說明】

1. 機率值如果爲0時，則代表爲事件是不可能出現的。
2. 機率值如果爲1時，則代表爲事件是必然出現的。
3. 機率值如果爲0.5時，意指事件是可能出現也可能不出現。

【公式】

事件出現的機率 = 事件可能結果數目 / 樣本空間可能結果數目

【範例一】

正常情況：

投擲一顆公平的骰子得到1、2、3、4、5、6點的機率都是1/6。

其中，得到偶數的機率是3/6 = 0.5，且奇數的機率也是3/6 = 0.5。

偶數的機率	奇數的機率

【範例二】

不正常情況：

投擲一顆公平的骰子得到0或7的機率是0（因爲公平的骰子點數只有1～6點，故不可能出現0與7點）。

【常見的運用】

1. 產生三個亂數值來訓練小朋友心算，並判斷作答的結果。
2. 設計一個「手機與人猜拳」的程式。

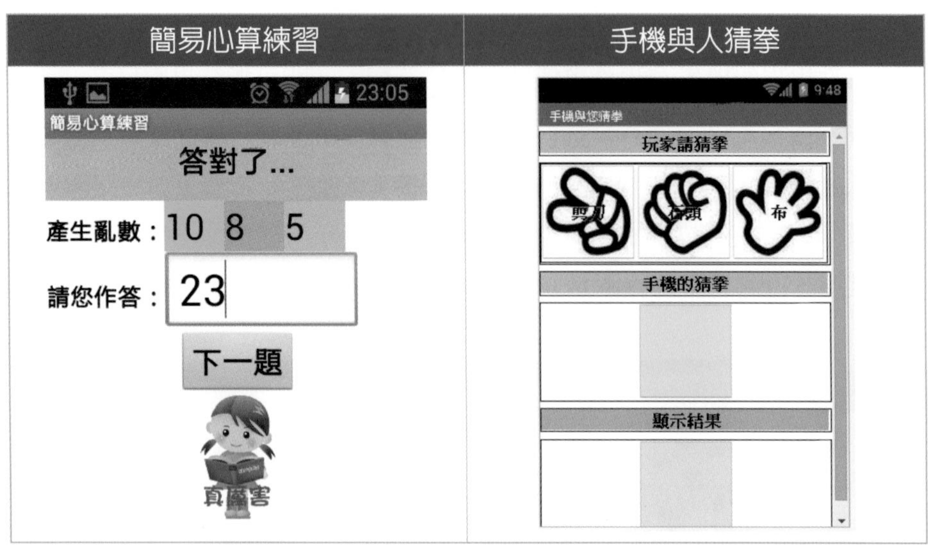

註 機率值在程式設計中，就是透過「亂數函數」來達到，亦即透過App Inventor 2的亂數拼圖。

4-3 App Inventor 2的亂數拼圖程式

【亂數的定義】

電腦每次產生的不同數值即稱為亂數。

【功能】

指定的範圍內，每次產生不同的數值。

【拼圖程式】

在「Blocks」拼圖程式設計的環境中（Build-in/Math）。

<table>
<tr><th>拼圖程式</th><th>功能簡易說明</th></tr>
<tr><td rowspan="3">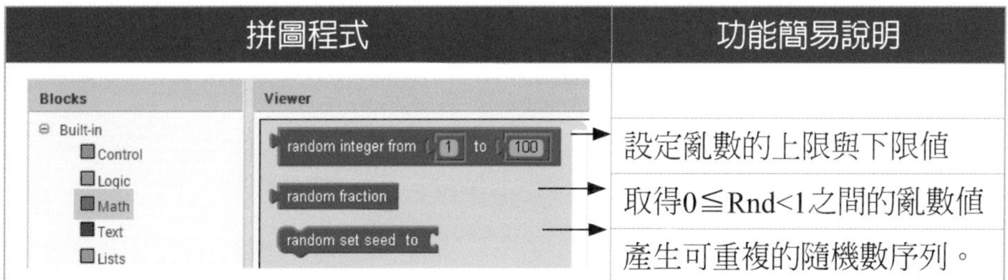</td><td>設定亂數的上限與下限值</td></tr>
<tr><td>取得0≦Rnd<1之間的亂數值</td></tr>
<tr><td>產生可重複的隨機數序列。</td></tr>
</table>

【格式】

一、設定亂數的上限與下限值

random integer函式是用來傳回上限值與下限值之間的值。例如：投擲骰子1～6點。

二、取得0≦Rnd<1之間的亂數值

random fraction

random fraction函式是會產生一個大於或等於0但小於1的數值。

三、產生可重複的隨機數序列。

random set seed to

random set seed to函式每次能產生相同序列的隨機數值。

實例一

請利用「random fraction」、「random integer」及「random set seed to」三個函數來測試，當勾選「random set seed to」功能時的差異性。

【功能說明】

在上圖中，左邊尚未勾選「random set seed to」功能時，每次出現的亂數值皆不同；但是，當勾選「random set seed to」功能之後，則每次出現相同的亂數值。

【介面設計】

手機頁面設計	元件的屬性設定

【參考程式】

拼圖程式	檔案名稱：ch4_3_EX1.aia

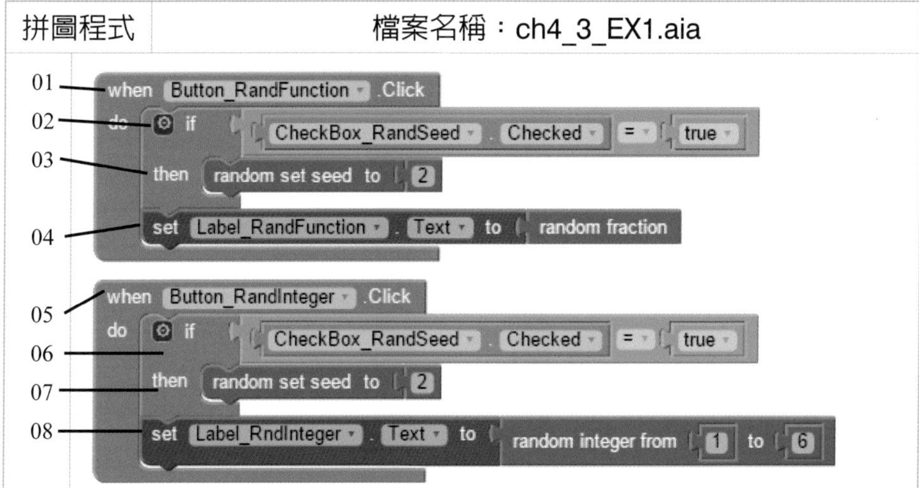

【說明】

行號01：當「產生0～1的亂數值」鈕，被按下時。

行號02：用來判斷「設定隨機數序列」chekckBox元件是否被勾選。

行號03：如果被勾選時，則要設定可重複的序列，我們可以設定0～N的數值。

行號04：利用「random fraction」函式來產生0≦Rnd<1之間的亂數值，並指定給Label元件的Text屬性，亦即顯示到手機的螢幕上。

行號05～07：同上的行號01～03。

行號08：利用「random integer」函式來產生1～6點的亂數值，並指定給Label元件的Text屬性，亦即顯示到手機的螢幕上。

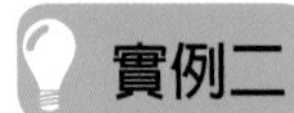

手動投擲骰子。

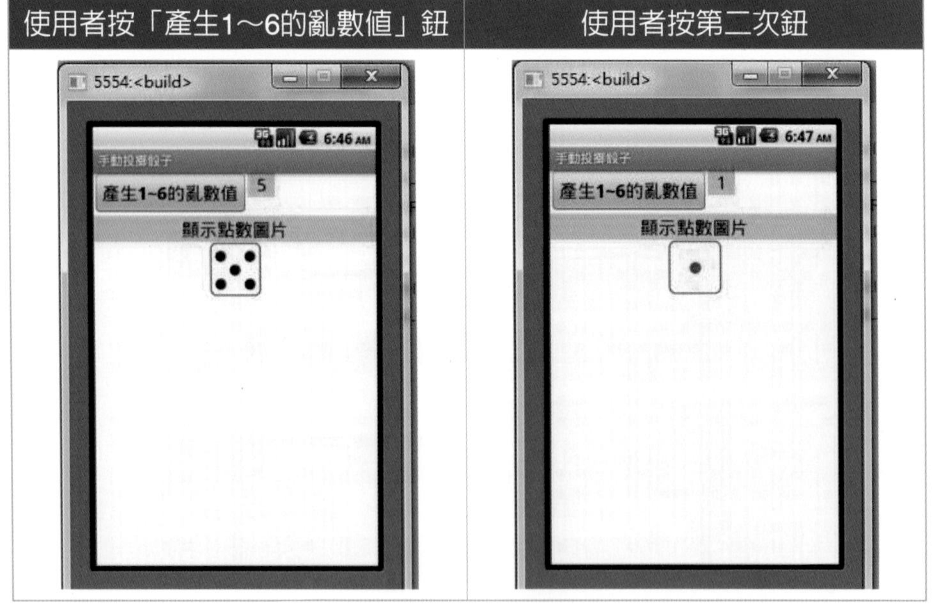

【功能說明】

使用者每按一次，就會產生一個1～6點的亂數值，並且也會載入對應的骰子圖片。

註 骰子圖片附於隨書光碟。

【介面設計】

【參考程式】

拼圖程式	檔案名稱：ch4_3_EX2.aia

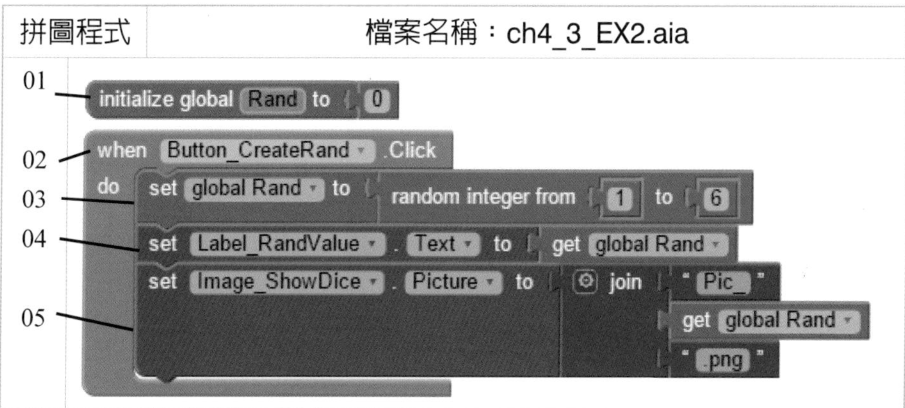

【說明】

行號01：宣告Rand為全域性變數，初值設定為0，其目的是用來儲存每一次產生的亂數值。

行號02：當使用者按下「產生1～6的亂數值」鈕時，就會執行do的事件程序。

行號03：利用「random integer」拼圖函式來產生1～6點的亂數值，並指定給Rand變數。

行號04：取得Rand變數值再指定給Label元件的Text屬性，亦即將「亂數值」顯示在手機螢幕上。

行號05：取得Rand變數值再透過「join」字串合併函數來將「圖檔」指定給image元件的Picture屬性，亦即將產生的亂數值來載入對應的骰子圖片到手機螢幕上。

實例三

自動投擲骰子，承上題，請再加入「啟動」及「停止」鈕來，自動投擲骰子。

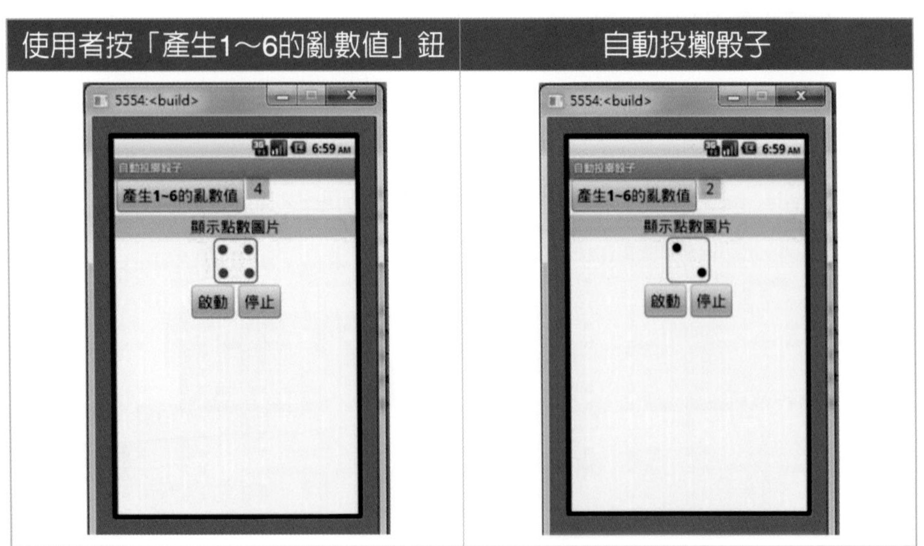

【功能說明】

當使用者按下「啓動」鈕時，骰子就會自動的動態投擲，直到按下「停止」鈕為止。

【介面設計】

手機頁面設計	元件的屬性設定
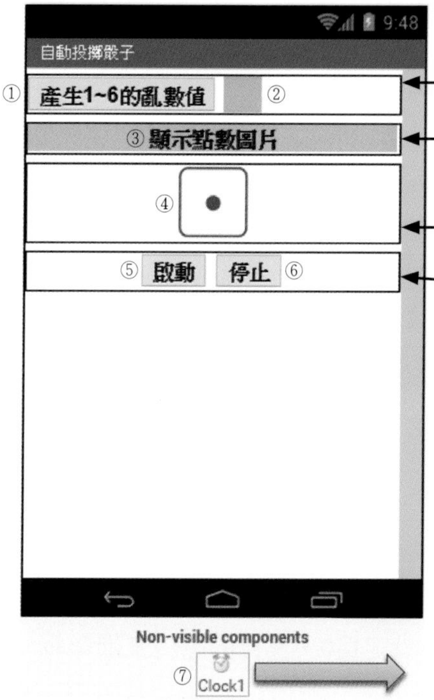 9:48 自動投擲骰子 ① 產生1~6的亂數值 ② ③ 顯示點數圖片 ④ ⑤ 啟動 停止 ⑥ Non-visible components ⑦ Clock1	 Components Screen1 HorizontalArrangement1 ① Button_CreateRand ② Label_RandValue HorizontalArrangement2 ③ Label3 HorizontalArrangement3 ④ Image_ShowDice HorizontalArrangement4 ⑤ Button_Start ⑥ Button_Stop ⑦ Clock1 Properties Clock1 TimerAlwaysFires TimerEnabled 取消勾選，亦即不預先啟動時 TimerInterval 100 設定 100 代表每 0.1 秒更新一次

【參考程式】

拼圖程式	檔案名稱：ch4_3_EX3.aia

```
01  when Button_Start .Click
    do  set Clock1 . TimerEnabled to  true

02  when Button_Stop .Click
    do  set Clock1 . TimerEnabled to  false

03  initialize global Rand to 0

04  when Clock1 .Timer
05  do  set global Rand to  random integer from 1 to 6
06      set Label_RandValue . Text to  get global Rand
07      set Image_ShowDice . Picture to  join  " Pic_ "
                                              get global Rand
                                              " .png "
```

【說明】

行號01：用來「啓動」Clock1時鐘元件。

行號02：用來「停止」Clock1時鐘元件。

行號03：宣告Rand爲全域性變數，初值設定爲0，其目的是用來儲存每一次產生的亂數值。

行號04：當Clock1元件被啓動時，就會開始執行「行號05～07」，亦即每100毫秒，也就是0.1秒變更亂數值一次，因此，就會產生動態投擲骰子的效果。

行號05～07：同上題。

4-4 遊戲結合動畫及亂數之應用

即使學會了動畫的基本觀念與技巧，但是如果遊戲中「只有動畫，而沒有變化」就無法吸引玩家來挑戰。因此，在遊戲中務必要將動畫與亂數結合。

【特性】

可利用隨機性、不規則性來呈現有趣的遊戲。

【亂數的應用】

亂數在實務上，除了應用在「數學」與「統計抽樣」之外，它還有非常廣泛的應用，一般而言，它可以應用在以下四大類遊戲中：

一、益智遊戲

例如「簡易心算練習」、「終極密碼遊戲」及「1A2B猜數字遊戲」等。

(一) 簡易心算練習App

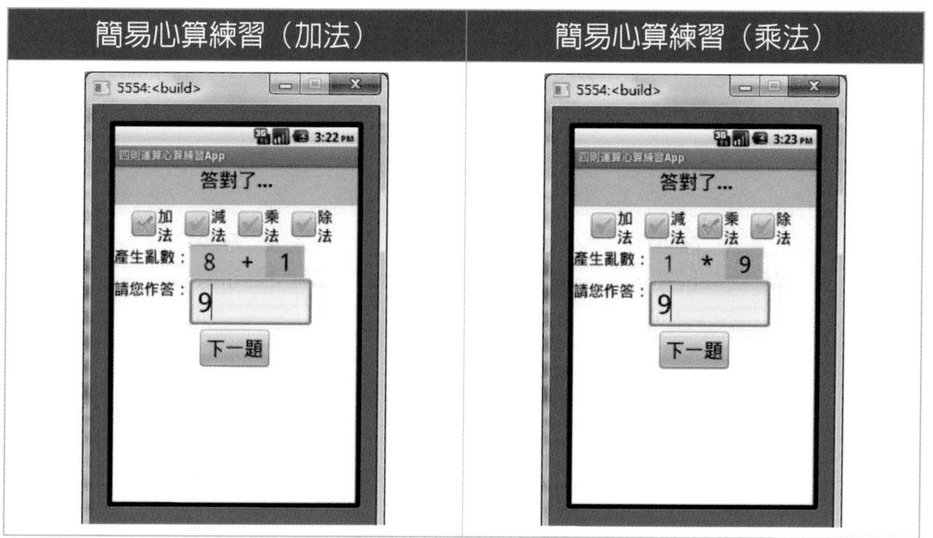

【目的】

1. 可了解每次出現的數字是一種隨機過程。
2. 隨時可以透過手機來練習簡單的「心算四則運算」，以達到寓教於樂的學習效果。

(二) 終極密碼遊戲App

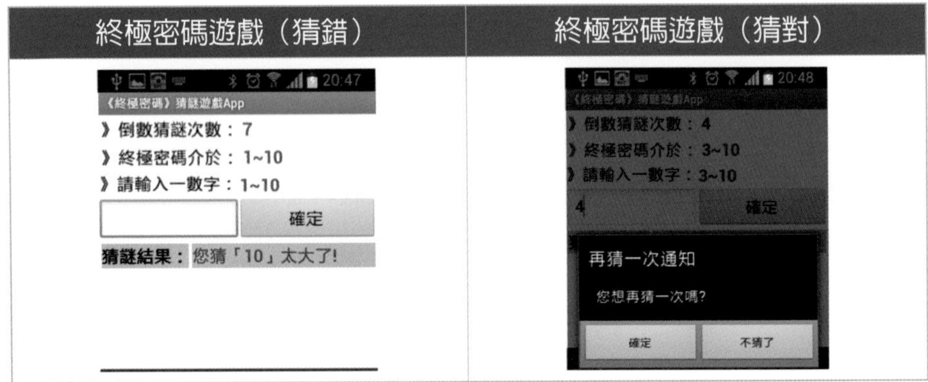

【目的】

1. 了解每次出現的「終極密碼」是一種隨機過程。
2. 能學會資料結構中的「循序搜尋與二分搜尋」的使用差異。

(三) 1A2B猜數字遊戲

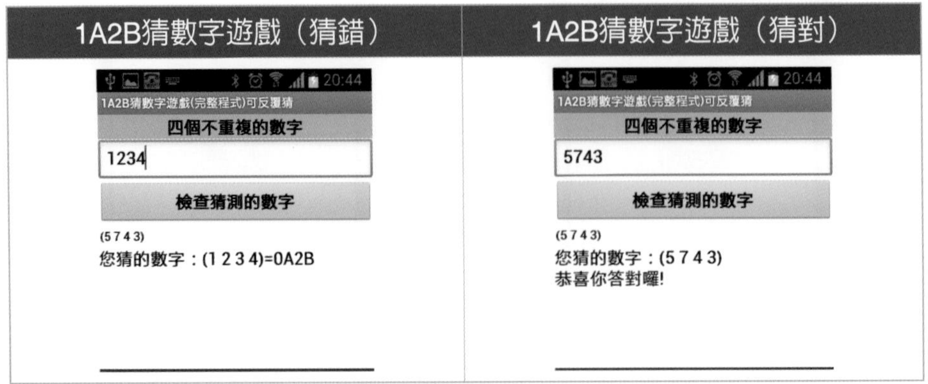

【目的】

1. 了解每次出現的「1A2B猜數字」是一種隨機過程。
2. 了解數字之間的不同排列組合，運用「推理」方式來找出答案。

二、博奕遊戲

如「猜骰子點數遊戲」、「猜拳遊戲」、「水果盤Bingo遊戲」等。

(一) 猜骰子點數遊戲App

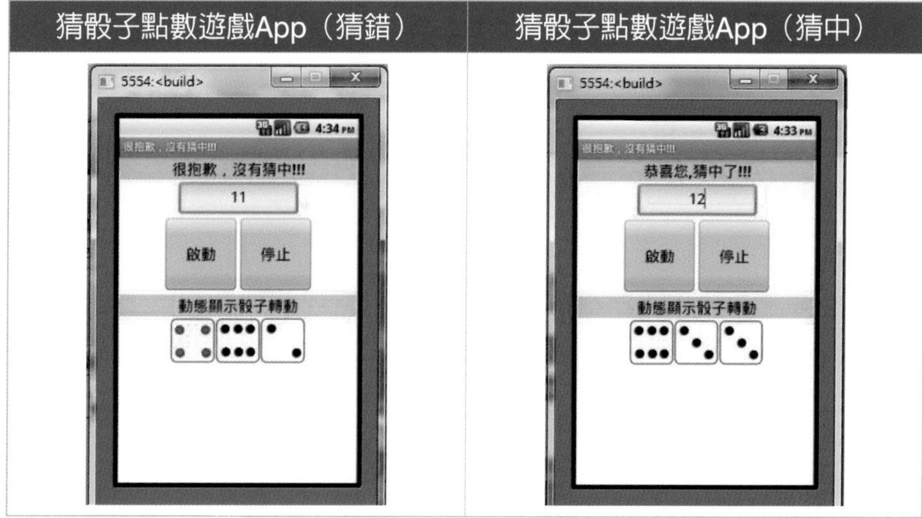

【目的】

1. 了解骰子擲出點數時的隨機過程。
2. 了解骰子轉動的動畫基本原理。

(二) 猜拳遊戲App

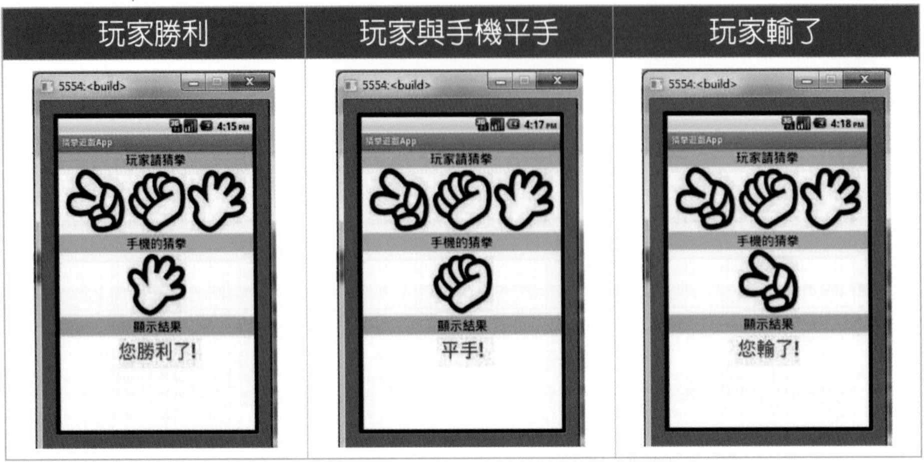

【目的】

1. 了解「猜拳遊戲」也是一種隨機過程。
2. 了解「猜拳遊戲App」比人爲猜拳更公平。

(三) 水果盤Bingo遊戲App

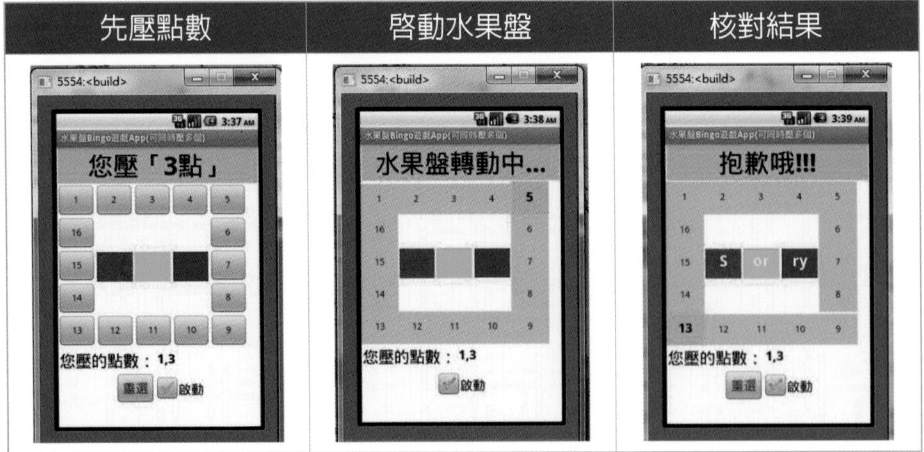

【目的】

1. 了解水果盤最後停止的位置是一種隨機過程。
2. 了解「方形水果盤」轉動的動畫基本原理。

三、休閒遊戲

如「打地鼠」或「OX井字遊戲」等。

(一) 打樂高忍者（打地鼠改良版）

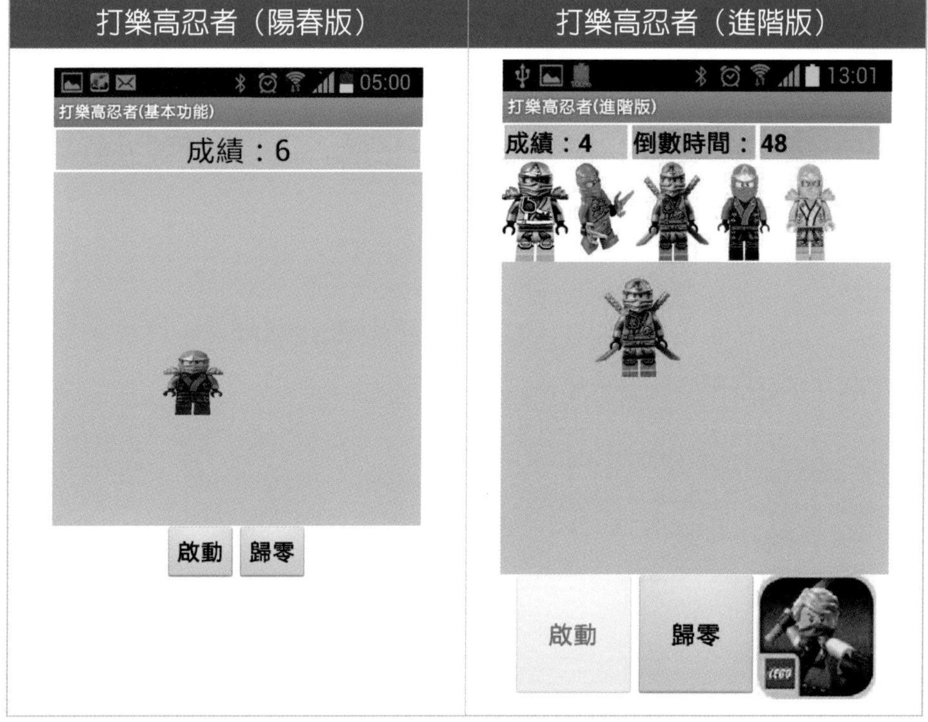

【目的】

1. 了解樂高忍者出現的位置是隨機過程。
2. 了解「隨機亂數」與「Clock元件」是動畫的基本原理。

(二) OX井字遊戲

【目的】

1. 讓玩家們隨時可以在空閒或休閒時間玩「井字遊戲APP」。
2. 了解井字遊戲獲勝時要依序檢查八種狀況。

三、模擬遊戲

如「樂透開獎機」及「我的超跑」等。

(一) 樂透開獎機

【目的】

1. 透過隨機方式來產生不重複的七個數字。
2. 了解每次出現的數字是一種隨機過程。

(二) 我的超跑

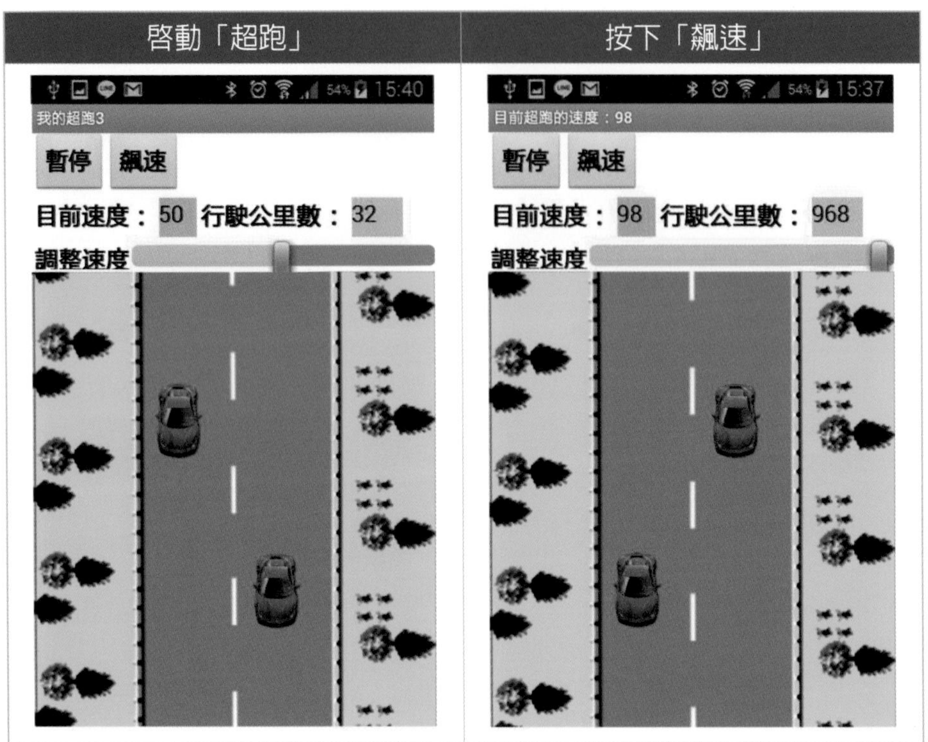

【目的】

1. 可以透過「滑桿」元件來控制速度。
2. 了解八個行道樹的連續播放來產生動畫的效果。
3. 模擬開著超跑在跑道上「飆速」的音效。

筆者基於以上四種應用的喜好，再加上對於「App Inventor 2拼圖程式」的熱愛，因此致力於研究與「亂數」相關的專題。希望能透過「亂數函數」的特性，來設計更有「多樣性」與「實用性」軟體，提升讀者對程式設計的興趣及熱愛。

課後習題

一、請問想要開發一支完整的App遊戲程式，應該要具備那些功能呢？

二、請問何謂機率，其可能的表示範圍爲何呢？

三、請問何謂亂數，其可能的表示範圍爲何呢？

四、目前市面上的遊戲中，大致上可分爲那些類別呢？至少寫出四類。

Chapter 5

益智遊戲

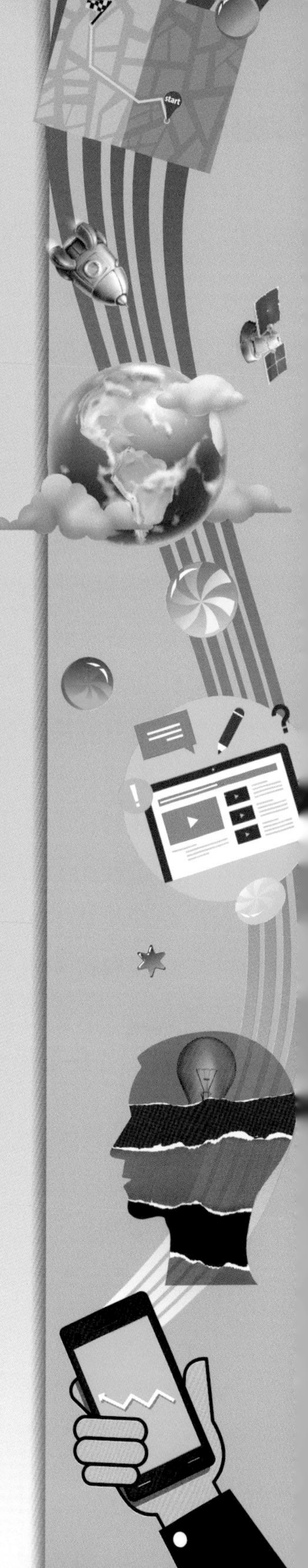

本章學習目標

1. 了解「遊戲式學習」的定義及相關的特色。
2. 了解「益智遊戲」常見的種類。

本章內容

5-1 益智遊戲
5-2 簡易心算練習App
5-3 終極密碼遊戲App
5-4 1A2B猜數字遊戲App

5-1 益智遊戲

人類天生的本能就是喜歡「玩遊戲」。因此幼稚園老師時常會透過「遊戲式」的方式，來讓幼童學習新知識，亦即所謂的「遊戲式學習」（Game-based learning）。

【特色】

1. 爲一種「自我學習」的個別化教學方法。
2. 可以透過「反覆多次練習」而增強學習效果。
3. 可達成「寓教於樂」的輔助教學。
4. 不會受限於「時間與空間」，隨時都可以進行教學。
5. 可以記錄「學習及測驗」的過程，並作出即時的回饋。

【常見的種類】

1. 教導式（Tutorial）。
2. 練習式（Drill and Practice）。
3. 遊戲式（Gaming Instruction）。
4. 交談式（Dialog）。
5. 模擬式（Simulation）。

5-1-1　教導式（Tutorial）

將傳統的教學方式移到行動載具上執行，透過App程式來達到教學的效果，著重在知識的傳授並結合引導式學習，以達到學習者自主學習的目標。

【舉例】

數一數、看一看、走一走等有趣的引導教學方式。

實例

數一數遊戲。

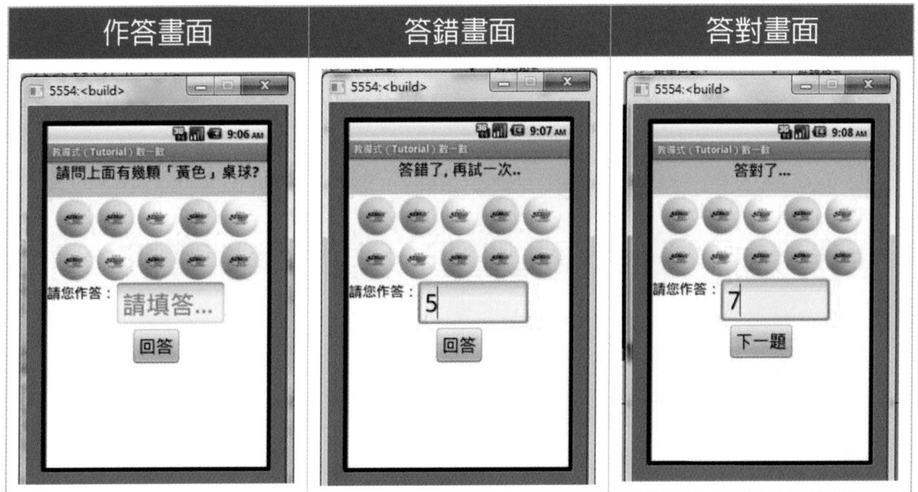

【說明】

利用隨機方式，每次顯示不同的「黃色」與「白色」桌球。

【目的】

每次出現不同種的顏色或圖案，讓使用者去學會觀察力及基本運算能力。

【關鍵程式】

隨機產生「黃色」與「白色」桌球，計算黃色的總數之副程式。

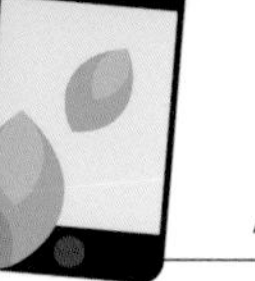

拼圖程式	檔案名稱：ch5_1A.aia

```
to NewQuestion
do  set global Count to 0
    for each item in list  get global ListBallimages
    do  set global RandNum to  random integer from 1 to 2
        if  get global RandNum = 1
        then  set Image.Picture
                  of component  get item
                            to  "YellowBall.jpg"
              set global Count to  get global Count + 1
        else  set Image.Picture
                  of component  get item
                            to  "WhiteBall.jpg"
    set Label_Status.Text to "請問上面有幾顆「黃色」桌球?"
    set TextBox_RndSum.Text to ""
    call TextToSpeech1.Speak
                   message  "請問上面有幾顆「黃色」桌球?"
```

註 詳細之程式碼，請參考隨書光碟ch5_1A.aia。

5-1-2 練習式（Drill and Practice）

透過手機APP軟體提供學習者反覆練習以達到精熟的教學方法。

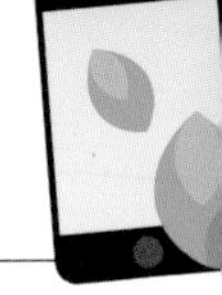

實例一

數字鍵盤練習。

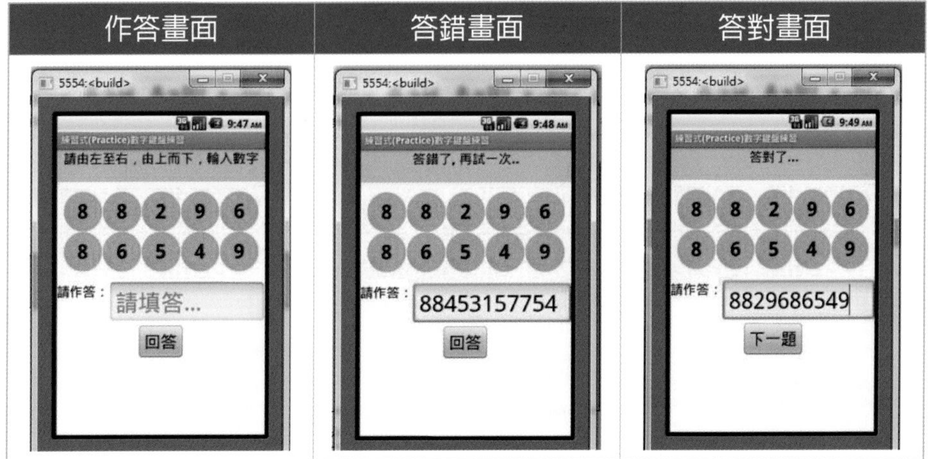

【說明】

利用隨機方式，每次顯示不同的「數字」桌球。

【目的】

每次出現不同的數字，讓學習者可以不斷的練習基本的數字鍵盤位置及指法。

【關鍵程式】

隨機產生編號「1～9號」的號碼球之副程式。

拼圖程式	檔案名稱：ch5_1B.aia

```
to NewQuestion
do  set global Ans to 0
    for each item in list  get global ListBallButtons
    do  set Button. Image
                of component  get item
                          to  " Ball.png "
        set global RandNum to  random integer from 1 to 9
        set Button. Text
                of component  get item
                          to  get global RandNum
        set global Ans to  join  get global Ans
                                 get global RandNum
    set Label_Status . Text to " 請由左至右，由上而下，輸入數字 "
    set TextBox_RndSum . Text to " "
    call TextToSpeech1 .Speak
                      message " 請依序輸入上方的數字 "
```

註 詳細的程式碼，請參考隨書光碟ch5_1B.aia。

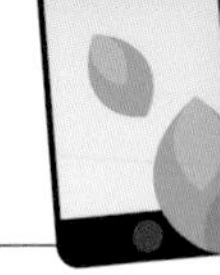

實例二

英打鍵盤練習。

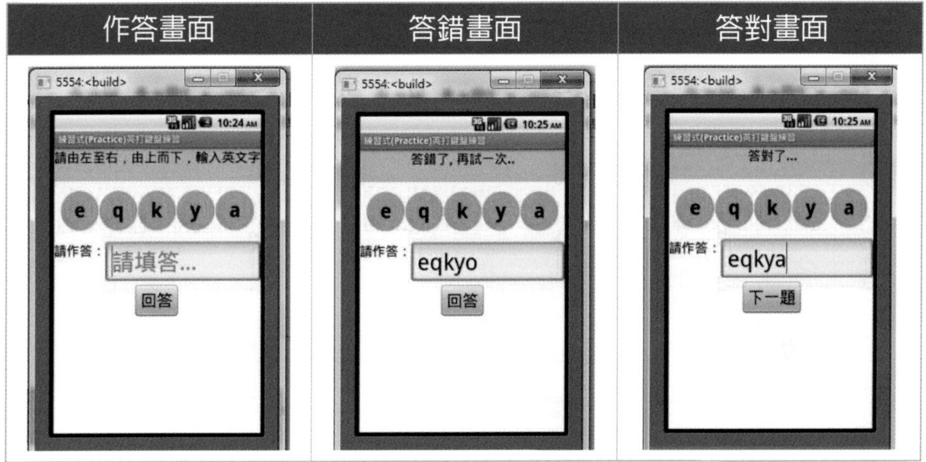

【說明】

利用隨機方式，每次顯示不同的「英文字」桌球。

【目的】

每次出現不同的英文字，讓學習者可以不斷練習基本的英文字鍵盤位置及指法，藉此提昇輸入的速度。

【關鍵程式】

隨機產生編號「1～26」對應英文字母「A～Z」之副程式。

拼圖程式	檔案名稱：ch5_1B.aia

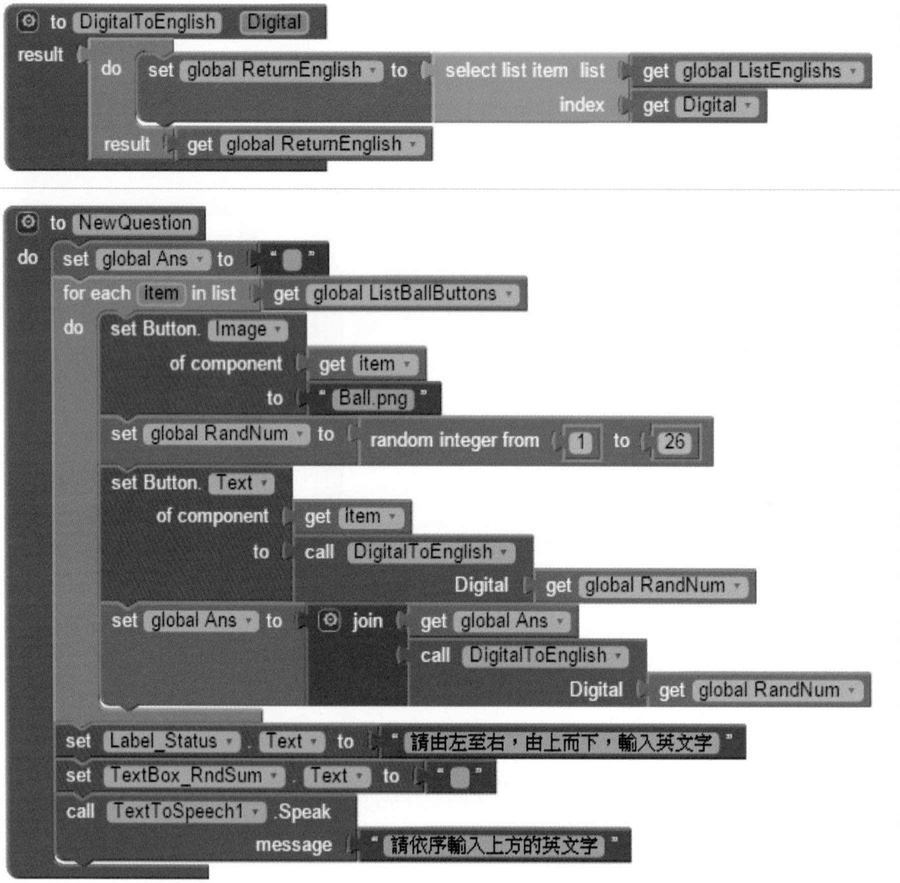

```
to DigitalToEnglish Digital
result  do   set global ReturnEnglish to  select list item list  get global ListEnglishs
                                                          index  get Digital
        result  get global ReturnEnglish

to NewQuestion
do  set global Ans to " "
    for each item in list  get global ListBallButtons
    do  set Button. Image
            of component  get item
                      to  " Ball.png "
        set global RandNum to  random integer from 1 to 26
        set Button. Text
            of component  get item
                      to  call DigitalToEnglish
                                  Digital  get global RandNum
        set global Ans to  join  get global Ans
                                 call DigitalToEnglish
                                         Digital  get global RandNum
    set Label_Status . Text to " 請由左至右，由上而下，輸入英文字 "
    set TextBox_RndSum . Text to " "
    call TextToSpeech1 .Speak
                   message  " 請依序輸入上方的英文字 "
```

註 詳細的程式碼，請參考隨書光碟ch5_1C.aia。

5-1-3 遊戲式（Gaming Instruction）

透過遊戲方式以達到教學效果，是一種適合兒童學習的教學方式。

【舉例】

以投擲骰子的方式來學習加法運算。

實例

遊戲式加法練習。

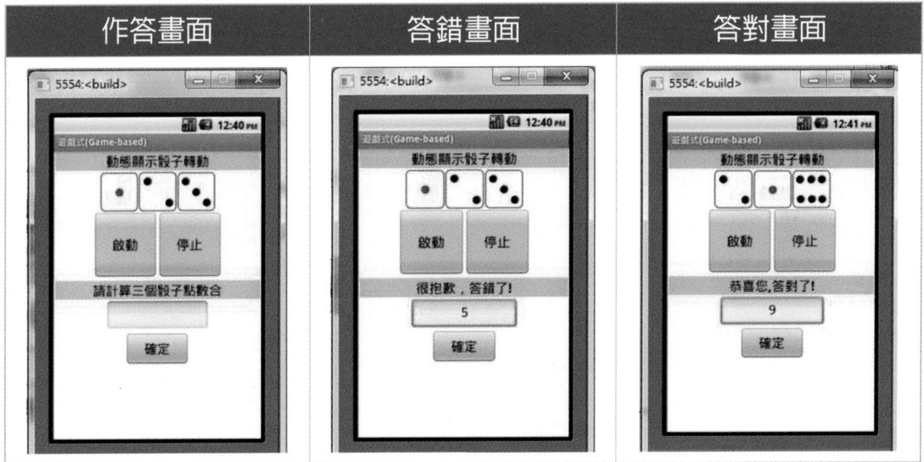

【說明】

利用隨機方式，每次顯示不同點數的骰子。

【目的】

每次出現不同點數的骰子，讓學習者可以透過遊戲式來提高學習動機與興趣。

【關鍵程式】

利用Clock元件來隨機產生三個骰子轉動之副程式。

拼圖程式	檔案名稱：ch5_1D.aia

```
when Clock1 .Timer
do  set global Rand1 to  random integer from 1 to 6
    set global Rand2 to  random integer from 1 to 6
    set global Rand3 to  random integer from 1 to 6
    call Show_Dice

to Show_Dice
do  set Image_ShowDice1 . Picture to  join  "Pic_"
                                            get global Rand1
                                            ".png"
    set Image_ShowDice2 . Picture to  join  "Pic_"
                                            get global Rand2
                                            ".png"
    set Image_ShowDice3 . Picture to  join  "Pic_"
                                            get global Rand3
                                            ".png"
```

註 詳細的程式碼，請參考隨書光碟ch5_1D.aia。

5-1-4 交談式（Dialog）

一種學習者與電腦互動交談、互相問答的手機輔助教學方式，可達到「雙向溝通」的教學方式。

實例

猜數字大小遊戲。

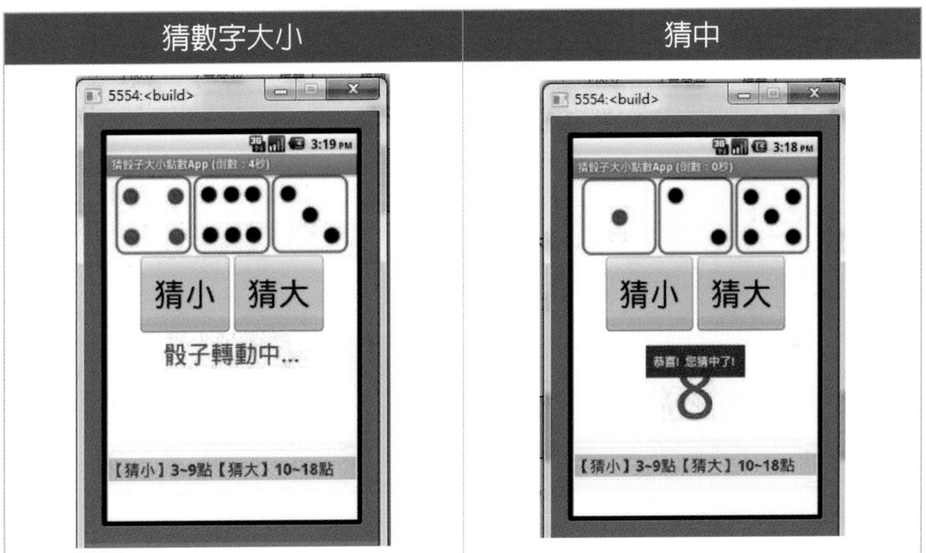

【說明】

「猜小」代表三顆骰子的總和點數為3～9；「猜大」代表三顆骰子的總和點數為10～18。

【目的】

透過「雙向互動」的教學方式，來提高對加法運算的敏感度。

【關鍵程式】

檢查猜大小是否猜中之副程式。

拼圖程式	檔案名稱：ch5_1E.aia

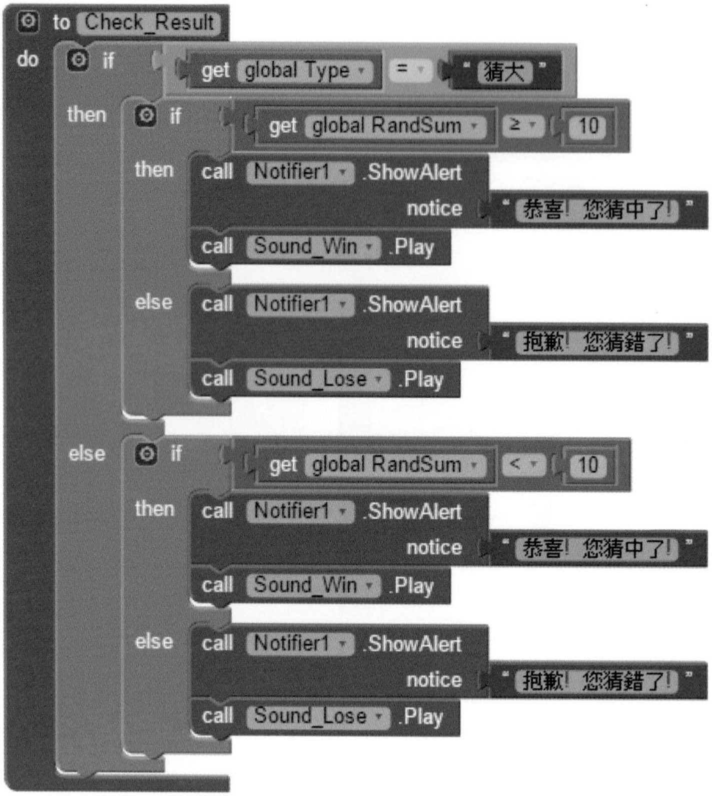

```
to Check_Result
do  if   get global Type = "猜大"
    then  if   get global RandSum ≥ 10
          then  call Notifier1 .ShowAlert
                       notice "恭喜! 您猜中了!"
                call Sound_Win .Play
          else  call Notifier1 .ShowAlert
                       notice "抱歉! 您猜錯了!"
                call Sound_Lose .Play
    else  if   get global RandSum < 10
          then  call Notifier1 .ShowAlert
                       notice "恭喜! 您猜中了!"
                call Sound_Win .Play
          else  call Notifier1 .ShowAlert
                       notice "抱歉! 您猜錯了!"
                call Sound_Lose .Play
```

註 詳細的程式碼，請參考隨書光碟ch5_1E.aia。

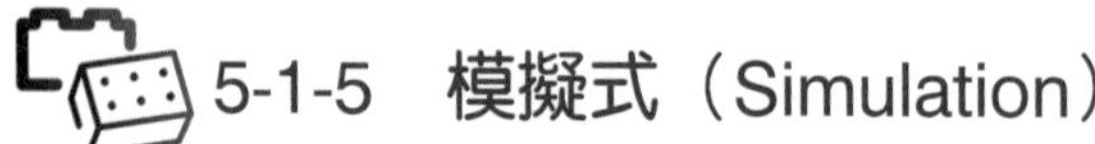

5-1-5　模擬式（Simulation）

以手機輔助教學軟體來模擬實際操作的一種教學方式。

模擬駕駛實際飛機的情境。

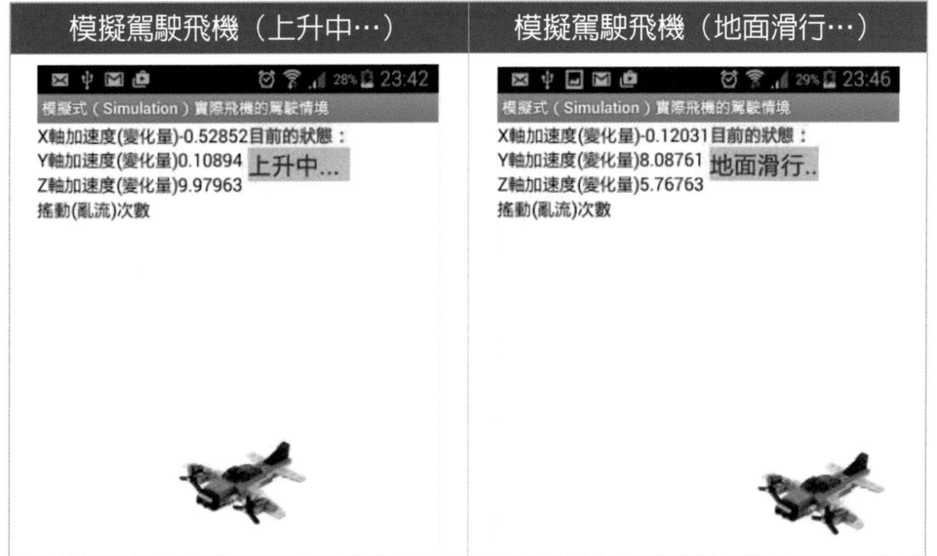

註 詳細的程式碼，請參考隨書光碟ch5_1F.aia。

【說明】

可以藉由遊戲畫面讓學習者了解實際飛機的駕駛情境。

【目的】

透過模擬飛機實際操作情況，讓學習者可以了解真實飛機在上空中的情況。

5-2 簡易心算練習App

任何專案的進行都必須要經過計劃、執行及考核。而資訊系統的開發也不例外。基本上，當我們想要開發APP專題程式時，必須要依循以下六大步驟：

研究動機	· 主題介紹（摘要） · 主題發想
研究目的	· 主要功能 · 提供服務
系統架構	· 主系統（包含哪些子系統） · 各子系統（功能模組）
核心技術	· 前端技術（如：語音辨識、GPS、定位……） · 後端技術（如：TinyDB、JSON……）
系統開發	· 介面設計 · 流程圖 · 程式設計
系統展示	· 系統測試（含執行結果） · 未來展望（討論、建議及未來APP上架）

 5-2-1 研究動機（主題發想）

還記得小時候同學之間時常會玩「1+1」或「9+9+9」等於多少？藉此測試同學對於數學的運算能力，如果平常沒有訓練的同學，往往對數字的敏感度會比較差，總會自覺「數學能力不好」。

有鑑於此，開發一套「簡易心算練習App」，讓使用者可以隨時透過「手機」或「平板」進行心算練習App遊戲。

 5-2-2 研究目的

1. 透過隨機方式來產生不同的三個數字。
2. 了解每次出現的數字是一種隨機過程。
3. 學習者作答之後，系統必須要即時回饋，並且當答對後才能進行下一題。
4. 讓學習者隨時可以透過手機來練習簡單的數值加法心算，以達到寓教於樂的學習效果。

 5-2-3 系統架構

簡易心算練習App系統的架構圖是由以下的子系統所組合而成。

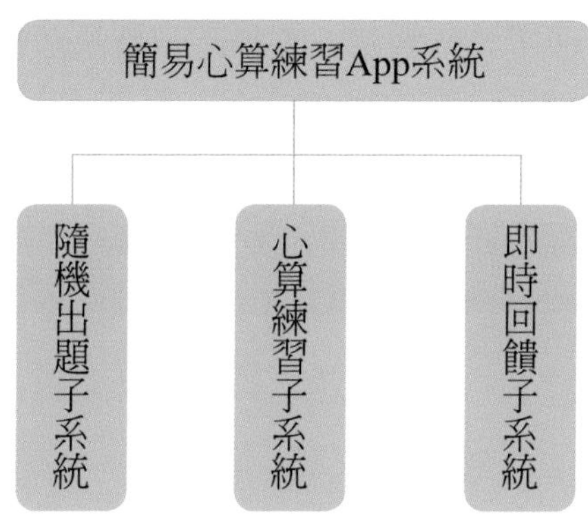

5-2-4 核心技術

根據本系統的目的及架構，我必須要找出及了解它的核心技術，以便在未來進行程式開發，才能順利的進行。

【隨機亂數拼圖】

設定亂數的上限與下限值。

【範例一】

如果我們想要出現「一位數字」相加時，其亂數範圍為1～9，上限值（Max）= 9；下限值（Min）= 1。

【範例二】

如果我們想要出現「二位數字」相加時，其亂數範圍為10～99，上限值（Max）= 99；下限值（Min）= 10。

5-2-5 系統開發

一、介面設計

手機頁面設計	元件的屬性設定

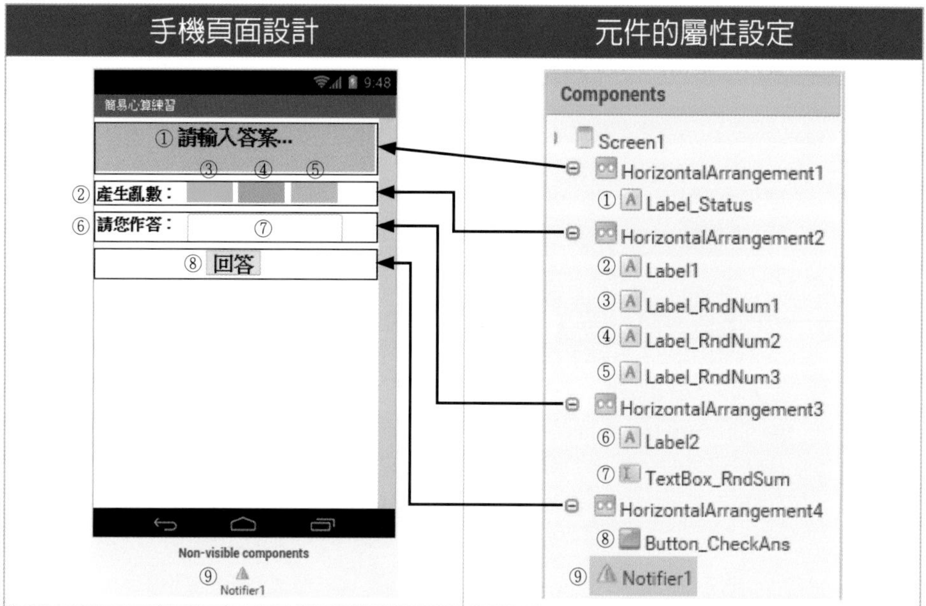

二、程式處理流程

1. 輸入：隨機產生三個亂數值（1～10之間）。
2. 處理：
   (1)提供使用者填入答案。
   (2)判斷你填入答案是否與自動產生三個亂數之和相同。
3.輸出：回覆答錯或答對。

三、程式設計

(一) 宣告及定義「產生三個亂數值」之副程式

拼圖程式	檔案名稱：ch5_2.aia

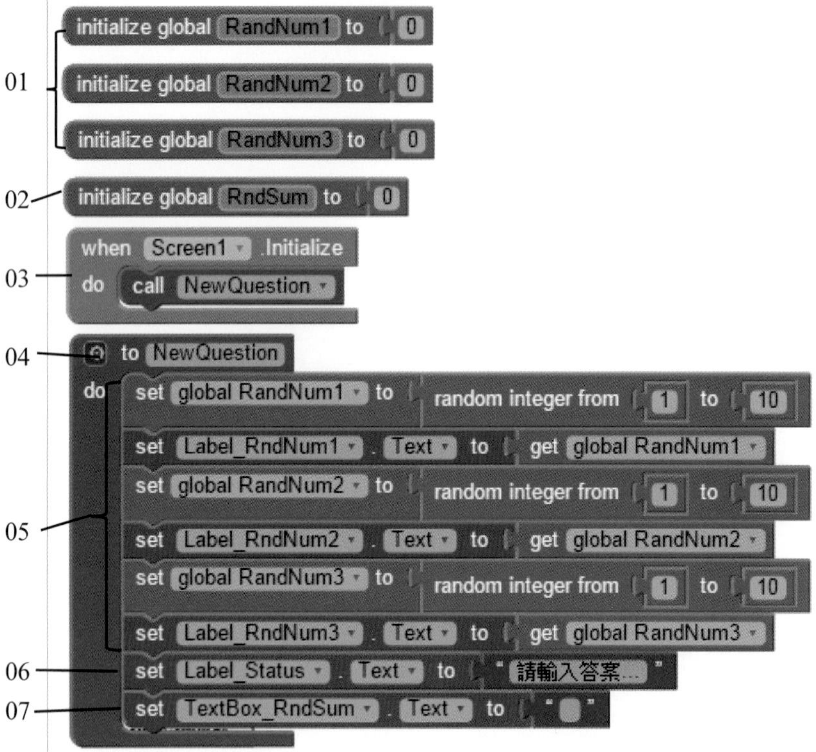

```
01  initialize global RandNum1 to 0
    initialize global RandNum2 to 0
    initialize global RandNum3 to 0
02  initialize global RndSum to 0
03  when Screen1.Initialize
    do  call NewQuestion
04  to NewQuestion
    do
05      set global RandNum1 to random integer from 1 to 10
        set Label_RndNum1.Text to get global RandNum1
        set global RandNum2 to random integer from 1 to 10
        set Label_RndNum2.Text to get global RandNum2
        set global RandNum3 to random integer from 1 to 10
        set Label_RndNum3.Text to get global RandNum3
06      set Label_Status.Text to "請輸入答案..."
07      set TextBox_RndSum.Text to ""
```

【說明】

行號01：宣告三個隨機變數RandNum1～3為全域性變數，初值設定為0，其目的是用來儲存隨機產生的三個亂數值（1～10之間）。

行號02：宣告變數RndSum為全域性變數，初值設定為0，其目的是用來儲存隨機產生三個亂數值（1～10之間）之和。

行號03：當Screen1頁面初始化（亦即第一次執行）時，呼叫「產生三個亂

數值」之副程式（NewQuestion）。

行號04：定義「產生三個亂數值」之副程式（NewQuestion）。

行號05：利用「random integer」拼圖程式來產生三個亂數值，並各別指定給三個隨機變數RandNum1～3，最後再顯示到螢幕上。

行號06：利用Label元件的Text屬性來顯示目前的狀態為「請輸入答案…」。

行號07：設定「請填答…」的TextBox元件的Text屬性為空字串。亦即在尚未答作時，先清空。

(二) 宣告及定義「產生三個亂數值」之副程式

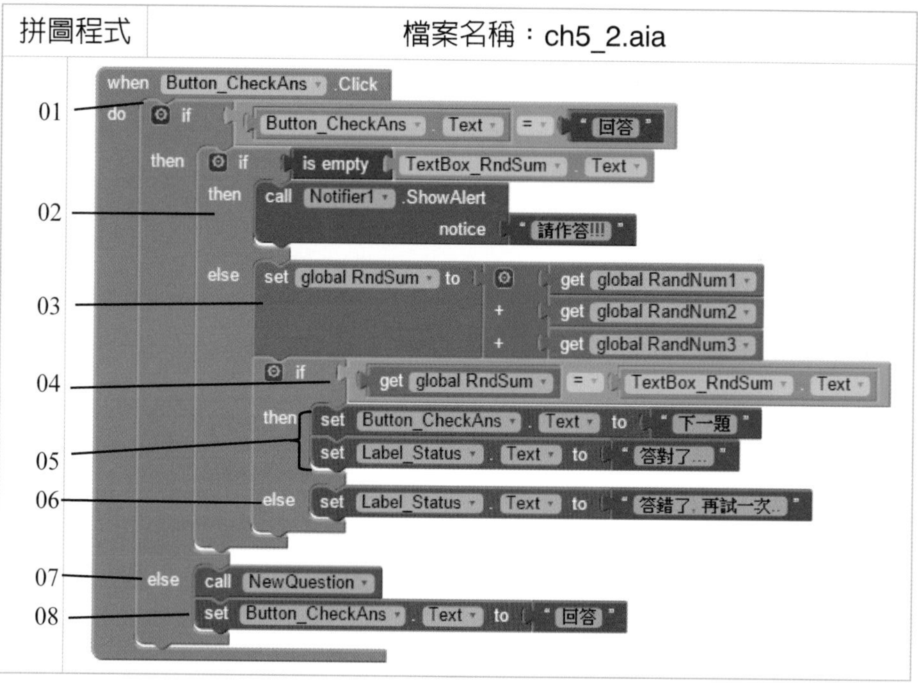

【說明】

行號01：檢查使用者是否按下「回答」鈕。

行號02：如果按下「回答」鈕，則先判斷使用者是否有「填答」，如果沒有，則透過Notifier元件來顯示「請作答!!!」。

行號03：如果使用者有「填答」，則計算三個亂數值（1～10之間）之和，並指定給RndSum變數。

行號04：用來判斷使用者填入的答案是否與RndSum變數值相同。

行號05：如果答對，則「回答」鈕的標題內容改成「下一題」。並利用Label元件的Text屬性來顯示目前的狀態為「答對了…」。

行號06：如果答錯，則利用Label元件的Text屬性來顯示目前的狀態為「答錯了，再試一次…」。

行號07：否則，代表前一題答對，就可以呼叫「下一題」的副程式。

行號08：此時，「下一題」鈕的標題內容改成「回答」。

5-2-6 系統展示

在本節中，我們必須要依照各功能面來進行測試，並且提出未來展望與建議。

一、系統測試

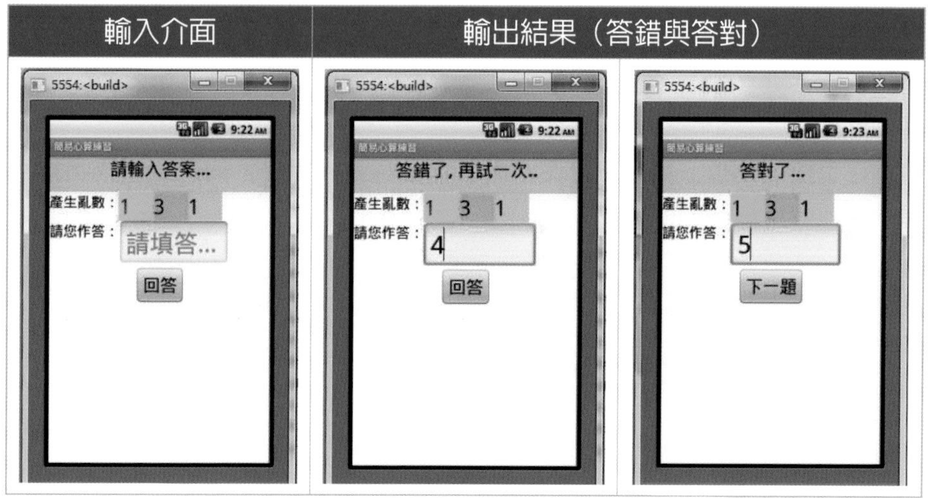

二、未來展望與建議

雖然，「簡易心算練習App」可以讓學習者隨時可以透過手機來練習簡單的數值加法心算，以達到寓教於樂的學習效果。但是它目前只提供「加法運算」，尚未提供「減法、乘法及除法」，也未提供「闖關遊戲」的機制，無法讓不同程度的學生挑戰不同的等級。因此，讀者必須要再結合「資料庫」，才能記錄多位學生的測驗歷程，以進一步提供不同等級的心算題目，如此，才能達到專業級的心算練習App。

 5-3 終極密碼遊戲App

 5-3-1　主題發想

我們都知道，想要猜中別人心中所想的事（喜歡的顏色等），是一件非常困難的事。因爲，必須要先找到一些線索，並且還要有好的判斷及思考能力，才能有機會猜中。但是，我們往往對於越困難的事情，會越想要挑戰。

有鑑於此，本專題開發一套「終極密碼遊戲App」，讓使用者可以隨時透過「手機或平板」與系統反覆互動，並且以「逼近法」的方式來找出猜的數字與終極密碼之間的關係，直到猜中爲止，以滿足人們對未知的「探索慾望」。

 5-3-2　主題目的

1. 了解每次出現的「終極密碼」是一種隨機過程。
2. 系統會依照所猜的數字來縮小範圍，直至猜中爲止。
3. 學會資料結構中的「循序搜尋與二分搜尋」的使用差異。

 5-3-3　系統架構

在本專題中，終極密碼遊戲App的架構圖是由以下的子系統組合而成。

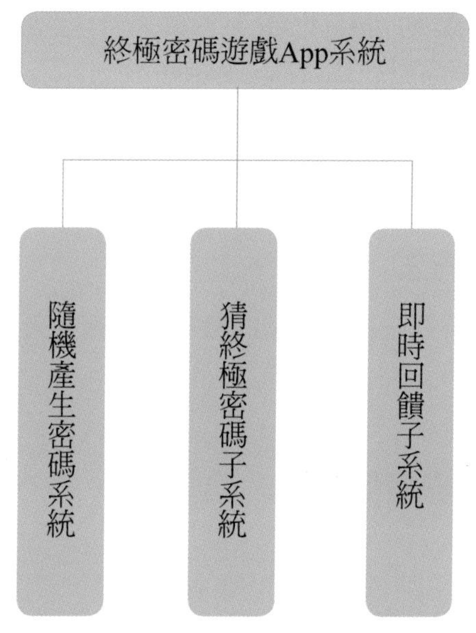

5-3-4 核心技術

一、隨機亂數拼圖

【格式】

設定亂數的上限與下限值。

【舉例】

如果想要出現「1～100」數字範圍時，其亂數範圍為1～100，其上限

値（Max）= 100；下限値（Min）= 1。

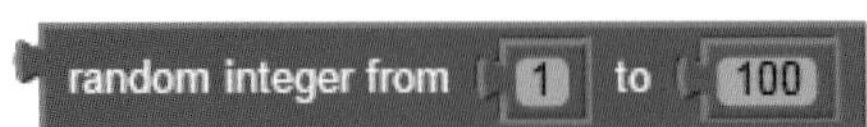

二、縮小範圍的方法

利用「逼近法」方式來找出你猜的數字與終極密碼之間的關係，直至猜中爲止。

5-3-5 系統開發

一、介面設計

二、程式處理流程

1. 輸入：使用者隨機挑選一個數值（1～100之間）。
2. 處理：
   (1)判斷使用者隨機挑選的數值是否與系統自動產生亂數相同。
   (2)如果猜錯，則系統會依照使用者猜的數字來縮小範圍，直至猜中為止。
3. 輸出：猜中時的總次數。

三、程式設計

(一) 宣告及定義「確定」鈕的程式

拼圖程式	檔案名稱：ch4_3_EX3.aia
01	initialize global Count to 0
02	initialize global Min to 1
03	initialize global Max to 100
04	initialize global RandAns to 0
	when Screen1 .Initialize
05	do set global RandAns to random integer from 1 to 100
06	call Notifier1 .ShowAlert notice get global RandAns

拼圖程式	檔案名稱：ch4_3_EX3.aia

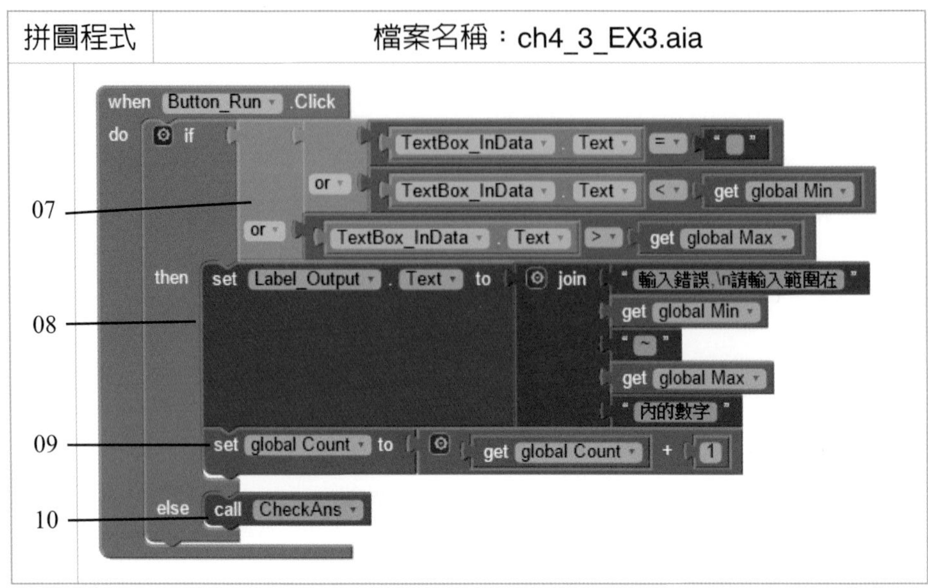

【說明】

行號01：宣告變數Count爲全域性變數，初值設定爲0，其目的是用來儲存使用者猜終極密碼的次數。

行號02～03：宣告變數Min與Max爲全域性變數，初值皆設定爲0，其目的是用來儲存終極密碼的範圍（Min～Max）。

行號04：宣告變數RandAns爲全域性變數，初值設定爲0，其目的是用來儲存「終極密碼」的數字。

行號05：利用變數RandAns來儲存終極密碼的值（1～100）。

行號06：利用Notifier元件來顯示終極密碼的值（本功能只提供給設計者使用，以便快速測試）。

行號07：用來檢查使用者是否有猜數字或符合終極密碼的範圍（Min～Max）。

行號08：如果未符合輸入的規則，就會在螢幕上顯示「輸入錯誤，請猜Min～Max範圍內的數字」。

行號09：利用Count計數變數用來記錄「猜終極密碼的總次數」。

行號10：如果符合輸入的規則，則呼叫「CheckAns」副程式，來檢查是否有猜中。

(二) 定義檢查是否有猜中的「CheckAns」副程式

拼圖程式	檔案名稱：ch5_3.aia

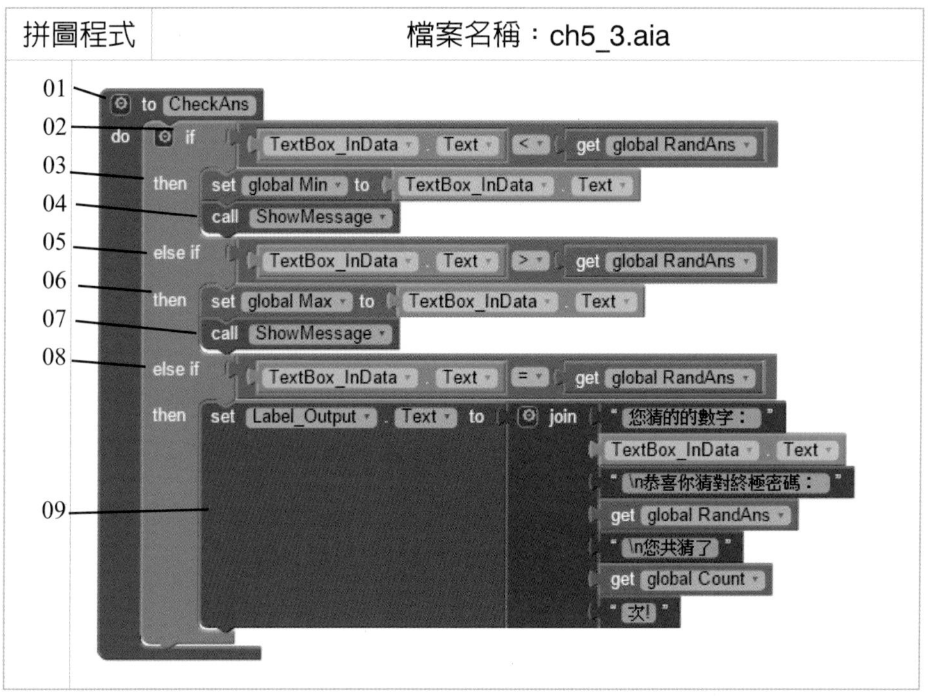

【說明】

行號01：定義檢查是否有猜中的「CheckAns」副程式。

行號02～03：如果「猜數字」小於「終極密碼」，則Min是就你猜的數字。

行號04：呼叫顯示「猜錯終極密碼」的相關訊息。

行號05～06：如果「猜數字」大於「終極密碼」，則Max是就你猜的數字。

行號07：呼叫顯示「猜錯終極密碼」的相關訊息。

行號08～09：如果「猜數字」等於「終極密碼」，則顯示「猜對終極密碼」的相關訊息。

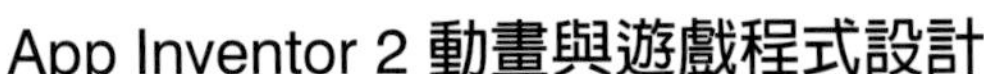

(三) 定義顯示「猜錯終極密碼」的相關訊息「ShowMessage」副程式

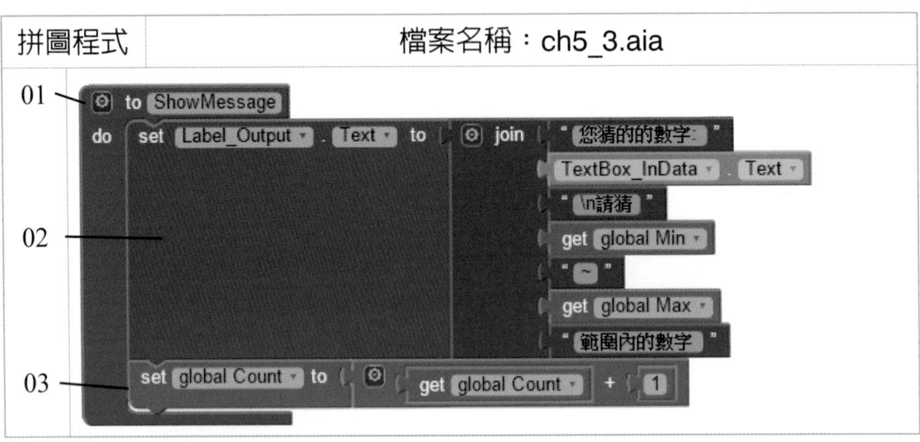

【說明】

行號01：定義顯示「猜錯終極密碼」的相關訊息「ShowMessage」副程式。

行號02：在螢幕上顯示「猜錯終極密碼」的相關訊息。

行號03：利用Count計數變數用來記錄「猜終極密碼的總次數」。

5-3-6　系統展示

一、系統測試

【常用的猜測方法】

(一) 循序法：「按照順序」開始猜數字（小→大或大→小）

【作法】假設終極密碼的範圍為1～100，並且「終極密碼」25時，

第1次猜：100→出現太大！

第2次猜：99→出現太大！

第3次猜：98→出現太大！

…

…

直至猜中為止。

【缺點】很難可以在有限次數內猜中。

【平均猜中次數】(n + 1)/2次。

【舉例】假設1～1000（共有1000筆）資料，則平均要猜(1000 + 1)/2 ≒ 500次

(二) 二分法：從「中間位置」開始猜數字

【作法】假設終極密碼的範圍為1～100，並且「終極密碼」25時，

第1次猜：50→出現太大！

第2次猜：25→猜中了！

【優點】可以有限次數內猜中。

【平均猜中次數】$([lon_2N] + 2)/2$次。

【範例】假設1～1000（共有1000筆）資料，則平均要猜$[lon_2 1000] + 1 = 10$次。

【示意圖】

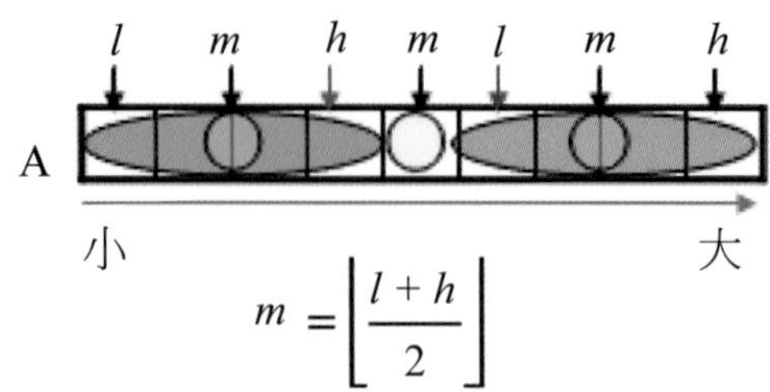

$$m = \left\lfloor \frac{l+h}{2} \right\rfloor$$

其中，m代表中間值的位置，l代表最小值的位置，h代表最大值的位置。

二、未來展望與建議

雖然，「終極密碼遊戲App」可以讓學生透過「手機」或「平板」與系統反覆互動，並且以「逼近法」方式來找出你猜的數字與終極密碼之間的關係。但是，它目前沒有同時提供多人使用的功能，亦即記錄每一位玩家猜的點數。因此，必須要再結合「資料庫」，才能記錄多位玩家歷程，讓多人共同參與的樂趣。才能達到專業級的終極密碼遊戲App。

5-4 1A2B猜數字遊戲App

5-4-1 主題發想

我們都知道，猜數字遊戲的種類非常多。例如：三個骰子猜大小、終極密碼、1A2B等，每一種猜數字遊戲都有其樂趣及難易度。其中1A2B猜數字遊戲是一種可以訓練學生判斷及思考能力的益智遊戲。

因此，本專題開發一套「1A2B猜數字遊戲App」，讓使用者可以隨時透過「手機」或「平板」與系統反覆互動，並以「推理」方式來找出你猜的數字與密碼之間的關係（數字及位置兩個因子），直到猜中爲止。

5-4-2 主題目的

1. 了解每次出現的「1A2B猜數字」是一種隨機過程。
2. 了解數字之間的不同排列組合，以「推理」方式來找出答案。

5-4-3 系統架構

在本節中，1A2B猜數字遊戲App的架構圖是由以下的子系統組合而成。

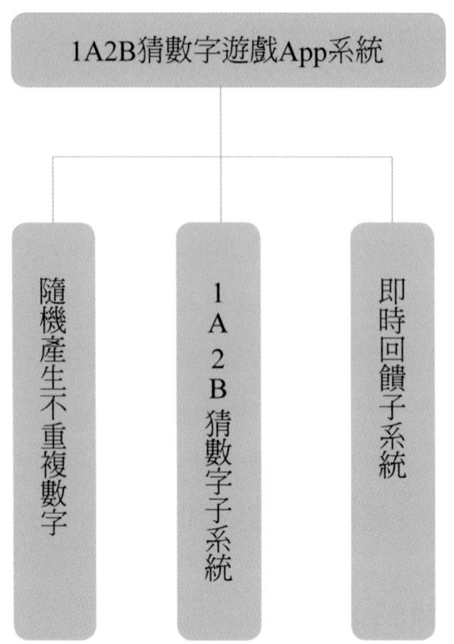

5-4-4 核心技術

1. 產生三個不重複的亂數值。
2. 檢查使用者輸入三個數字是否有重複現象。
3. 檢查兩個清單元素是否有相同（求3A和幾A幾B）。

5-4-5 系統開發

一、介面設計

二、程式處理流程

1. 輸入：三個不重複的數字。
2. 處理：

   (1)如果數字與位置皆與「正確答案」相同時，就會顯示「A」。

   (2)如果數字相同，但位置與「正確答案」不相同時，就會顯示「B」。

   (3)根據以上步驟，直到猜中爲止。
3. 輸出：幾A幾B或猜中。

三、程式設計

(一) 宣告及頁面初始化的程式

拼圖程式	檔案名稱：ch5_4.aia

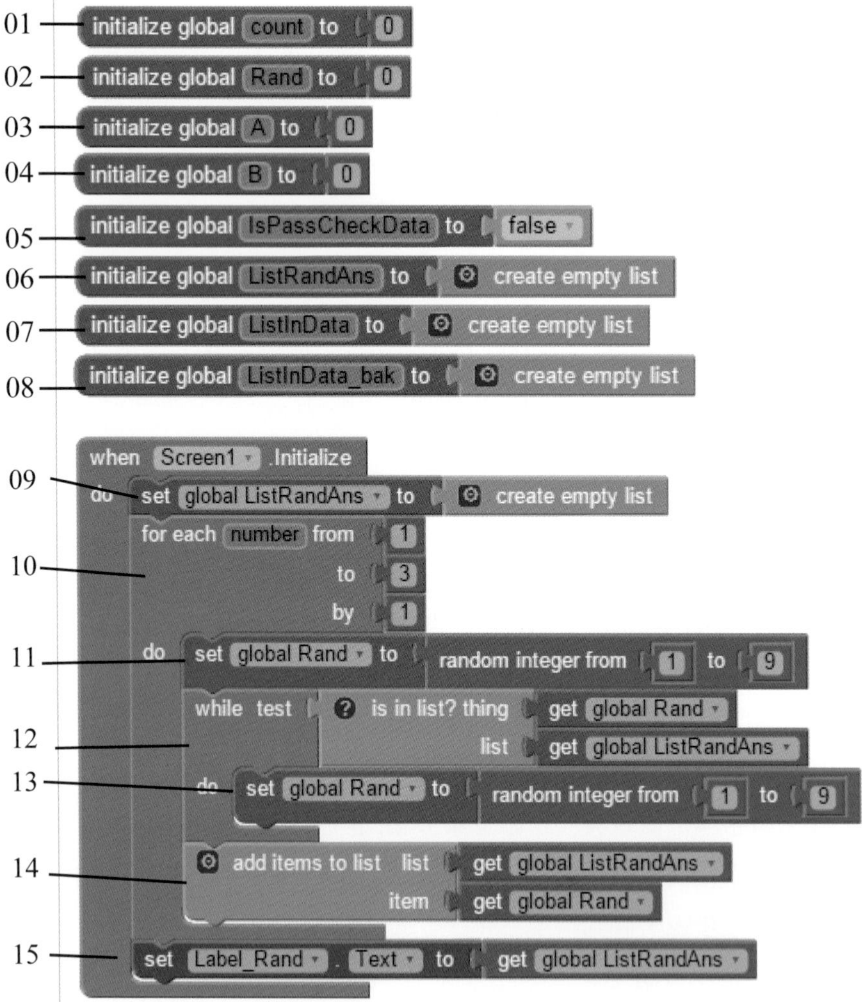

```
01  initialize global count to 0
02  initialize global Rand to 0
03  initialize global A to 0
04  initialize global B to 0
05  initialize global IsPassCheckData to false
06  initialize global ListRandAns to create empty list
07  initialize global ListInData to create empty list
08  initialize global ListInData_bak to create empty list

    when Screen1 .Initialize
09  do  set global ListRandAns to create empty list
10      for each number from 1
                        to 3
                        by 1
11      do  set global Rand to random integer from 1 to 9
12          while test is in list? thing get global Rand
                                   list get global ListRandAns
13          do  set global Rand to random integer from 1 to 9
14          add items to list list get global ListRandAns
                              item get global Rand
15      set Label_Rand . Text to get global ListRandAns
```

【說明】

行號01：宣告變數Count為全域性變數，初值設定為0，其目的是用來儲存使用者輸入的數字是否有重複的次數。

行號02：宣告變數Rand為全域性變數，初值設定為0，其目的是用來儲存每一次出現的亂數值。

行號03：宣告變數A為全域性變數，初值設定為0，其目的是用來儲存數字與位置皆與「正確答案」相同時，出現的次數。

行號04：宣告變數B為全域性變數，初值設定為0，其目的是用來儲存數字相同，但位置與「正確答案」不相同時，出現的次數。

行號05：宣告變數IsPassCheckData全域性變數，初值設定為false（代表不正確），其目的是用來記錄使用者輸入的數字是否正確通過。

行號06：宣告變數ListRandAns清單變數，初值設定為空清單，系統在載入時所產生的三個不重複的亂數值。

行號07：宣告變數ListInData清單變數，初值設定為空清單，其目的是用來儲存使用者輸入的三個不重複的亂數值。

行號08：宣告變數ListInData_bak清單變數，初值設定為空清單，其目的是用來暫時儲存ListInData清單變數內容。

行號09：設定ListRandAns清單變數為空清單。

行號10～11：利用for each迴圈來產生三個亂數值，其範圍為1～9之間。

行號12～13：利用while test迴圈來反覆檢查亂數值是否有重複出現，如果有，則重新再產生一個亂數值，直到沒有重複為止。

行號14～15：將沒有重複的亂數新增到「ListRandAns」清單中，並顯示到螢幕上，以便測試使用是否正確。

(二) 撰寫「確定」鈕及定義CheckInData副程式

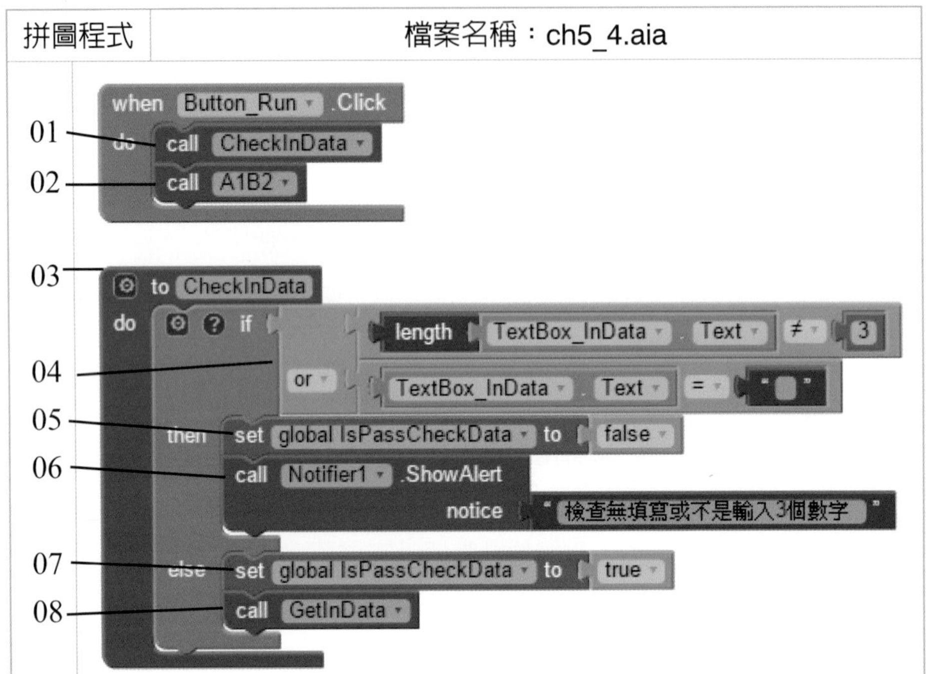

【說明】

行號01：呼叫「CheckInData」副程式，其目的是用來檢查使用者輸入的數字是否正確。

行號02：呼叫「A1B2」副程式，其目的是用來檢查使用者數字是否有猜中。

行號03：定義「CheckInData」副程式。

行號04～06：用來檢查「無填寫或不是輸入3個數字」，如果是此情況，設定IsPassCheckData爲false，代表使用者輸入的數字格式不正確。

行號07～08：否則，設定IsPassCheckData爲true，代表使用者輸入的數字格式正確，就可以呼叫「GetInData」副程式。

(三) 定義GetInData副程式

拼圖程式	檔案名稱：ch5_4.aia

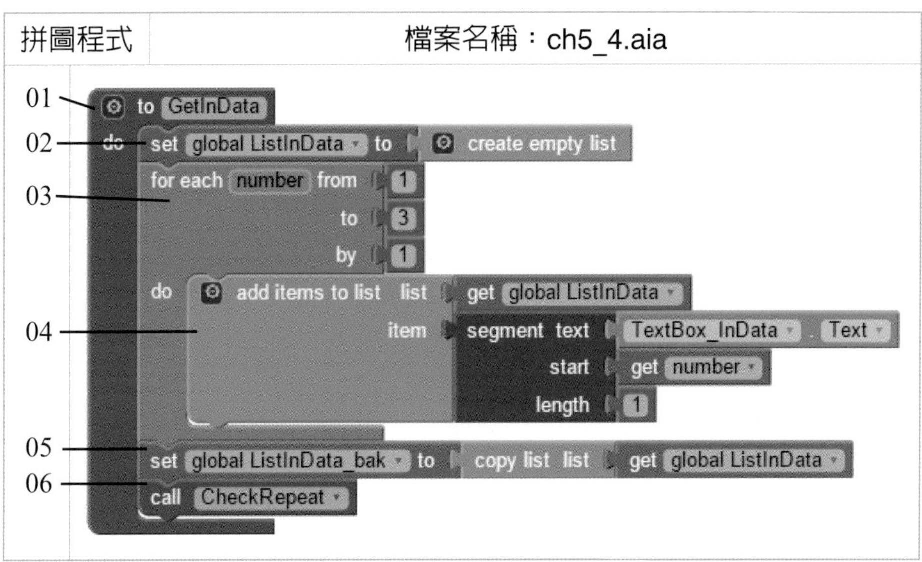

【說明】

行號01：定義「GetInData」副程式，其目的是用來將使用者輸入的數字儲放在清單中。

行號02：設定ListInData清單變數爲空清單。

行號03～04：利用for each迴圈來將使用者輸入的數字儲放在清單中。

行號05：將ListInData清單變數的內容copy一份到ListInData_bak清單變數中。

行號06：呼叫「CheckRepeat」副程式，用來檢查使用者輸入的數字是否有重複數字。

(四) 定義CheckRepeat副程式

拼圖程式	檔案名稱：ch5_4.aia

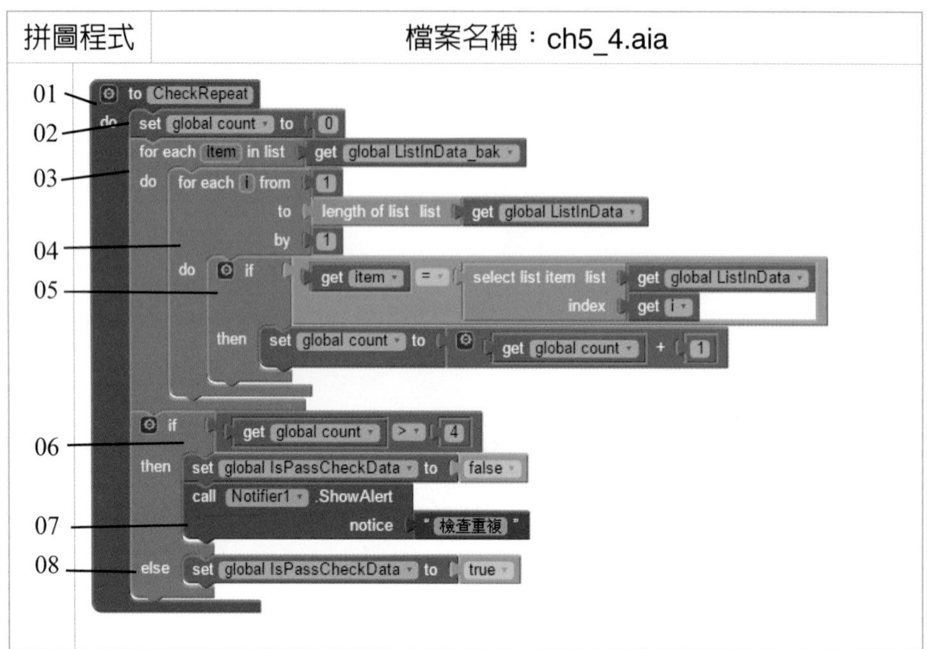

【說明】

行號01：定義「CheckRepeat」副程式，用來檢查使用者輸入的數字是否有重複數字。

行號02：設定變數Count爲0，其目的是用來儲存使用者輸入的數字是否有重複的次數。

行號03～05：利用for each item迴圈及for each來依序取得ListInData_bak清單變數的內容，與ListInData清單變數的每一項元素進行比較，如果相同時，則變數Count爲加1，例如：ListInData_bak清單中有「1234」而ListInData清單就會有「1234」，因此count的值就爲4。但是，如果ListInData_bak清單中有「1233」而ListInData清單就會有「1233」，因此count的值就

會等於6。如下圖所示：

ListInData_bak	1 2 3 3
ListInData	1 2 3 3

行號06～08：如果count的值大於4時，代表使用者輸入的數字有重複，因此，設定IsPassCheckData為false。否則，就設定IsPassCheck-Data為true。

(五) 定義A1B2副程式

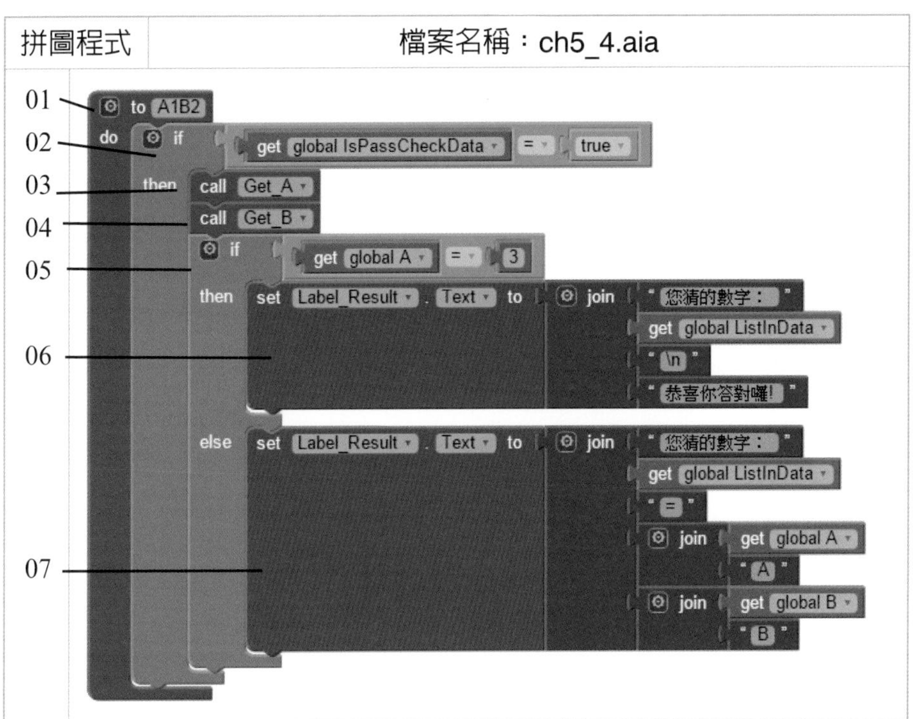

【說明】

行號01：定義A1B2副程式，其目的是用來計算是否有猜中終極密碼。

行號02～04：如果IsPassCheckData爲true，代表使用者輸入的數字沒有重複，可以呼叫Get_A及Get_B兩個副程式。

行號05～06：如果A的值爲3，代表爲3A，亦即使用者猜中終極密碼。

行號07：否則，就會顯示幾A幾B。

(六) 定義「Get_A」副程式

拼圖程式	檔案名稱：ch5_4.aia
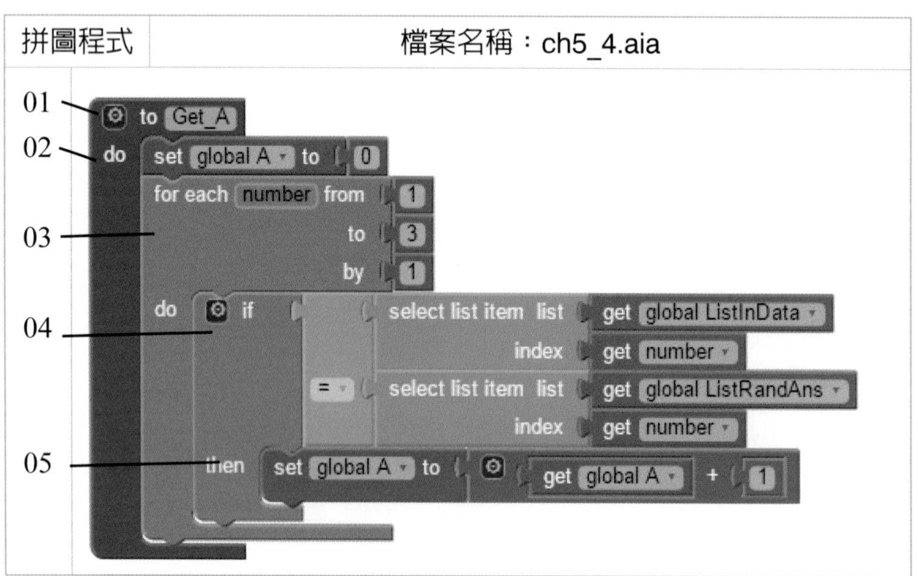	

【說明】

行號01：定義「Get_A」副程式，其目的是用來計算是否有猜中終極密碼。

行號02：設定變數A爲0。

行號03～04：利用for each迴圈及if條件式，依序判斷使用者輸入的數字與位置與「正確答案」是否皆相同。

行號05：如果數字與位置與「正確答案」皆相同時，則A的值就會加1。

(七) 定義「Get_B」副程式

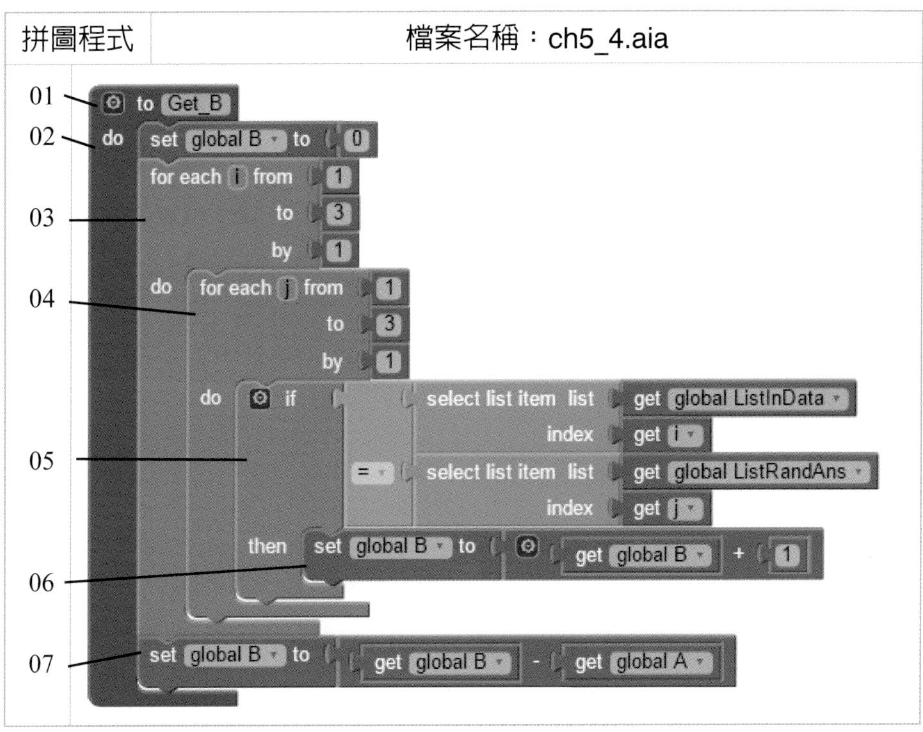

【說明】

行號01：定義「Get_B」副程式，其目的是用來計算數字相同，但位置與「正確答案」不相同時，出現的次數。

行號02：設定變數B爲0。

行號03～06：利用巢狀for each迴圈及if條件式來計算數字相同，但位置與「正確答案」不相同的次數，並指定次數給B變數。

行號07：由於B變數的值會包含「數字及位置與正確答案皆相同」的A值，因此必須再減掉A的值。

5-4-6　系統展示

一、系統測試

二、未來展望與建議

雖然，「1A2B猜數字遊戲App」可以讓學生透過「手機」或「平板」與系統反覆互動，並且以「推理」方式找出所猜的數字與密碼之間的關係（數字及位置兩個因子）。但是，對於玩家級的使用者，三位數字或許太少了。因此，讀者可以再修改爲猜四位、五位等更有挑戰性的功能，讓不同等級的玩家來選擇。

課後習題

一、請將「終極密碼」改為只有10次猜謎機會。

二、請將「1A2B猜數字遊戲」改為猜「四個數字」。

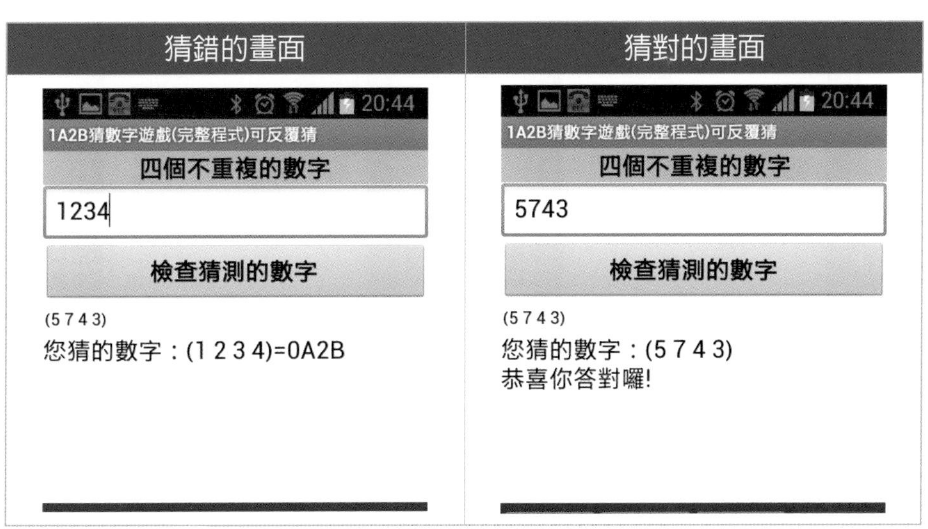

三、請將「簡易心算練習App」改為可以讓使用者選擇「加、減、乘及除」四則運算的功能。

加法心算的畫面 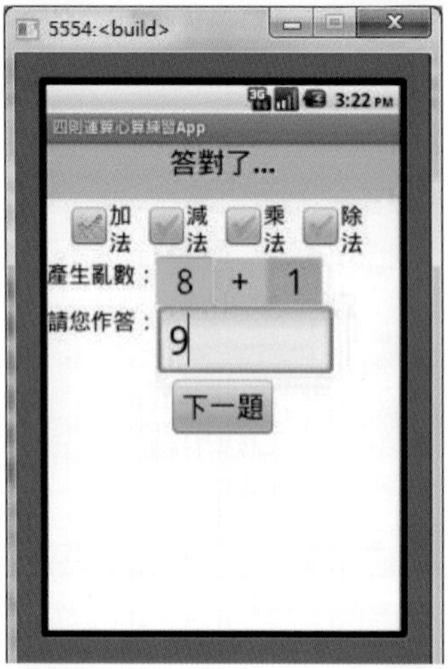	減法心算的畫面 
乘法心算的畫面 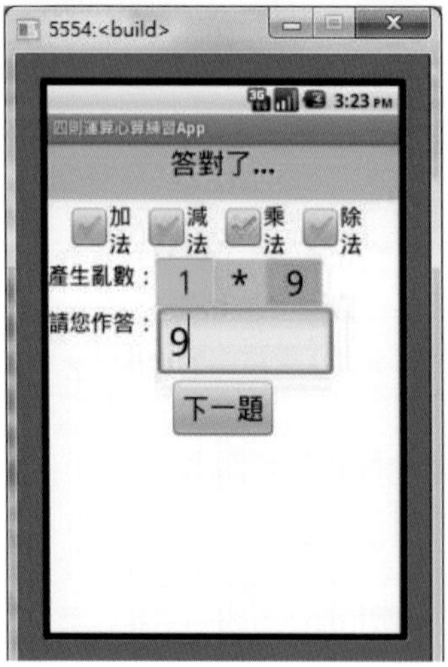	除法心算的畫面 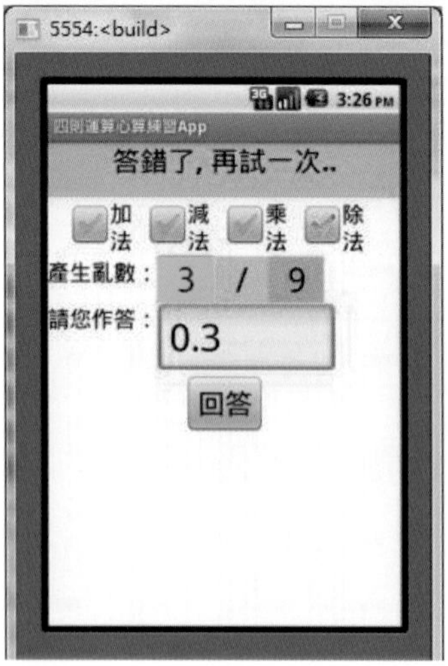

Chapter 6

博奕遊戲

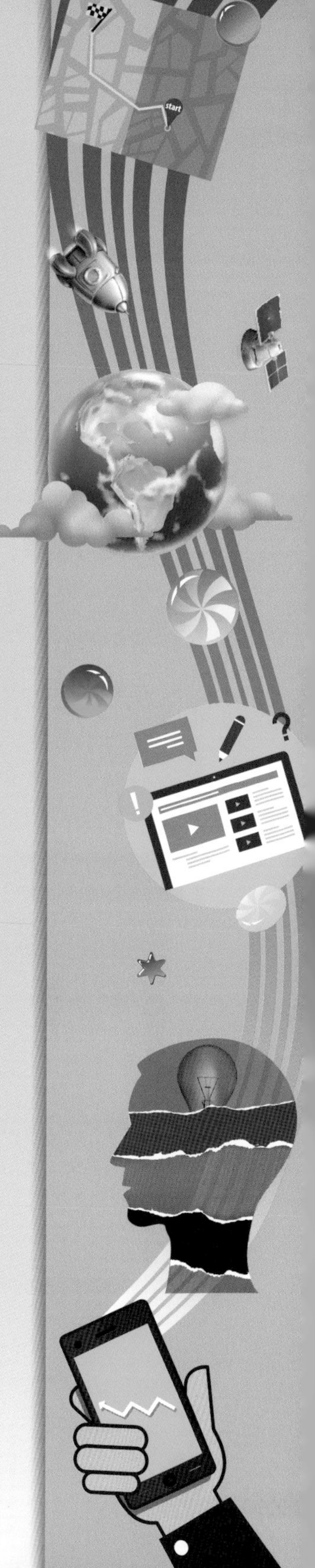

本章學習目標

1. 了解「博奕遊戲」定義及相關的特性。
2. 了解「博奕遊戲」常見的種類。

本章內容

6-1 博奕遊戲

6-2 猜骰子點數App

6-3 猜拳遊戲App

6-4 水果盤Bingo遊戲App

6-1 博奕遊戲

【定義】

它是一種「機率」遊戲。凡是具有賭博性質的遊戲，稱之。

【特性】

1. 依照統計學上的「機率論」來決定勝負。
2. 遊戲規則簡單，讓玩家易學、易玩。

【常見的種類】

1. 猜骰子點數。
2. 猜拳遊戲。
3. 水果盤Bingo遊戲。
4. 吃角子老虎（拉霸）。
5. 21點。

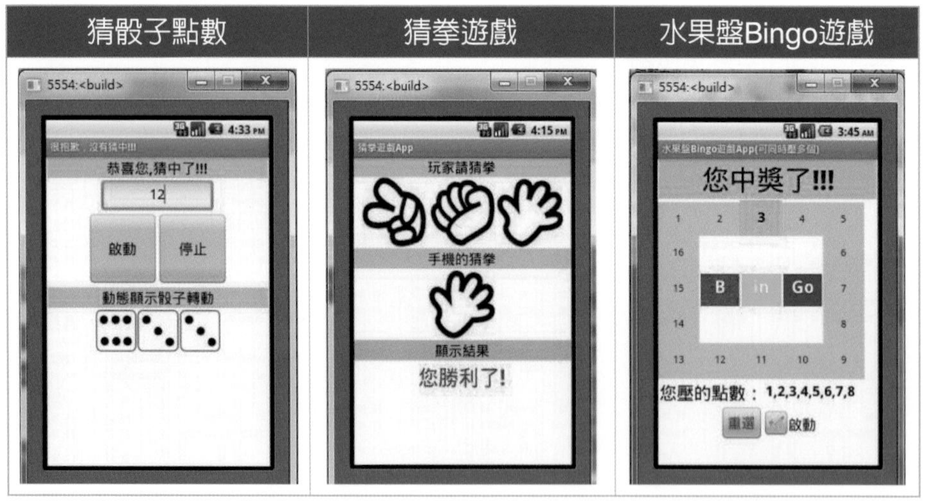

6-2 猜骰子點數App

 6-2-1 研究動機（主題發想）

還記得小時候每到了過年，大、小朋友最喜歡的遊戲之一，就是用三個骰子投擲在碗內，讓其他人來猜會出現的點數總和是多少。但是，此種遊戲往往必須要有多人及實體骰子才能完成。

有鑑於此，開發一套「猜骰子點數App」，讓使用者可以隨時透過「手機」或「平板」與系統玩猜骰子點數遊戲。

 6-2-2 主題目的

1. 了解骰子出現點數時的隨機過程。
2. 了解骰子轉動的動畫基本原理。

 6-2-3 系統架構

在本專題中，猜骰子點數App的架構圖是由以下的子系統組合而成。

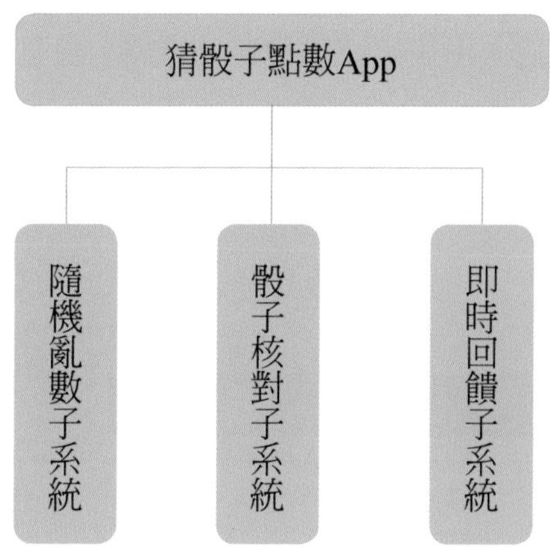

6-2-4　核心技術

一、隨機亂數拼圖

【格式】

設定亂數的上限與下限值。

【舉例】

如果我們拿投擲骰子1到6的亂數，其上限值（Max）= 6；下限值（Min）= 1。

二、Clock（時鐘）元件

它具有計數器功能，用來定時觸發某一事件，並且還具有日期與時間運算的功能，屬於Sensors類別的非視覺化元件。

功能 / 元件	隨機亂數	Clock（時鐘）元件
圖示	random integer from to	Clock

6-2-5 系統開發

一、介面設計

手機頁面設計	元件的屬性設定

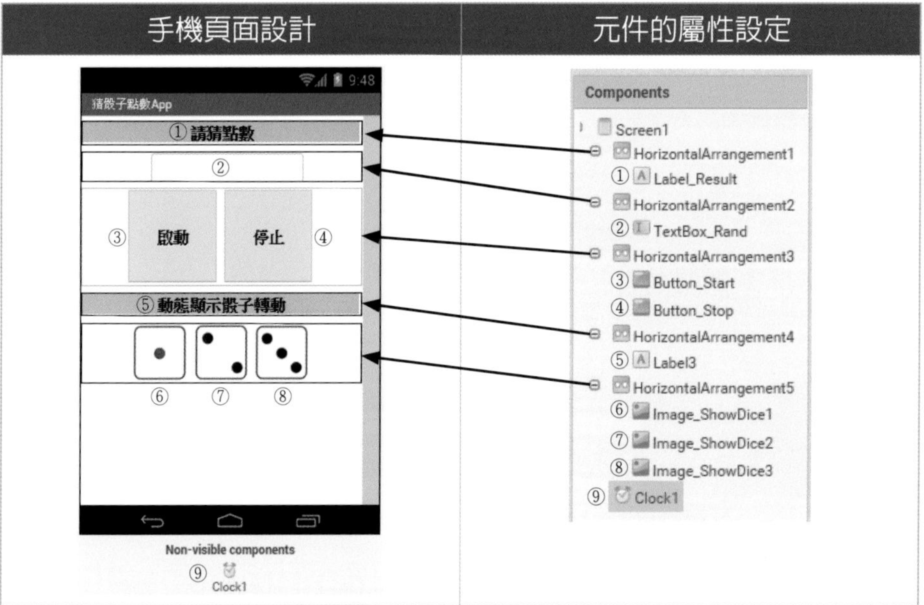

二、程式處理流程

1. 輸入：猜點數。
2. 處理：
   (1)隨機產生三個亂數值（1～6之間）。
   (2)判斷你猜的點數是否與按下「停止」鈕時三個骰子點數之和相同。
3. 輸出：猜中或猜錯。

三、程式設計

(一) 宣告及啓動Clock元件之程式

拼圖程式	檔案名稱：ch6_2.aia
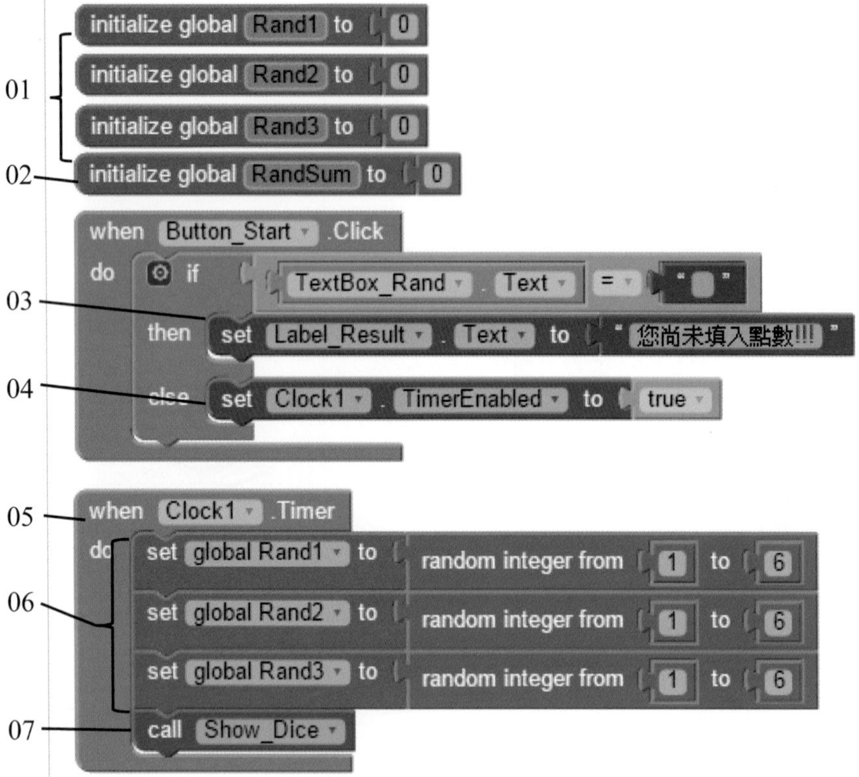 01	initialize global Rand1 to 0 initialize global Rand2 to 0 initialize global Rand3 to 0
02	initialize global RandSum to 0
	when Button_Start .Click do if TextBox_Rand . Text = " "
03	then set Label_Result . Text to " 您尚未填入點數!!! "
04	else set Clock1 . TimerEnabled to true
05	when Clock1 .Timer
06	do set global Rand1 to random integer from 1 to 6 set global Rand2 to random integer from 1 to 6 set global Rand3 to random integer from 1 to 6
07	call Show_Dice

【說明】

行號01：宣告三個隨機變數Rand1～3爲全域性變數，初値設定爲0，其目的是用來儲存隨機產生三個亂數値（1～6之間）。

行號02：宣告變數RandSum爲全域性變數，初値設定爲0，其目的是用來儲存三個亂數値的總和。

行號03：當「啓動」鈕被按下時，則會先判斷使用者是否有「猜點數」，這時如果沒有填入，就會顯示「您尚未填入點數!!!」。

行號04：如果有填入長字，就會啓動Clock元件。

行號05～06：當Clock元件被啓動時，利用三個「random integer」拼圖程式來隨機產生三個亂數值（1～6），並分別指定給Rand1～3變數。

行號07：呼叫「Show_Dice」副程式，用來動態顯示三個骰子的轉動

(二) 定義「Show_Dice」副程式，用來動態顯示三個骰子的轉動

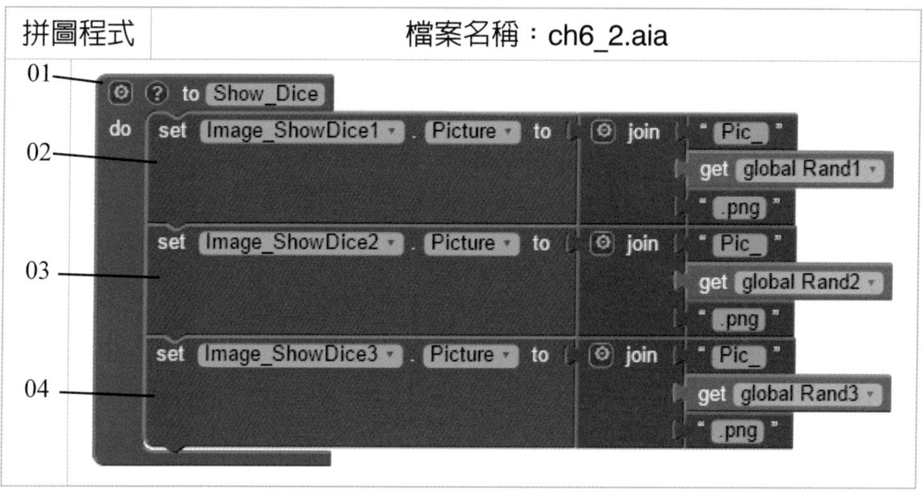

【說明】

行號01：定義「Show_Dice」副程式，用來動態顯示三個骰子的轉動。

行號02～04：利用「join」合併字串拼圖程式，來載入不同的隨機亂數值（1～6），對應不同的圖片。

(三) 停止Clock元件及定義「Check_Result」副程式，用來判斷是否有猜中點數

拼圖程式	檔案名稱：ch6_2.aia

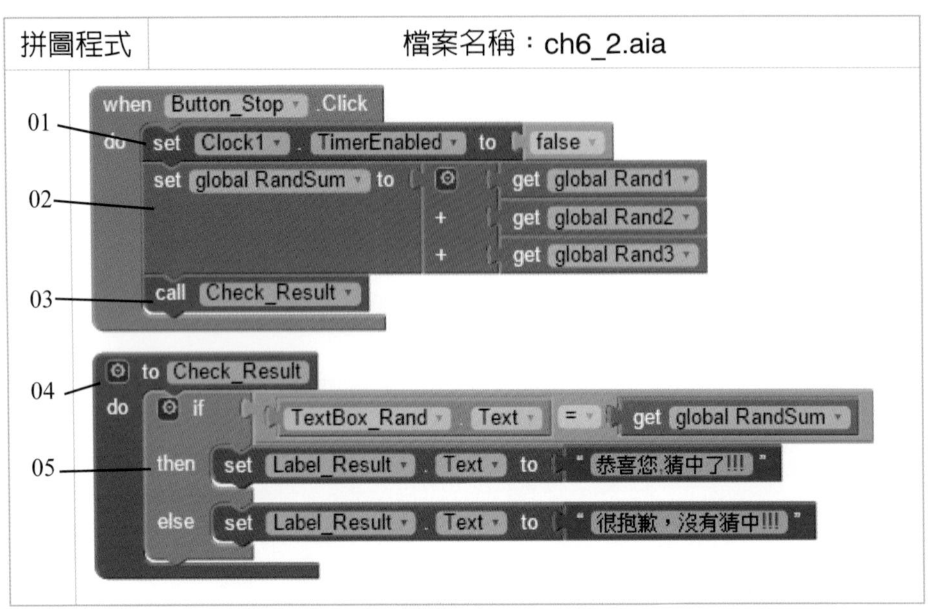

【說明】

行號01：當「停止」鈕被按下時，就會停止Clock元件的執行。

行號02：此時統計三個隨機亂數值的總和。

行號03：呼叫「Check_Result」副程式，用來判斷是否有猜中點數。

行號04：定義「Check_Result」副程式，用來判斷是否有猜中點數。

行號05：如果「三個隨機亂數值的總和」若等於「使用者猜的點數」，就會顯示「恭喜您,猜中了!!!」，否則就會顯示「很抱歉，沒有猜中!!!」。

6-2-6 系統展示

一、系統測試

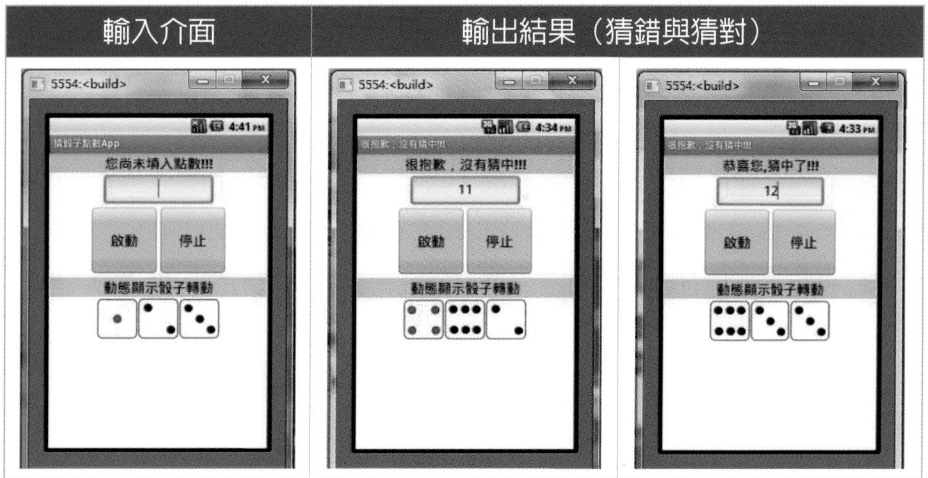

二、未來展望與建議

雖然，「猜骰子點數App」可以讓使用者隨時透過「手機」或「平板」與系統玩猜骰子點數遊戲。但是，它目前沒有同時提供多人使用，也沒有提供「猜中率」的統計分析。因此，讀者必須要再結合「資料庫」，才能記錄多位玩家歷程，以進一步分析每一位玩家的「猜中率」高低，達到專業級的骰子遊戲App。

6-3 猜拳遊戲App

 6-3-1 主題發想

任何比賽都會有輸贏，但是，當多個隊伍以循環比賽時，例如：五個隊伍比賽，每一隊必須要與其他四隊依序比賽，積分多者為勝出，這種形式的比賽最後常會出現積分相同的情況，此時又必須再延長加賽，導致時間拖延。為了節省時間，往往會請積分相同的「隊長」出來進行猜拳，以決定是否可以晉級。但是猜拳時常會有人發生「慢出」（俗稱的太晚出拳）的情況，導致無法得到公平的結果。

有鑑於此，本節將開發一套「猜拳遊戲App」，讓「隊長」直接與「手機」進行猜拳遊戲，以解決人為猜拳不公的情況。

 6-3-2 主題目的

1. 了解「猜拳遊戲」也是一種隨機過程。
2. 了解「猜拳遊戲App」比人為猜拳更公平。

 6-3-3 系統架構

在本專題中，猜拳遊戲App系統的架構圖是由以下的子系統組合而成。

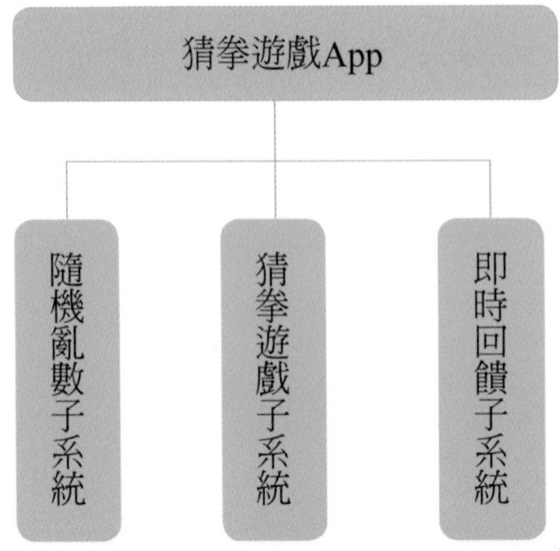

1. 透過隨機方式來產生不同的亂數值。
2. 透過不同的音效來回應「猜拳結果」。

6-3-4 核心技術

一、隨機亂數拼圖

【格式】

設定亂數的上限與下限值。

【舉例】

猜拳遊戲的變化有三種，產生1到3的亂數，其上限值（Max）= 3；下限值（Min）= 1。

二、Sound元件

可以讓使用者在操作手機App時，產生特殊的音效之元件。其目的爲播放較短的音效，提高使用者的注意力，例如電玩遊戲中打打殺殺時的各種特殊音效。

功能 元件	隨機亂數	Sound元件
圖示	random integer from [ ] to [ ]	Sound

6-3-5 系統開發

一、介面設計

手機頁面設計	元件的屬性設定
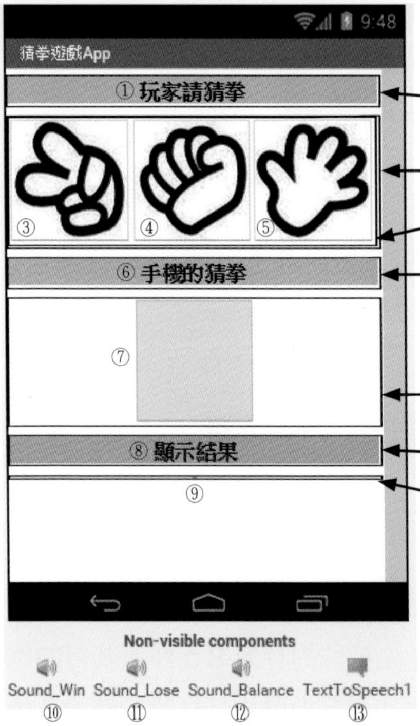 9:48 猜拳遊戲App ① 玩家請猜拳 ③ ④ ⑤ ⑥ 手機的猜拳 ⑦ ⑧ 顯示結果 ⑨ Non-visible components Sound_Win ⑩ Sound_Lose ⑪ Sound_Balance ⑫ TextToSpeech1 ⑬	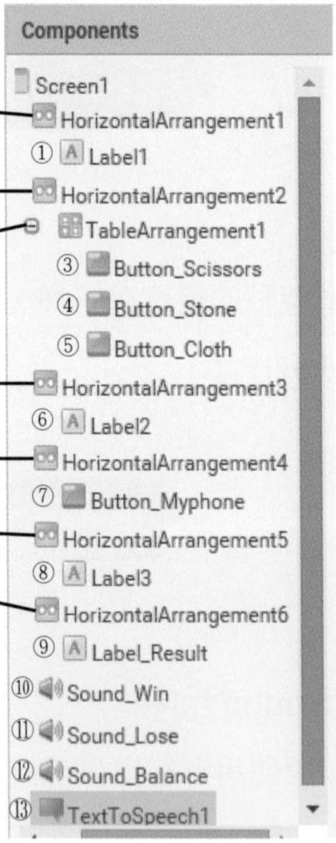 Components Screen1 HorizontalArrangement1 ① Label1 HorizontalArrangement2 TableArrangement1 ③ Button_Scissors ④ Button_Stone ⑤ Button_Cloth HorizontalArrangement3 ⑥ Label2 HorizontalArrangement4 ⑦ Button_Myphone HorizontalArrangement5 ⑧ Label3 HorizontalArrangement6 ⑨ Label_Result ⑩ Sound_Win ⑪ Sound_Lose ⑫ Sound_Balance ⑬ TextToSpeech1

二、程式處理流程

1. 輸入：猜拳。
2. 處理：

   (1)隨機產生一個亂數值（1～3之間）。

   剪刀：代號1。

   石頭：代號2。

   布：代號3。

   (2)判斷使用者猜的拳是否與手機隨機產生的一個亂數值相同。
3. 輸出：您勝利了、您輸了及平手三種情況。

三、程式設計

(一) 宣告及撰寫猜「剪刀」按鈕的程式

拼圖程式	檔案名稱：ch6_3.aia

```
01  initialize global Rand_Value to 0
    when Button_Scissors .Click
02  do  set global Rand_Value to random integer from 1 to 3
03      call Load_picture
                 RandNumber  get global Rand_Value
04      if    get global Rand_Value = 1
        then  call SubBalance
05      else if  get global Rand_Value = 2
        then  call SubLose
06      else  call SubWin
```

【說明】

行號01：宣告變數Rand_Value為全域性變數，初值設定為0，其目的是用來儲存隨機產生的亂數值（1～3之間）。其中，剪刀：代號1，石頭：代號2，布：代號3。

行號02：當你按下「剪刀」鈕時，利用「random integer」拼圖程式來產生1～3的亂數值，並指定給變數Rand_Value。

行號03：呼叫載入「剪刀」、「石頭」及「布」圖片的副程式。其中，剪刀：代號1，石頭：代號2，布：代號3。

行號04：當你按下「剪刀」鈕時，手機也隨機產生代號1時，代表雙方「平手」。因此，它會再呼叫「SubBalance」副程式。

行號05：當你按下「剪刀」鈕時，手機隨機產生代號2時，代表「你輸了」。因此，它會再呼叫「SubLose」副程式。

行號06：當你按下「剪刀」鈕時，手機隨機產生代號3時，代表「你勝利了」。因此，它會再呼叫「SubWin」副程式。

(二) 定義「Load_picture」副程式

拼圖程式	檔案名稱：ch6_3.aia
01 02 03 04	to Load_picture RandNumber do if get global Rand_Value = 1 then set Button_Myphone . Image to "A.png" else if get global Rand_Value = 2 then set Button_Myphone . Image to "B.png" else set Button_Myphone . Image to "C.png"

【說明】

行號01：定義「Load_picture」副程式，用來載入「剪刀」、「石頭」及「布」圖片。

行號02：當隨機亂數產生1時，就會載入「剪刀」圖片。

行號03：當隨機亂數產生2時，就會載入「石頭」圖片。

行號04：當隨機亂數產生3時，就會載入「布」圖片。

(三) 定義「SubWin」勝利、「SubLose」輸掉及「SubBalance」平手之副程式

拼圖程式	檔案名稱：ch6_3.aia

```
01 to SubWin
02 do set Label_Result . Text to "您勝利了!"
03    call TextToSpeech1 .Speak
          message "您勝利了!"
04    call Sound_Win .Play
05 to SubLose
06 do set Label_Result . Text to "您輸了!"
07    call TextToSpeech1 .Speak
          message "您輸了!"
08    call Sound_Lose .Play
09 to SubBalance
10 do set Label_Result . Text to "平手!"
11    call TextToSpeech1 .Speak
          message "平手!"
12    call Sound_Balance .Play
```

【說明】

行號01：定義「SubWin」副程式。

行號02：利用Label元件的Text屬性來顯示「您勝利了!」。

行號03：利用「TextToSpeech」元件來將文字轉成語音輸出。

行號04：利用「Sound」元件來播放音效。。

行號05～08：定義「SubLose」副程式及相關資訊及音效。

行號09～12：定義「SubBalance」副程式及相關資訊及音效。

(四) 撰寫猜「石頭」按鈕的程式

拼圖程式	檔案名稱：ch6_3.aia

```
01  when Button_Stone .Click
    do  set global Rand_Value to random integer from 1 to 3
02      call Load_picture
             RandNumber  get global Rand_Value
03      if   get global Rand_Value = 2
        then call SubBalance
04      else if get global Rand_Value = 3
        then call SubLose
05      else call SubWin
```

【說明】

行號01：當你按下「石頭」鈕時，利用「random integer」拼圖程式來產生1～3的亂數值，並指定給變數Rand_Value。

行號02：呼叫載入「剪刀」、「石頭」及「布」圖片的副程式。其中，剪刀：代號1，石頭：代號2，布：代號3。

行號03：當你按下「石頭」鈕時，手機也隨機產生代號2時，代表雙方「平手」。因此，它會再呼叫「SubBalance」副程式。

行號04：當你按下「石頭」鈕時，手機隨機產生代號3時，代表「您輸了」。因此，它會再呼叫「SubLose」副程式。

行號05：當你按下「石頭」鈕時，手機隨機產生代號1時，代表「您勝利了」。因此，它會再呼叫「SubWin」副程式。

(五) 撰寫猜「布」按鈕的程式

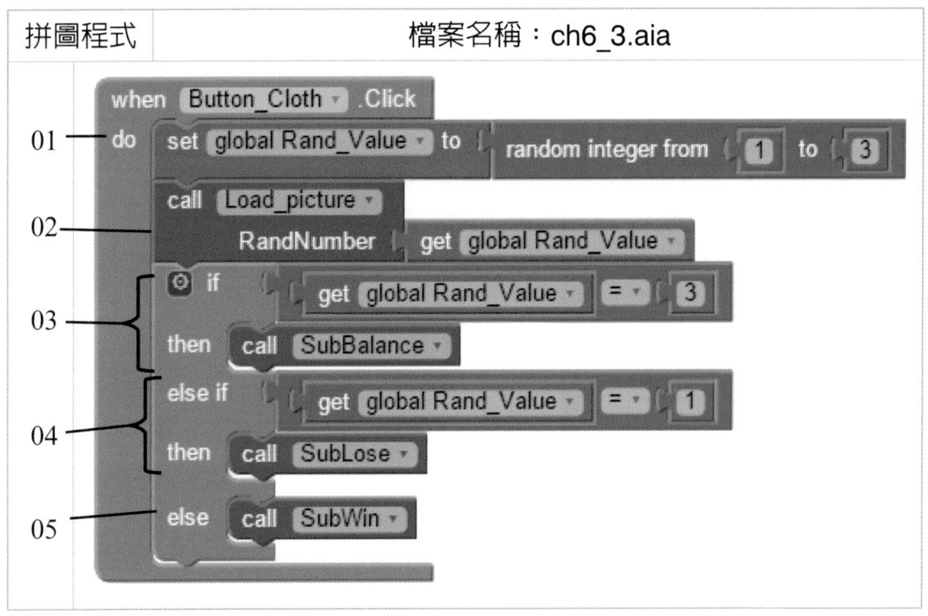

【說明】

行號01：當你按下「布」鈕時，利用「random integer」拼圖程式來產生1～3的亂數值，並指定給變數Rand_Value。

行號02：呼叫載入「剪刀」、「石頭」及「布」圖片的副程式。其中，剪刀：代號1，石頭：代號2，布：代號3。

行號03：當按下「布」鈕時，手機也隨機產生代號3時，代表雙方「平手」。因此，它會再呼叫「SubBalance」副程式。

行號04：當按下「布」鈕時，手機隨機產生代號1時，代表「您輸了」。因此，它會再呼叫「SubLose」副程式。

行號05：當按下「布」鈕時，手機隨機產生代號2時，代表「您勝利了」。因此，它會再呼叫「SubWin」副程式。

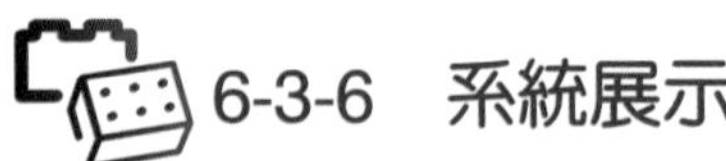

6-3-6 系統展示

一、系統測試

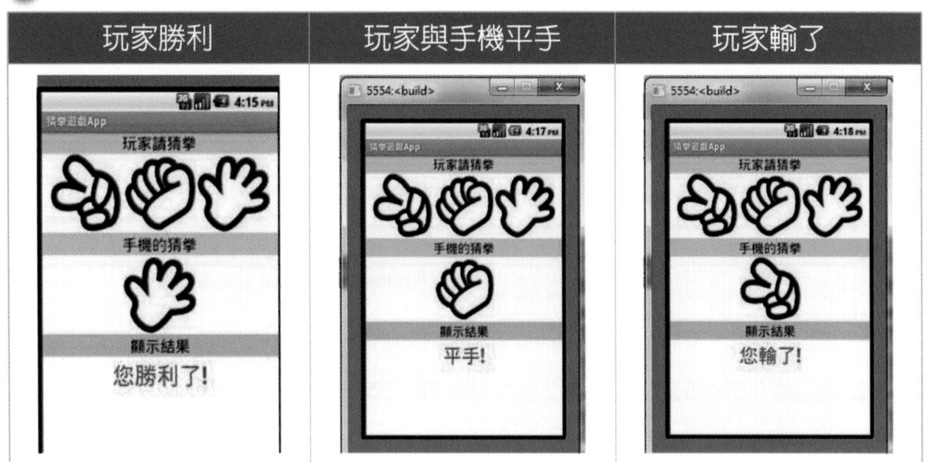

二、未來展望與建議

雖然，「猜拳遊戲App」可以讓使用者隨時透過「手機」或「平板」與系統玩猜拳遊戲。但是，它目前沒有同時提供多人使用，亦即還無法透過「藍牙技術」讓使用者可以同時進行猜拳。

6-4 水果盤Bingo遊戲App

6-4-1 主題發想

還記得小時候過年時，都會到百貨公司逛逛，順便到遊樂場玩電玩遊戲，其中「水果盤Bingo遊戲」是小朋友最喜歡的遊戲之一。其主要原因就是它可以讓玩家任選想要壓的點數，並且透過「旋轉盤」的方式來呈現，以增加遊戲的趣味，但是，往往必須要到遊樂場才能享受這種刺激。

有鑑於此，本專題開發一套「水果盤Bingo遊戲App」，讓使用者可以隨時透過「手機」或「平板」與系統玩水果盤Bingo遊戲。

6-4-2 主題目的

1. 了解水果盤最後停止的位置是一種隨機過程。
2. 了解「方形水果盤」轉動的動畫基本原理。
3. 讓玩家可以同時壓多個點數，以提高Bingo獎中的機率。

6-4-3 系統架構

在本專題中，水果盤Bingo遊戲App系統的架構圖是由以下的子系統組合而成。

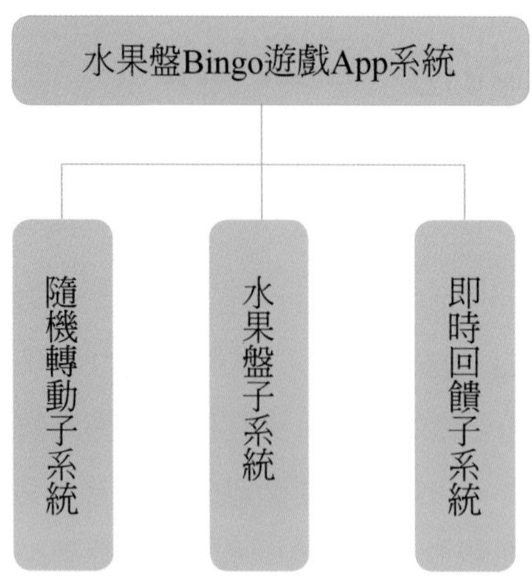

6-4-4 核心技術

一、隨機亂數拼圖

【格式】

設定亂數的上限與下限值。

【舉例】

如果我們拿投擲骰子1到6的亂數，其上限值（Max）= 6；下限值（Min）= 1。

二、Sound元件

可以讓使用者操作手機App時，產生特殊的音效之元件。其目的爲播放較短的音效，提高使用者的注意力。

三、Clock元件

具有計時器功能，用來定時觸發某一事件，並且還具有日期與時間運算的功能，屬於Sensors類別的非視覺化元件。

功能 元件	隨機亂數	Sound元件	Clock元件
圖示	random integer from to	Sound	Clock

6-4-5 系統開發

一、介面設計

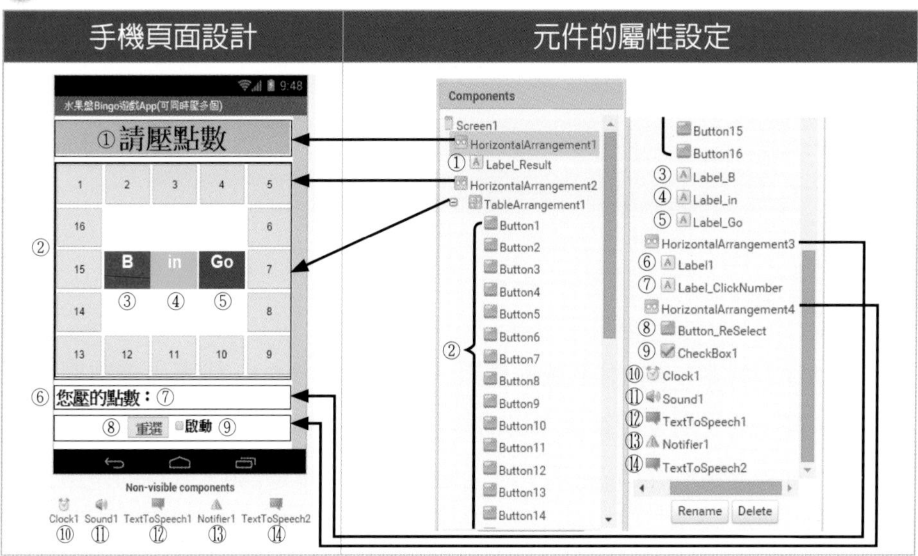

二、程式處理流程

1. 輸入：壓點數（可同時壓多點）。
2. 處理：

   (1)啓動水果盤，並隨機轉動N圈後慢慢停止。

   (2)判斷水果盤停止轉動時是否與壓的點數相同（只需符合某一點即可）。
3. 輸出：BinGo或Sorry兩種情況。

三、程式設計

(一) 宣告全域性變數

【說明】

行號01：宣告變數IsWin爲全域性變數，初值設定爲false代表尚未被壓中，其目的是用來記錄儲存目前是否有壓中點數。

行號02：宣告變數TurnCount爲全域性變數，初值設定爲0，其目的是用來記

錄水果盤要轉動的格數。

行號03：宣告變數RepeatCount爲全域性變數，初值設定爲0，其目的是用來記錄使用者壓點數是否有重複壓（亦即壓2次）。

行號04：宣告變數RandTime爲全域性變數，初值設定爲0，其目的是用來記錄隨機轉動的格數。

行號05：宣告變數output爲全域性變數，初值設定爲空字串，其目的是用來記錄使用者「目前壓的全部點數」。

行號06：宣告變數Buttons爲全域性變數，初值設定爲空清單，其目的是用來記錄「Button物件清單」。

行號07：宣告變數ListClickNumber爲全域性變數，初值設定爲空清單，其目的是用來記錄「使用者壓的全部點數」。

(二) 頁面初始化的程式

拼圖程式	檔案名稱：ch6_4.aia

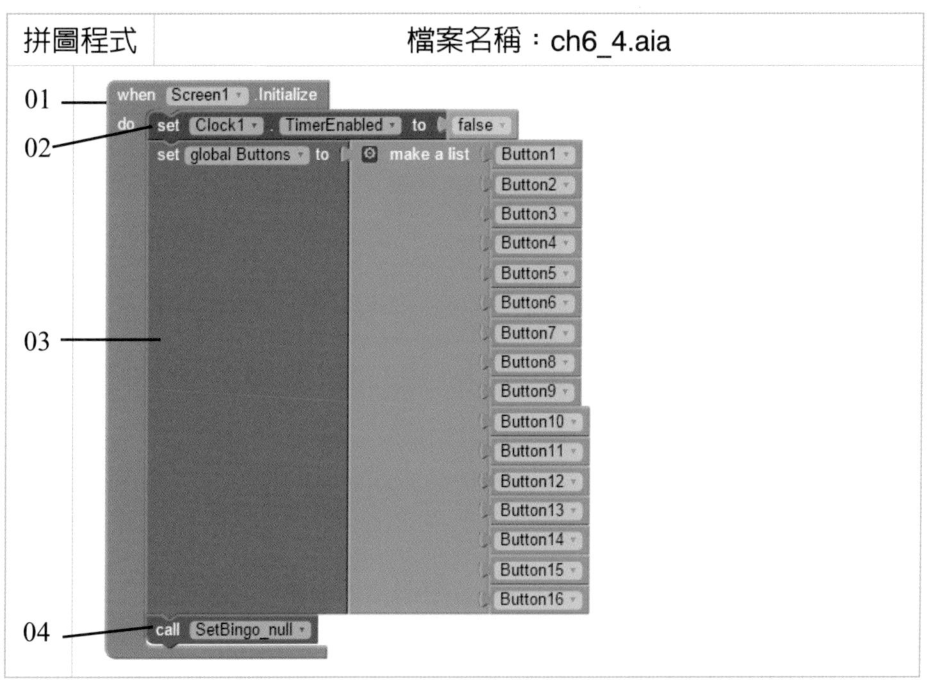

【說明】

行號01：當Screen頁面被初始化。

行號02：設定Clock元件為關閉狀態。

行號03：設定物件清單Buttons，其內容為16個Button。

行號04：呼叫「SetBingo_null」副程式，用來清空Bingo的內容。

(三) 定義「SetBingo_null」、「ReSelect」副程式及「重選」按鈕程式

拼圖程式	檔案名稱：ch6_4.aia

```
01  to SetBingo_null
    do
02    set Label_B . Text to " "
      set Label_in . Text to " "
      set Label_Go . Text to " "

    when Button_ReSelect .Click
03  do  call ReSelect

04  to ReSelect
    do
05    set global output to " "
06    set global ListClickNumber to create empty list
07    set Label_ClickNumber . Text to " "
08    set CheckBox1 . Checked to false
```

【說明】

行號01：定義「SetBingo_null」副程式。

行號02：用來清空Bingo的內容。

行號03：當使用者按「重選」時，就會呼叫「ReSelect」副程式。

行號04：定義「ReSelect」副程式。

行號05：將變數output設定為空字串。

行號06：將變數ListClickNumber設定為空清單。

行號07：將使用者選的點數在螢幕上清空。

行號08：設定Clock時鐘元件為關閉狀態。

三、勾選「啓動」鈕程式

拼圖程式	檔案名稱：ch6_4.aia
	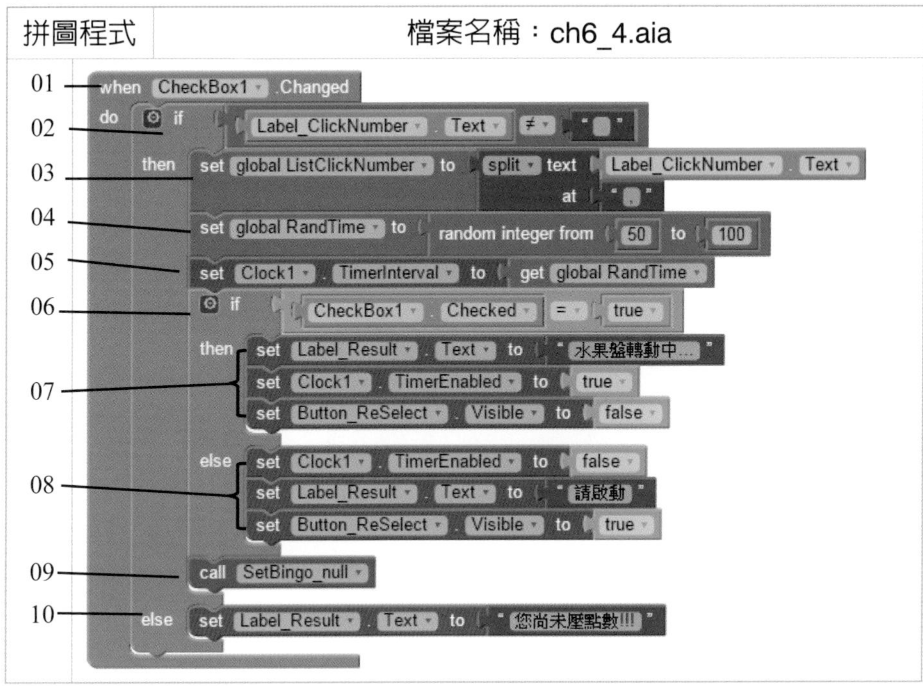

【說明】

行號01～02：當「啓動」鈕被按下時，它會去檢查使用者是否有壓點數。

行號03：如果有，它則會將使用者壓的全部點數，透過「split」分割函式依照「，」來分割字串成字元，指定到「ListClickNumber」清單中。

行號04：利用「random integer」拼圖函式，來隨機從50～100產生一個亂數值指定給RandTime變數，其目的是用來記錄隨機轉動的格數。

行號05：由RandTime變數來決定Clock時鐘的每一次更新時間。

行號06～07：當「啟動」鈕被勾選時，就會顯示「水果盤轉動中…」，並且啟動Clock時鐘元件，此時「重選」鈕暫時消失隱藏。

行號08：當「啟動」鈕沒有被勾選時，就會顯示「請啟動」，並且關閉Clock時鐘元件，此時「重選」鈕顯示出來。

行號09：呼叫「SetBingo_null」副程式，用來清空Bingo的內容。

行號10：當使用者沒有壓點數時，就會顯示「您尚未壓點數!!!」。

四、啟動「Clock功能」程式

拼圖程式	檔案名稱：ch6_4.aia

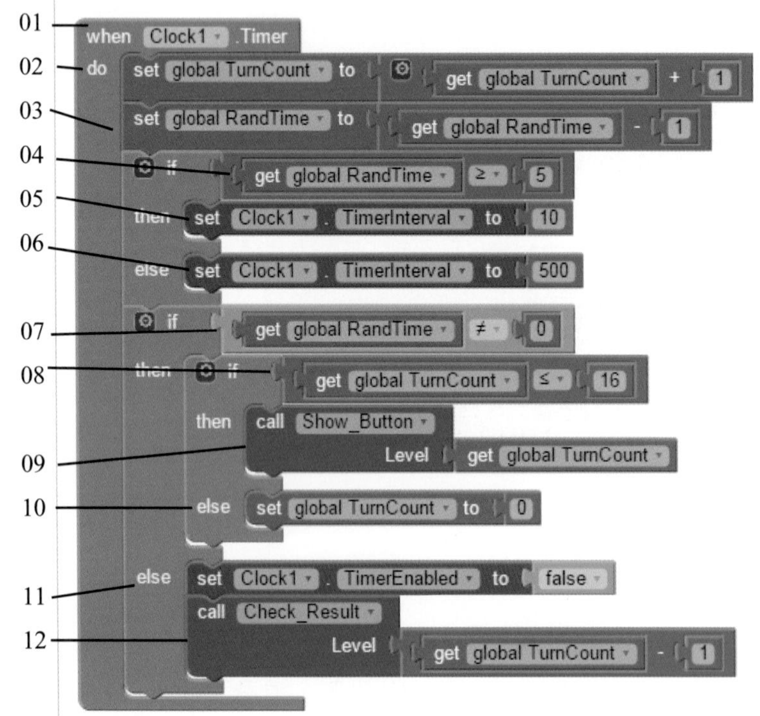

```
01 when Clock1 .Timer
02 do  set global TurnCount to ( get global TurnCount + 1 )
03     set global RandTime to ( get global RandTime - 1 )
04     if get global RandTime ≥ 5
05     then set Clock1 . TimerInterval to 10
06     else set Clock1 . TimerInterval to 500
07     if get global RandTime ≠ 0
08     then if get global TurnCount ≤ 16
           then call Show_Button
09                     Level get global TurnCount
10         else set global TurnCount to 0
11     else set Clock1 . TimerEnabled to false
12          call Check_Result
                 Level ( get global TurnCount - 1 )
```

【說明】

行號01：當「Clock功能」被啟動。

行號02：「Clock」每更新一次，變數TurnCount值就會自動加1，亦即水果盤就會轉動1小格數。

行號03：「Clock」每更新一次，變數RandTime值就會自動減1，亦即水果盤要再轉動的格數就會減少1小格數。

行號04～06：如果水果盤要再轉動的格數還大於或等於5小格數時，「Clock」每更新一次就會更快，若不是大於或等於五小格數則會減慢，亦即水果盤轉動的速度會愈來愈慢。

行號07～10：如果水果盤轉動尚未結束，會產生動態的反覆旋轉效果。

行號11～12：如果水果盤轉動結束，就會關閉Clock。此時，會呼叫「Check_Result」副程式，用來檢查使用者「是否有壓中」。

五、定義「Show_Button」與「Show_Buttoning」副程式產生動態的轉旋效果程式

拼圖程式	檔案名稱：ch6_4.aia

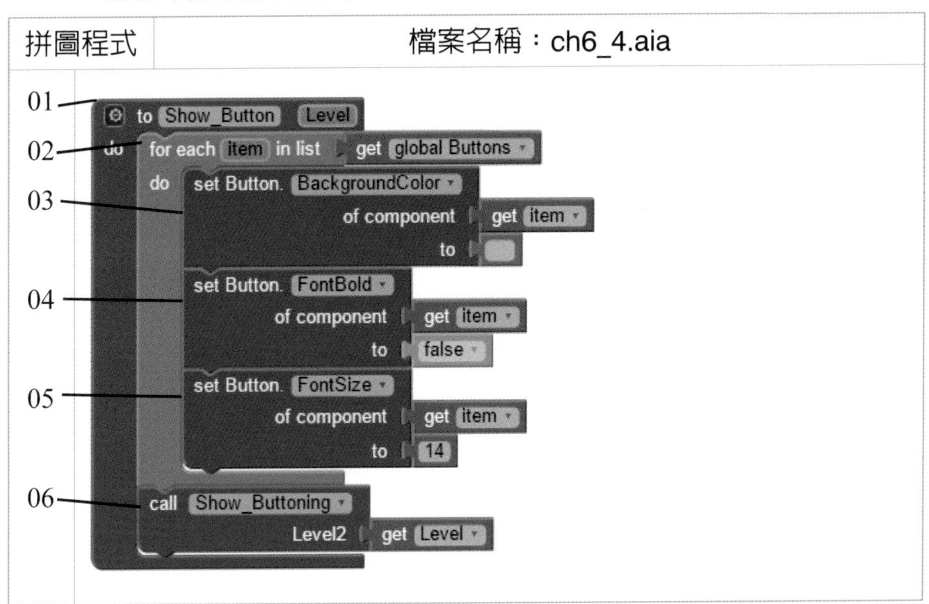

拼圖程式	檔案名稱：ch6_4.aia

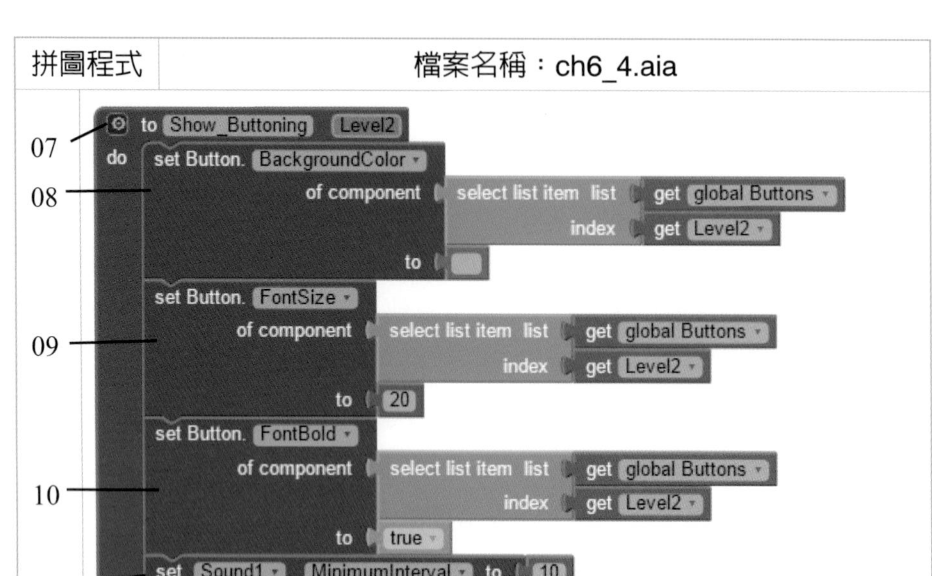

【說明】

行號01：定義「Show_Button」副程式。

行號02～05：用來設定原先水果盤上Buttons清單的底色、字體樣式與大小。

行號06：呼叫「Show_Buttoning」副程式

行號07：定義「Show_Buttoning」副程式

行號08～10：用來設定水果盤在轉動中時，Buttons清單的底色、字體樣式與大小。

行號11～12：設定水果盤在轉動中時的「音效」。

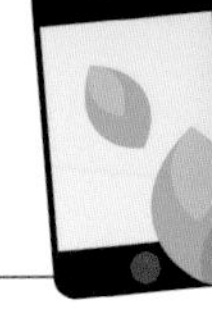

六、定義「Check_Result」副程式

拼圖程式	檔案名稱：ch6_4.aia

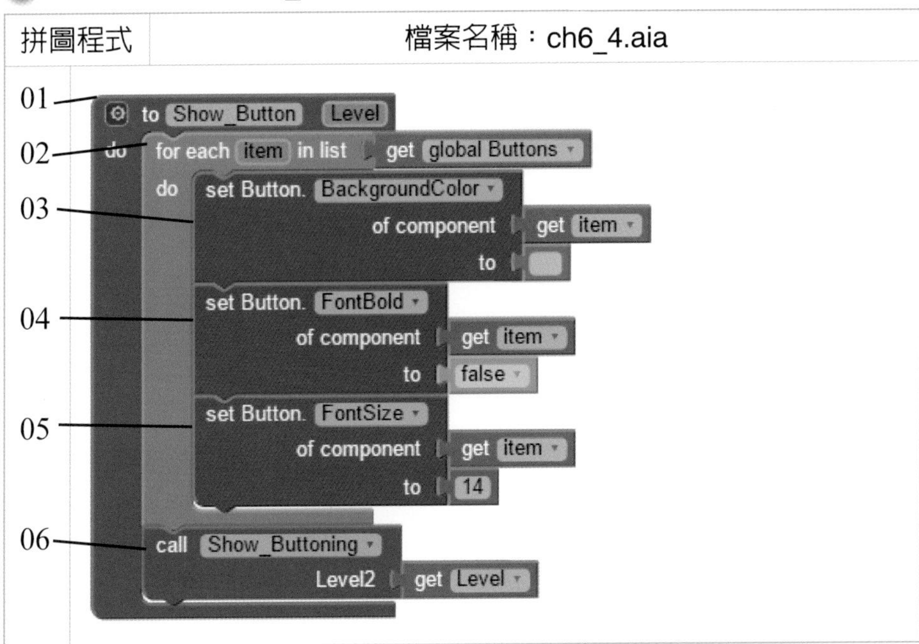

【說明】

行號01：定義「Check_Result」副程式。

行號02：設定變數IsWin爲false代表尚未被「壓中」。

行號03～04：利用for/each清單專屬迴圈來依序讀取「ListClickNumber」清單中的每一項元素（item），並且檢查是否爲使用者壓的點數。如果是，則設定變數IsWin爲true。

行號05：設定「重選」鈕爲可以看見，沒有隱藏。

行號06：呼叫「Show_Result」副程式，用來顯示結果。

七、定義「Show_Result」副程式

拼圖程式	檔案名稱：ch6_4.aia

```
01  to Show_Result
    do
02     if  get global IsWin = true
03     then  set Label_Result . Text to "您中獎了!!!"
04           call TextToSpeech1 .Speak
                          message "Bingo"
05           set Label_B . Text to "B"
             set Label_in . Text to "in"
             set Label_Go . Text to "Go"
06     else  set Label_Result . Text to "抱歉哦!!!"
07           call TextToSpeech1 .Speak
                          message "Sorry"
08           set Label_B . Text to "S"
             set Label_in . Text to "or"
             set Label_Go . Text to "ry"
```

【說明】

行號01：定義「Show_Result」副程式。

行號02～03：如果變數IsWin爲true代表被「壓中」，因此，會在螢幕上顯示「您中獎了!!!」。

行號04～05：利用「TextToSpeech」拼圖程式，來將文字轉成語音，亦即唸出「Bingo」，並且在中間顯示「Bingo」字串。

行號06：如果沒有壓中，則會在螢幕上顯示「抱歉哦!!!」。

行號07～08：利用「TextToSpeech」拼圖程式，來將文字轉成語音，亦即唸出「Sorry」，並且在中間顯示「Sorry」字串。

八、定義「Check_ClickNumber」副程式

拼圖程式	檔案名稱：ch6_4.aia

```
01 to ClickNumber ClickNumber
   do
02   set Label_Result . Text to join "您壓「"
                                    get ClickNumber
                                    "點」"
03   call Sound1 .Play
04   set global output to join get global output
                               get ClickNumber
                               ","
05   set Label_ClickNumber . Text to segment text get global output
                                             start 1
                                             length length get global output - 1
06   set global ListClickNumber to split text Label_ClickNumber . Text
                                         at ","
07   call Check_RepeatClick
                       num get ClickNumber
08   set CheckBox1 . Checked to false
```

【說明】

行號01：定義「Check_ClickNumber」副程式，用來處理使用者壓的點數。

行號02～03：用來顯示目前使用者正壓下的點數，並發出音效。

行號04～05：利用output變數來連接目前壓下的點數，並利用「segment」拼圖函式過濾掉最後一個逗號「,」。

行號06：透過「split」分割函式依照「,」來分割字串成字元，指定到「ListClickNumber」清單中。

行號07：呼叫「Check_RepeatClick」副程式，用來檢查是否有重複壓相同的號碼。

行號08：將「啓動」鈕設定爲尚未勾選狀況。

九、定義「Check_RepeatClick」副程式

拼圖程式	檔案名稱：ch6_4.aia

```
01 to Check_RepeatClick num
02 do  set global RepeatCount to 0
03     for each item in list get global ListClickNumber
       do  if  get item = get num
04         then set global RepeatCount to get global RepeatCount + 1
05     if  get global RepeatCount ≥ 2
       then call TextToSpeech2.Speak
06              message "您已重複選了!"
07          call ReSelect
```

【說明】

行號01：定義「Check_RepeatClick」副程式，用來檢查是否有重複壓相同的號碼。

行號02：設定變數RepeatCount爲0，代表尚未壓點數。

行號03～04：利用for/each清單專屬迴圈來依序讀取「ListClickNumber」清單中的每一項元素（item），來檢查每一個元素是否有重複出現。

行號05～07：如果RepeatCount變數大於等於2時，代表「你已重複壓某一個點數」，此時透過「TextToSpeech」拼圖函式來唸出「你已重複選了！」，因此，必須要再呼叫「ReSelect」副程式來重新選號碼。

十、壓點數「1到16」按鈕的程式

拼圖程式	檔案名稱：ch6_4.aia
01	when Button1 .Click do call ClickNumber ClickNumber Button1 . Text
.	… ……
16	when Button16 .Click do call ClickNumber ClickNumber Button16 . Text

【說明】

行號01～16：當使用者壓「1到16」按鈕，則會呼叫「ClickNumber」副程式，以用來處理使用者按的點數。

6-4-6　系統展示

一、系統測試

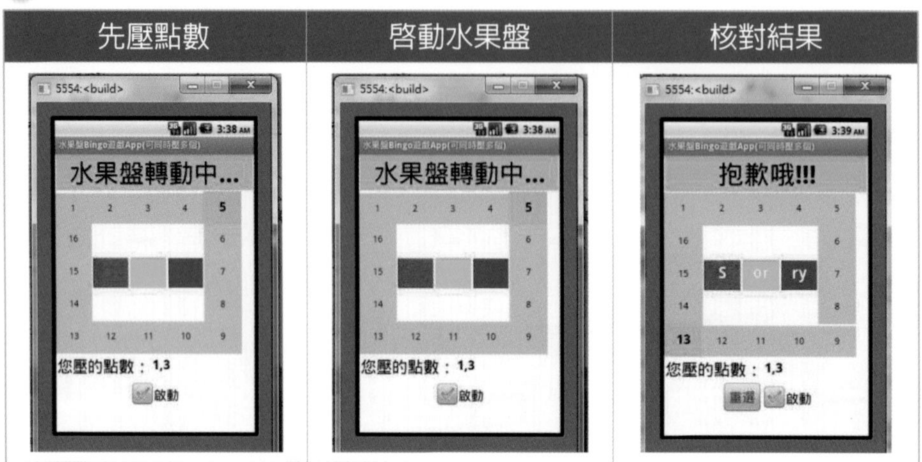

二、未來展望與建議

雖然，「水果盤Bingo遊戲App」可以透過「手機」或「平板」玩水果盤Bingo遊戲，並且了解「方形水果盤」轉動的動畫基本原理。但是，它目前沒有同時提供多人使用，亦即沒有記錄每一位玩家壓的點數，也沒有提供「猜中率」的統計分析。因此，必須要再結合「資料庫」，才能記錄多位玩家歷程，進一步分析每一位玩家的「猜中率」高低，達到專業級的水果盤Bingo遊戲App。

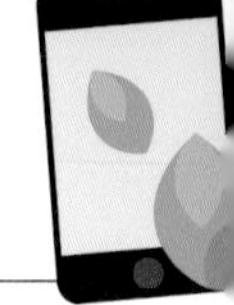

課後習題

一、請設計一支猜骰子點數大小App遊戲。

介面效果

當使用者按下「猜小」或「猜大」後，三個骰子會同時轉動五秒鐘，並且在五秒之後無論猜中或猜錯都會有不同的音效發出。

規則

1. 猜小：3～9點。
2. 猜大：10～18點。

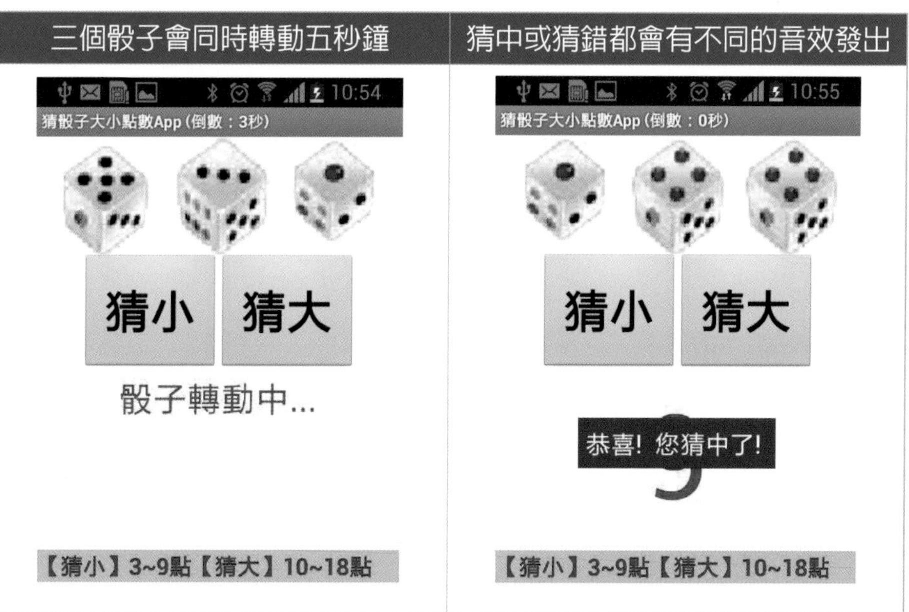

二、承第一題，再針對猜中率與沒有猜中的機率，透過Google統計圖表分析功能，來進行以下三項分析：

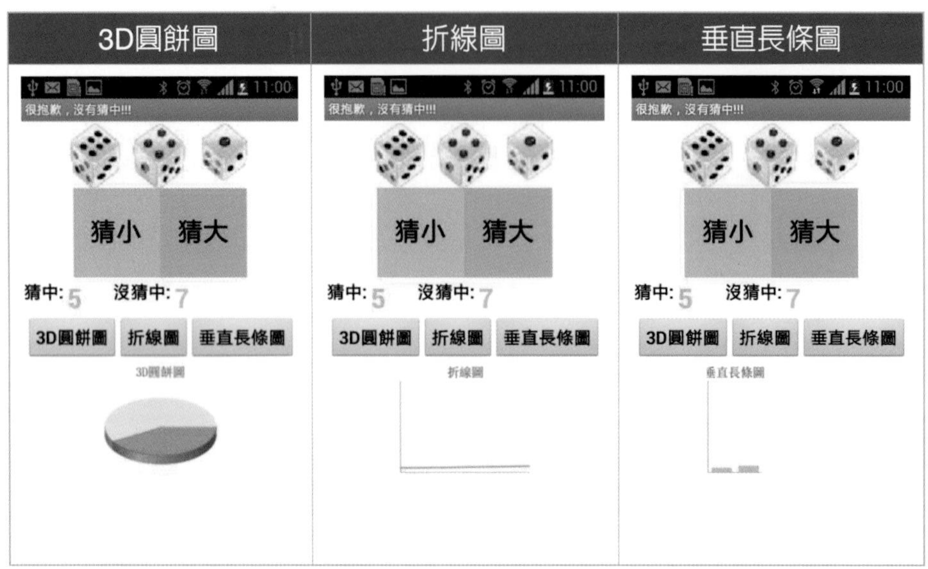

三、請設計一支具有「拉霸效果的水果盤App」，可以讓使用者進行拉Bar遊戲。

介面效果

可以讓使用者選擇「按一下」或「轉動3秒」兩種不同的拉Bar功能，並且在五秒之後無論猜中或猜錯都會有不同的音效發出。

規則

三個同樣的樂高忍者同時出現，才算中獎！

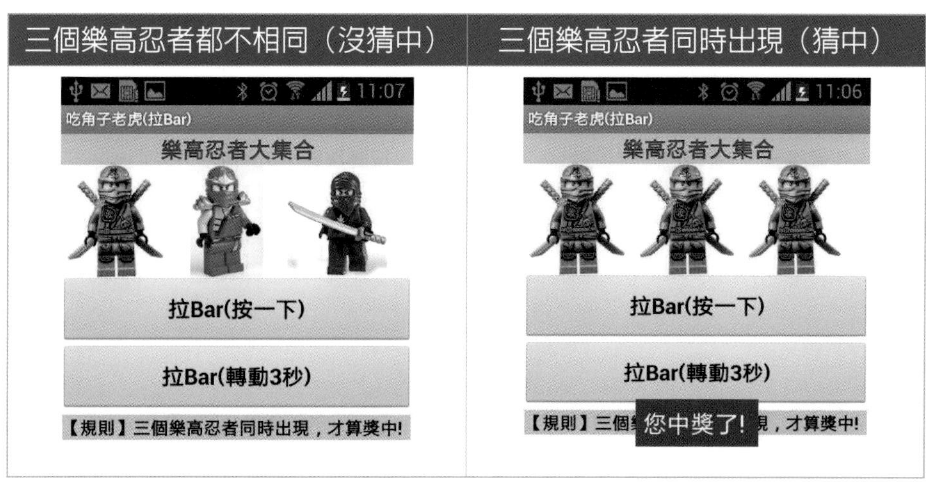

四、請設計一支投擲N次的骰子App，可以讓使用者看到每一個點數出現的次數。

介面效果

動態顯示投擲骰子的過程。

規則

總計出每一個點數出現的次數

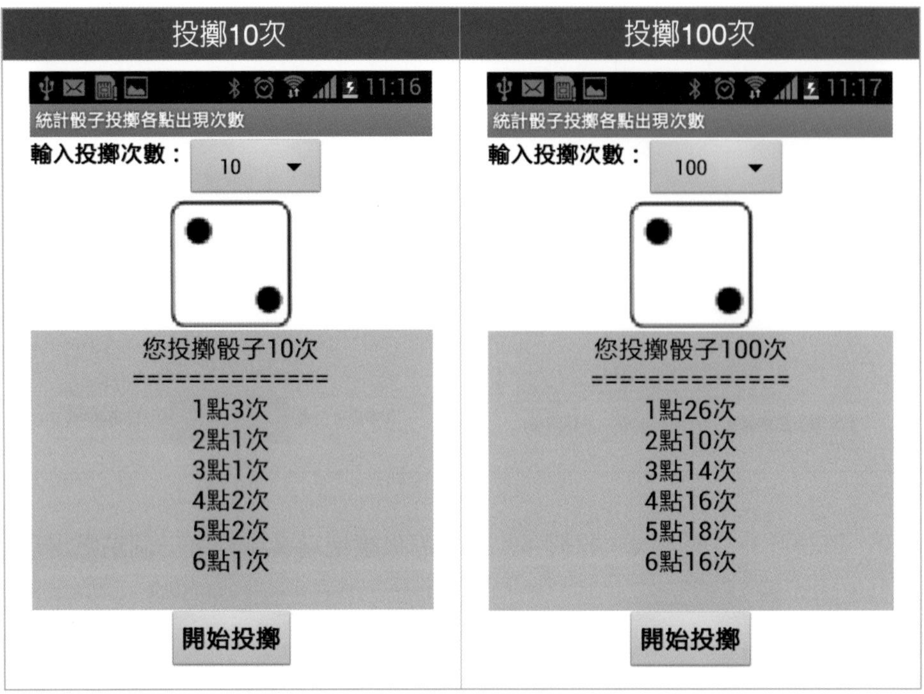

分析

1. 輸入：投擲次數。
2. 處理：
   (1)電腦自動產生亂數（1～6之間）。
   (2)統計各點出現的次數。
3. 輸出：各點出現的次數及動態顯示投擲骰子的過程。

五、承上題，再針對每一個點數出現的次數，透過Google統計圖表分析功能，來進行以下分析：

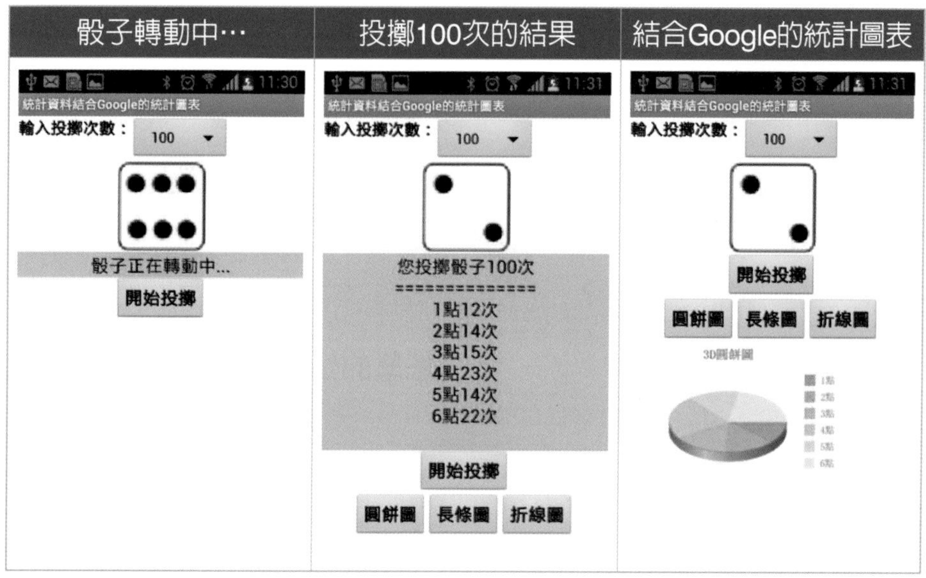

六、請設計一支具有「投注」功能的水果盤Bingo遊戲App，可以讓玩家進行投注。

介面效果

動態水果盤轉動，無論猜中或猜錯都會有不同的音效。

規則

1. 玩家可以同時下注多個數，每下注一個點數，扣10元。
2. 中獎得50元，中王牌200元。

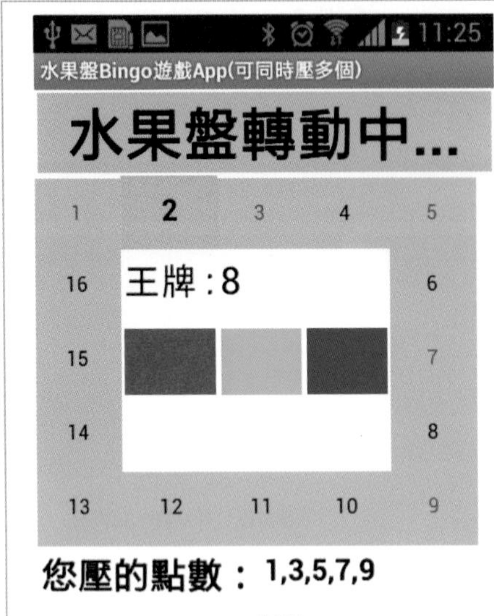
11:25
水果盤Bingo遊戲App(可同時壓多個)
水果盤轉動中...
1
2
3
4
5
16
王牌 : 8
6
15
7
14
8
13
12
11
10
9
您壓的點數： 1,3,5,7,9
啟動
籌碼： 100 元 (中獎得50元，中王牌200元)
籌碼重設

11:27
水果盤Bingo遊戲App(可同時壓多個)
您中獎了!!!
1
2
3
4
5
16
王牌 : 3
6
15
B
in
Go
7
14
8
13
12
11
10
9
您壓的點數：
重選
啟動
籌碼： 50 元 (中獎得50元，中王牌200元)
籌碼重設

Chapter 7

休閒遊戲

本章學習目標

1. 了解「休閒遊戲」定義、特色及相關的類型。
2. 了解如何製作各種「休閒遊戲App」。

本章內容

7-1 休閒遊戲（Casual Game）

7-2 打樂高忍者App

7-3 打樂高忍者App（進階版）

7-4 OX井字遊戲App

7-1 休閒遊戲（Casual Game）

【定義】

一種初學者非常容易上手，不需要事先學習的簡單遊戲。

【特色】

1. 可以在短時間大量反覆遊玩。
2. 不會涉及到高深的先備知識。
3. 遊戲規則簡單、易學、易玩。

【常見的種類】

1. 打地鼠遊戲。
2. OX井字遊戲。

7-1-1 物件隨機移動位置（打地鼠的原理）

動畫遊戲爲何可以吸引使用者百玩不厭，其主要的原因就是它擁有以下兩個元素：

1. 亂數函數：用來讓物件在每次啓動時位置皆不同
2. Clock元件：用來設定每單位時間執行一次亂數函數的指令集。

樂高忍者每次會跳到不同位置。

【功能說明】

使用者每次按「啓動」鈕之後，樂高忍者就會跳到不同位置，其主要原因就是透過亂數值來改變忍者的座標位置。

【介面設計】

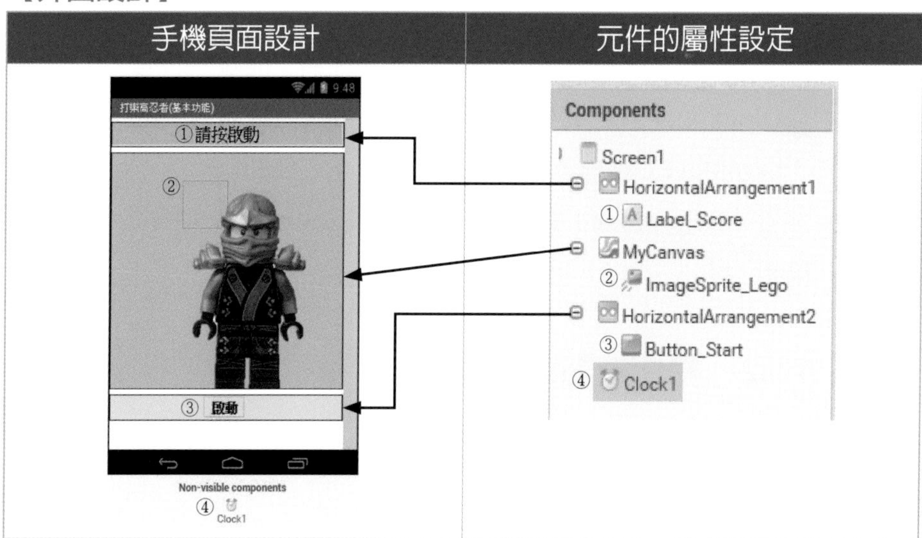

【參考程式】

拼圖程式	檔案名稱：ch7_1_1.aia
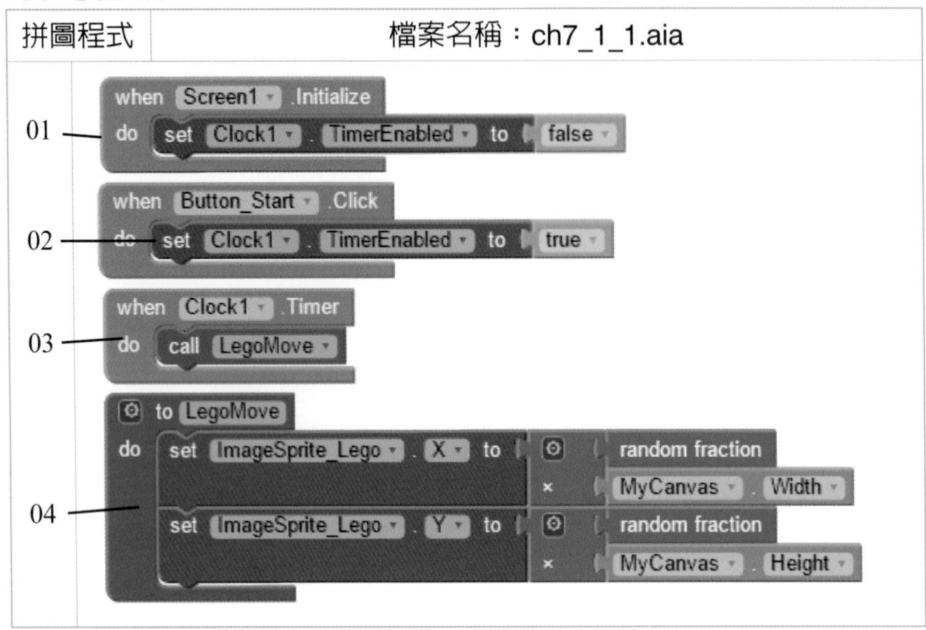	

【說明】

行號01：Screen頁面在初始化時，先設定Clock元件為「關閉」狀態。

行號02：當按下「啟動」鈕時，再設定Clock元件為「開啟」狀態。

行號03：當Clock元件為「開啟」狀態時，Clock元件會每單位時間呼叫「LegoMove」副程式。

行號04：定義「LegoMove」副程式，其目的就會隨機移動樂高忍者的位置。

 7-1-2　物件被點擊來計分

動畫遊戲中使用者點擊目標物時，就會觸發Touched事件程序，以記錄被點擊的座標或次數。

1. 座標位置：透過x, y兩個參數值來得知點擊位置。
2. 點擊次數：設定一個計數器變數。

實例

承上一題，加入「計分功能」。

【說明】

當使用者每打到忍者一下時，就會得到一分。

【關鍵程式】

拼圖程式	檔案名稱：ch7_1_2.aia
	01 initialize global Score to 0 02 when ImageSprite_Lego .Touched x y do 03 set global Score to get global Score + 1 04 set Label_Score . Text to join "成績：" get global Score 05 call LegoMove

註 承上題（ch7_1_1.aia），再加入以上程式。

【說明】

行號01：宣告變數Score爲全域性變數，初值設定爲0，其目的是用來記錄使用者每打到忍者一下時，就會得到一分。

行號02：當使用者點擊忍者時，就會觸發Touched事件程序。

行號03～04：利用Score變數來記錄忍者被打的次數，一次一分並顯示在螢幕上方。

行號05：呼叫「LegoMove」副程式，再來隨機移動樂高忍者的位置。

7-1-3　物件被點擊之震動效果

動畫遊戲中使用者點擊目標物時，往往需要產生特殊效果。以增加物件被點擊到的感覺，其常用的作法有兩種：

1. 震動效果：利用Sound或Player元件中的Vibrate方法。
2. 音聲效果：利用Sound元件中的Vibrate方法。例如：鋼琴鍵音。

承上一題，加入「震動效果」及「歸零功能」。

【說明】

當使用者每打到忍者一下時，手機就會震動一下，並且分數也可以歸零，重新開始計算。

【介面設計】

【關鍵程式】

拼圖程式	檔案名稱：ch7_1_3.aia

```
01 initialize global Score to 0
02 when ImageSprite_Lego .Touched
     x y
03 do set global Score to ( get global Score + 1 )
04    set Label_Score . Text to join " 成績： "
05                                   get global Score
      call LegoMove
06    call Sound1 .Vibrate
           millisecs 500
   when Button_End .Click
07 do set global Score to 0
08    set Label_Score . Text to join " 成績： "
                                     get global Score
09    set Clock1 . TimerEnabled to false
```

註 承上一題（ch7_1_2.aia），再加入以上程式。

【說明】

行號01～05：參考同上。

行號06：設定手機產生振動效果。其振動時間以毫秒爲單位（如設定500，代表0.5秒）。

行號07～08：當按下「歸零」鈕時，Score成績變數設爲0，並且螢幕上方也設爲0。

行號09：此時，Clock元件設定爲「關閉」狀態。

7-2 打樂高忍者App

7-2-1 主題發想

還記得小時候都會想拿著大榔頭來玩打地鼠遊戲。但是，往往必須要有實體的打地鼠機及相關的設備才能完成此遊戲。

有鑑於此，本專題開發一套大家都喜歡的「打樂高忍者App」，讓使用者可以隨時透過「手機」或「平板」與樂高忍者對戰。

7-2-2 主題目的

1. 了解樂高忍者出現的位置是隨機過程。
2. 了解「隨機亂數」與「Clock元件」是動畫的基本原理。

7-2-3 系統架構

在本節中，打樂高忍者App系統的架構圖是由以下的子系統組合而成。

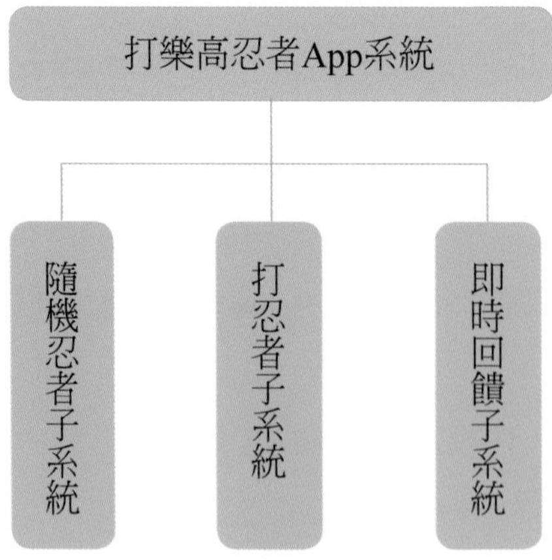

7-2-4　核心技術

一、隨機亂數拼圖

【格式】

設定亂數的上限與下限值。

【舉例】

如果我們拿投擲骰子1到6的亂數，其上限值（Max）＝6；下限值（Min）＝1。

二、Clock元件

具有計時器功能，用來定時觸發某一事件，並且還具有日期與時間運算的功能，屬於Sensors類別的非視覺化元件。

功能 元件	隨機亂數	Clock元件
圖示	random integer from to	Clock

7-2-5　系統開發

一、介面設計

手機頁面設計	元件的屬性設定

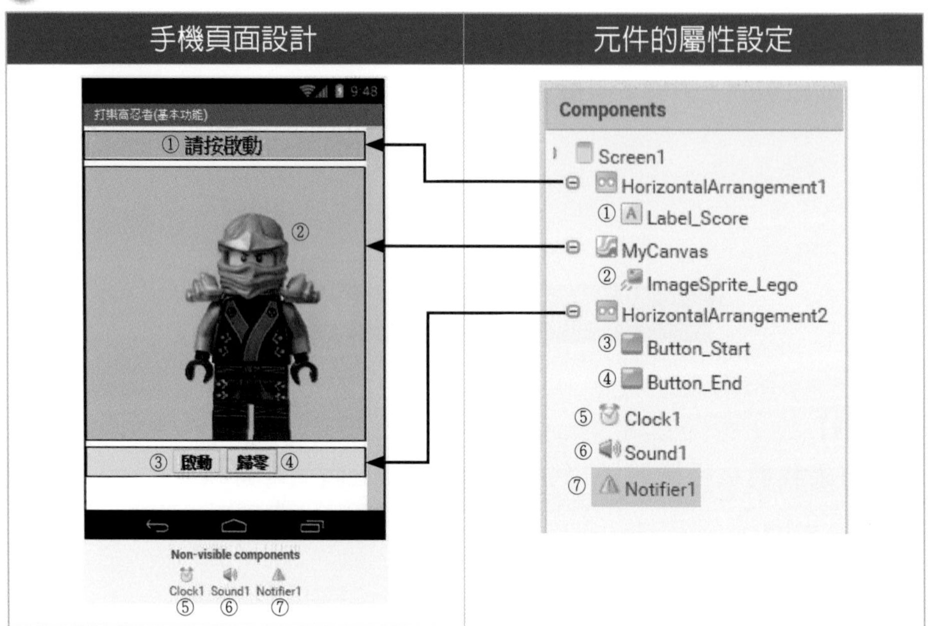

二、程式處理流程

1. 輸入：打忍者。
2. 處理：

   (1)計算被打的次數。

   (2)隨機出現在不同的位置。

3.輸出：顯示成績及震動的效果。

三、程式設計

(一) 宣告及啓動Clock元件來隨機移動忍者位置之程式

拼圖程式	檔案名稱：ch7_2.aia

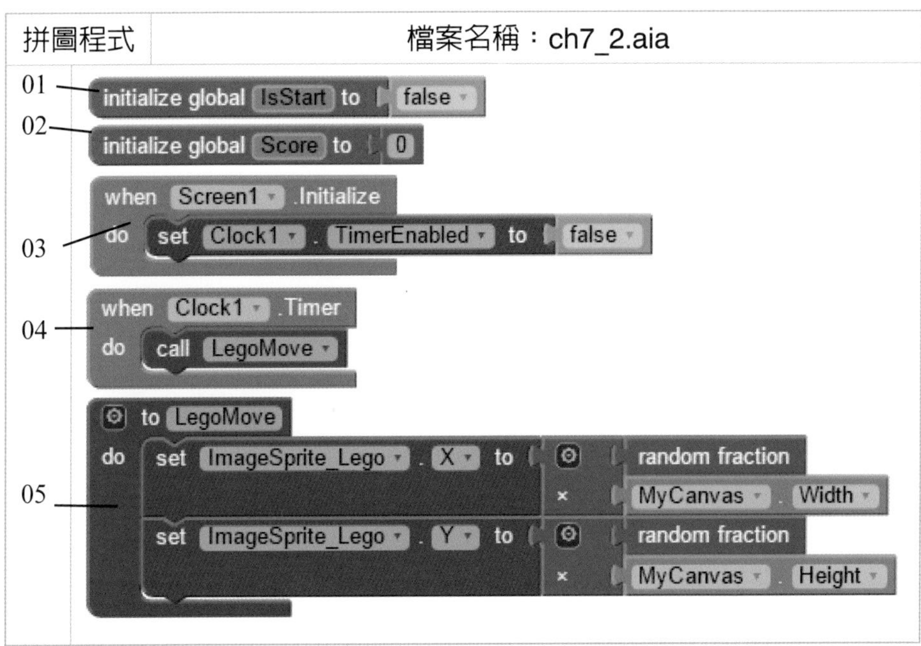

【說明】

行號01：宣告變數IsStart爲全域性變數，初值設定爲false，其目的是記錄目錄是否爲「啓動」狀態。其中false代表爲「關閉」狀態。

行號02：宣告變數Score爲全域性變數，初值設定爲0，其目的是用來記錄使用者每打到忍者一下時，就會得到一分。

行號03：Screen頁面在初始化時，先設定Clock元件爲「關閉」狀態。

行號04：當時間元件爲「開啓」狀態時，Clock元件會每單位時間呼叫「LegoMove」副程式。

行號05：定義「LegoMove」副程式，其目的就會隨機移動樂高忍者的位置。

(二) 撰寫「啓動」與「歸零」鈕的程式

拼圖程式	檔案名稱：ch7_2.aia

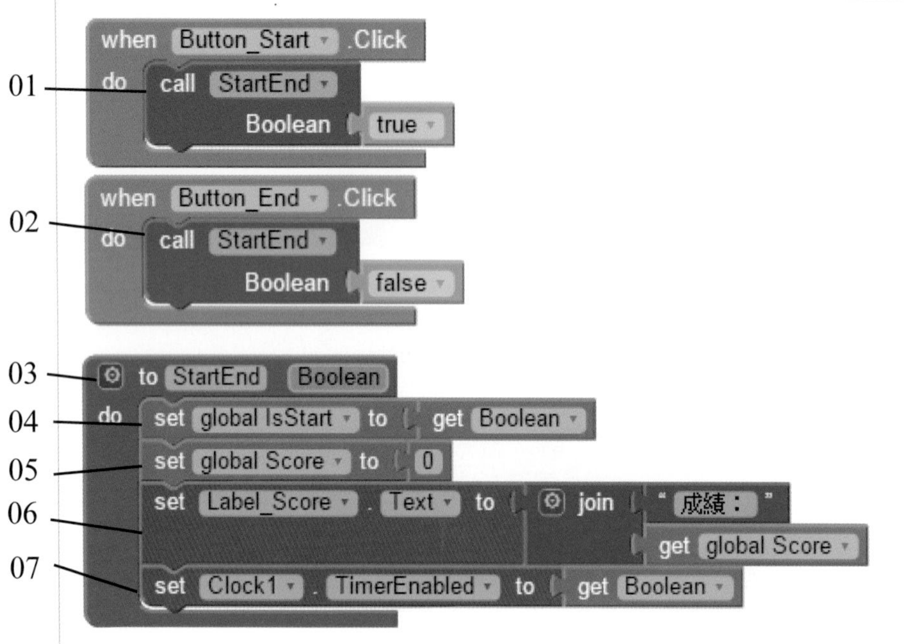

```
01  when Button_Start .Click
    do  call StartEnd
             Boolean  true

02  when Button_End .Click
    do  call StartEnd
             Boolean  false

03  to StartEnd  Boolean
04  do  set global IsStart to  get Boolean
05      set global Score to  0
06      set Label_Score . Text to  join  " 成績： "
                                         get global Score
07      set Clock1 . TimerEnabled to  get Boolean
```

【說明】

行號01：當使用者按下「啓動」鈕時，呼叫StartEnd副程式，傳遞true參數給副程式。

行號02：當使用者按下「關閉」鈕時，呼叫StartEnd副程式，傳遞false參數給副程式。

行號03：定義StartEnd副程式。

行號04：設定IsStart變數爲主程式傳遞過來的參數（true或false）。

行號05～06：設定Score變數爲0。代表成績從0分開始計算，並顯示在螢幕上方。

行號07：設定Clock狀態爲主程式傳遞過來的參數（true或false）。

(三) 撰寫使用者點擊忍者之事件程式

拼圖程式	檔案名稱：ch7_2.aia

```
01  when ImageSprite_Lego .Touched
      x  y
02  do  if  get global IsStart = true
03      then  set global Score to  get global Score + 1
04            call Sound1 .Vibrate
                            millisecs 100
05            set Label_Score . Text to  join " 成績： "
                                              get global Score
06            call LegoMove
07      else  call Notifier1 .ShowAlert
                            notice " 您必須要先按「啟動」鈕! "
```

【說明】

行號01：當使用者點擊忍者時，就會觸發Touched事件程序。

行號02～03：如果IsStart變數的狀態爲true時，代表目前已經爲「啓動」狀態，因此，當使用者點擊忍者時，Score變數的值每次加一分。

行號04：設定手機產生振動效果。其振動時間以毫秒爲單位（如設定500，代表0.5秒）。

行號05：顯示Score變數的成績到螢幕上。

行號06：呼叫「LegoMove」副程式，再來隨機移動樂高忍者的位置。

行號07：如果尚未「啓動」狀態，當使用者點擊忍者時，螢幕會顯示「您必須要先按「啟動」鈕！」。

7-2-6 系統展示

一、系統測試

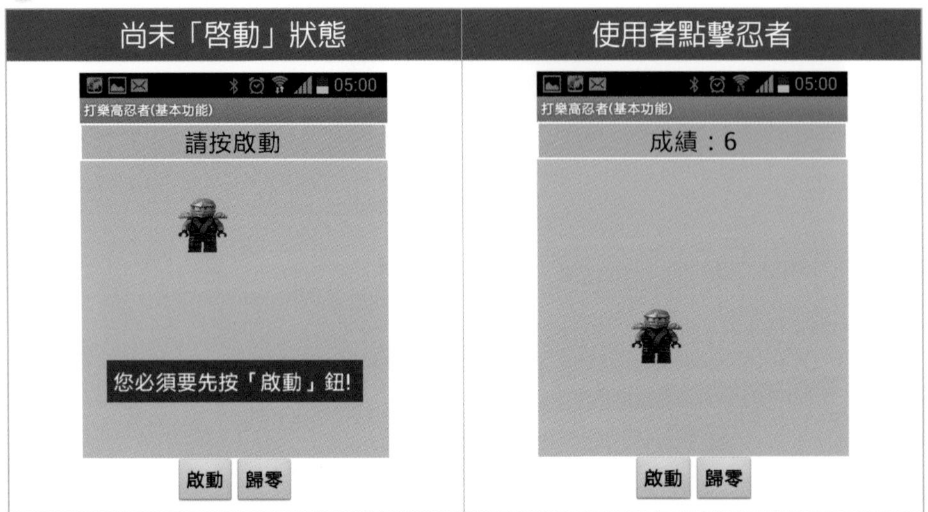

二、未來展望與建議

雖然，「打樂高忍者App」可以讓使用者隨時透過「手機」或「平板」與系統玩點擊遊戲。但是，它目前沒有同時提供多款式的人物讓使用者挑選，亦即無法自訂點擊對象，以達到個人化的目標。

7-3 打樂高忍者App（進階版）

在前一個版本中，雖然已經滿足一般初學者的需求，但是，對於玩家來說，可能稍嫌不足，因爲它似乎缺少了「倒數時間」、「音效」及「選擇人物」等功能，因此，在本節中，將開發一套「進階版之打樂高忍者App」。

手機操作介面	功能說明
 13:01 打樂高忍者(進階版) ① 成績：4 倒數時間：48 ② ③ ⑥ 啟動 歸零 ⑧ ⑨ ⑩	❶記錄成績 ❷倒數時間 ❸選擇人物（呈現） ❹背景音樂 ❺點擊音效 —— 執行階段才看得到（❹～❼） ❻點擊影像 ❼點擊振動 ❽啟動鈕 ❾歸零鈕 ❿選擇人物（縮放切換）

本系統頁面的變數宣告及初始化狀態程式如下：

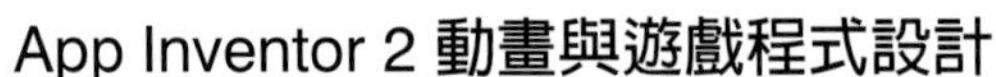

拼圖程式	檔案名稱：ch7_3.aia
	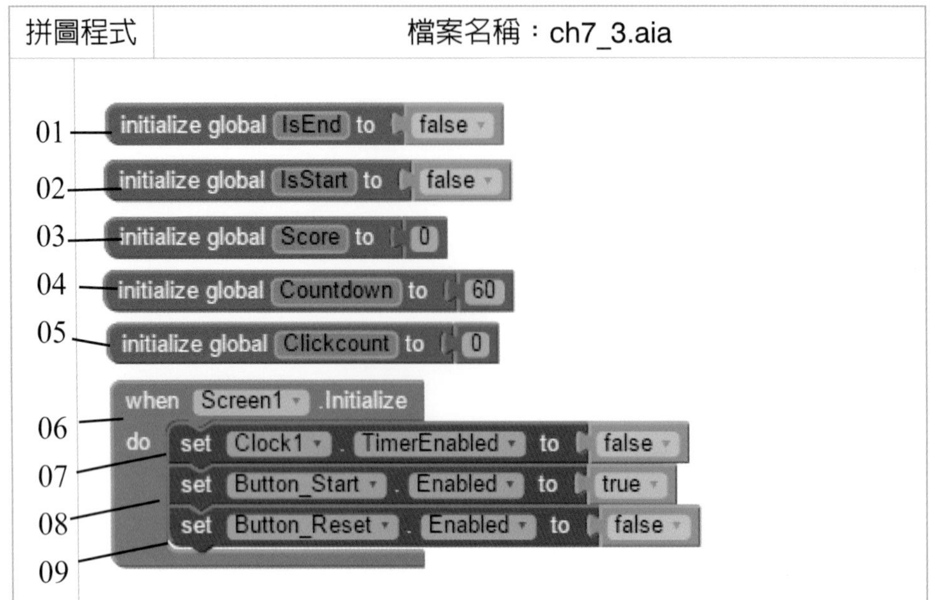

【說明】

行號01：宣告變數IsEnd爲狀態變數，初值設定爲false，代表遊戲時間結束。

行號02：宣告變數IsStart爲狀態變數，初值設定爲false，代表尚未啓動遊戲。

行號03：宣告變數Score爲全域性變數，初值設定爲0，其目的是用來記錄使用者每打到忍者一下時，就會得到一分。

行號04：宣告變數Countdown爲全域性變數，初值設定爲60，代表倒數計時是從60秒開始。用來記錄時間。

行號05：宣告變數Clickcount爲全域性變數，初值設定爲0，其目的是用來記錄使用者切換右下方的「選擇人物」（縮放切換）的次數。

行號06～07：Screen頁面初始化時，設定Clock元件爲「關閉」狀態。

行號08～09：Screen頁面初始化時，設定成「啓動」鈕有作用，而「歸零」鈕沒有作用。

7-3-1 記錄成績

在動畫的電玩遊戲中，記錄玩家目前的成績是非常重要的功能。因爲「成績」所代表著玩家的「功力」高低。因此，在讀者要開發「遊戲軟體」時，務必要有顯示「分數」的功能。

實例

(一) 當使用者每次點擊到忍者，分數加一分

拼圖程式	檔案名稱：ch7_3.aia

```
01  when ImageSprite_Lego .Touched
      x  y
    do
02    if  get global IsStart = true
      then
03      set global Score to  get global Score + 1
04      call Sound1 .Vibrate
                   millisecs 100
05      call Sound1 .Play
06      set Label_Score . Text to  join " 成績： "
                                        get global Score
07      call LegoMove
08      call CheckIsEnd
      else
09      call Notifier1 .ShowMessageDialog
                   message " 請你先「啟動」才能玩!!! "
                   title " 通知訊息 "
                   buttonText " 了解 "
```

【說明】

行號01：當使用者點擊忍者時，就會觸發Touched事件程序。

行號02～03：如果IsStart變數的狀態為true時，代表目前已經為「啓動」狀態，因此，當使用者點擊忍者時，Score變數的值每次加一分。

行號04：設定手機產生振動效果。其振動時間以毫秒為單位（如設定500，代表0.5秒）

行號05：播放被點擊時的音效。

行號06：顯示Score變數的成績到螢幕上。

行號07：呼叫「LegoMove」副程式，用來隨機移動樂高忍者的位置。

行號08：呼叫「CheckIsEnd」副程式，用來檢查目前遊戲時間是否已經結束。

行號09：如果尚未「啓動」狀態，當使用者點擊忍者時，螢幕會顯示「你必須要先按「啓動」鈕！」。

(二) 定義「LegoMove」與「CheckIsEnd」副程式

拼圖程式	檔案名稱：ch7_3.aia
01	to LegoMove do set ImageSprite_Lego . X to random fraction × MyCanvas . Width set ImageSprite_Lego . Y to random fraction × MyCanvas . Height

拼圖程式	檔案名稱：ch7_3.aia
 02 03	to CheckIsEnd do if get global IsEnd = true then call Notifier1 .ShowMessageDialog message “此回合已結束，請按「歸零」” title “通知訊息” buttonText “了解” set ImageSprite_Lego . Visible to false

【說明】

行號01：定義「LegoMove」副程式，其目的爲隨機移動樂高忍者的位置。

行號02：定義「CheckIsEnd」副程式，其目的是用來檢查遊戲時間是否已經結束，如果是，則會顯示「此回合已結束，請按「歸零」」的訊息視窗。

行號03：當目前遊戲時間已經結束時，再點擊忍者時，就會將「樂高忍者」隱藏不見。

7-3-2 倒數時間

每一套專業級的電玩遊戲，一定會有「時間」或「戰力」額度的限制。其作法大致上可分爲兩種：

1. 「時間」來區分：玩家在規定的時間內，打敗多少敵人。
2. 「戰力」來區分：玩家有若干個軍隊，被打敗時，戰力就會消失。

拼圖程式	檔案名稱：ch7_3.aia

```
01 when Clock1 .Timer
   do call LegoMove
02    set global Countdown to get global Countdown - 1
03    set Label_Countdown . Text to get global Countdown
04    call Check_countdown

05 to Check_countdown
06 do if get global Countdown = 0
07    then set global IsEnd to true
08         set Clock1 . TimerEnabled to false
09         set Button_Start . Enabled to false
10         set Button_Reset . Enabled to true
11         set Label_Score . Text to join "成績："
                                         get global Score
12         call Notifier1 .ShowAlert
                        notice "時間到了，遊戲結束!!!"
13    else set global IsEnd to false
```

【說明】

行號01：當Clock元件被啟動時，系統每秒會執行一次。

行號02～03：設定Countdown變數的值每秒減1，並顯示在螢幕上。

行號04：呼叫「Check_countdown」副程式。

行號05～06：定義「Check_countdown」副程式，用來檢查是否時間已經到了。

行號07～08：如果時間已經到了，就會設定IsEnd狀態變數爲true，並且Clock元件設定爲「關閉」狀態。

行號09～10：當時間已經到了，設定爲「啓動」鈕沒有作用，只能按「歸零」鈕。

行號11～12：用來顯示結束時的分數，並顯示「時間到了，遊戲結束!!!」。

行號13：如果時間尚未到，就會設定IsEnd狀態變數爲false。

7-3-3 選擇人物（呈現）

每一位玩家都有著個人對人物的喜好程度，當電玩遊戲可以提供更多選擇時，則玩家在遊戲中，更能增加趣味及專注力。

實例

拼圖程式	檔案名稱：ch7_3.aia
01	when Button_LegoBlack .Click do set ImageSprite_Lego . Picture to " Lego_Black.png "
02	when Button_LegoBlue .Click do set ImageSprite_Lego . Picture to " Lego_Blue.png "
03	when Button_LegoGreen .Click do set ImageSprite_Lego . Picture to " Lego_Green.png "
04	when Button_LegoRed .Click do set ImageSprite_Lego . Picture to " Lego_Red.png "
05	when Button_LegoYellow .Click do set ImageSprite_Lego . Picture to " Lego_Yellow.png "

【說明】

行號01：更換「黑忍者」爲遊戲的主角人物。

行號02：更換「藍忍者」爲遊戲的主角人物。

行號03：更換「綠忍者」爲遊戲的主角人物。

行號04：更換「紅忍者」爲遊戲的主角人物。

行號05：更換「黃忍者」爲遊戲的主角人物。

7-3-4　背景音樂

在目前的動畫電玩遊戲中，往往必須要提供多媒體的聲光效果，其中背景音樂也是重要的元素之一，可以讓玩家邊玩邊聽音樂，這也是電玩遊戲廣受人們喜歡的因素。

請參考7-3-8「啓動鈕」單元中的實例程式之行號08。

載入背景音樂的來源檔案（.mp3）	參考「7-3-8啓動鈕」程式之行號08
Properties Player1 Loop PlayOnlyInForeground Source 04_Music.mp3... Volume 50	call Player1 .Start

【說明】

Player元件適合用來播放「長音」，例如播放一首歌曲。

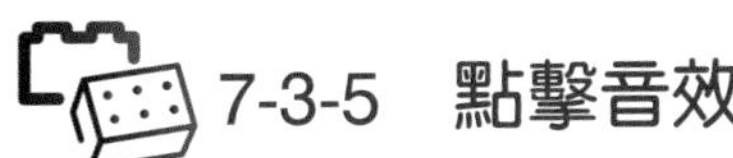

7-3-5 點擊音效

在目前的動畫電玩遊戲中，除了提供多媒體的聲光效果之外，對於「動作打鬥」遊戲，更強調「擊中」的那一瞬間的特殊音效。

請參考7-3-1「記錄成績」單元中的實例程式之行號05。

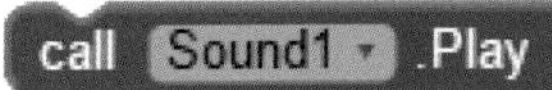

【說明】

Sound元件適合用來播放「短音」，例如鋼琴鍵音。

 7-3-6 點擊影像

在目前的動畫電玩遊戲中，除了強調「擊中」的那一瞬間要有特殊的音效，有時還必須外加「動作影像」來增加真實感。

實例

拼圖程式	檔案名稱：ch7_3.aia
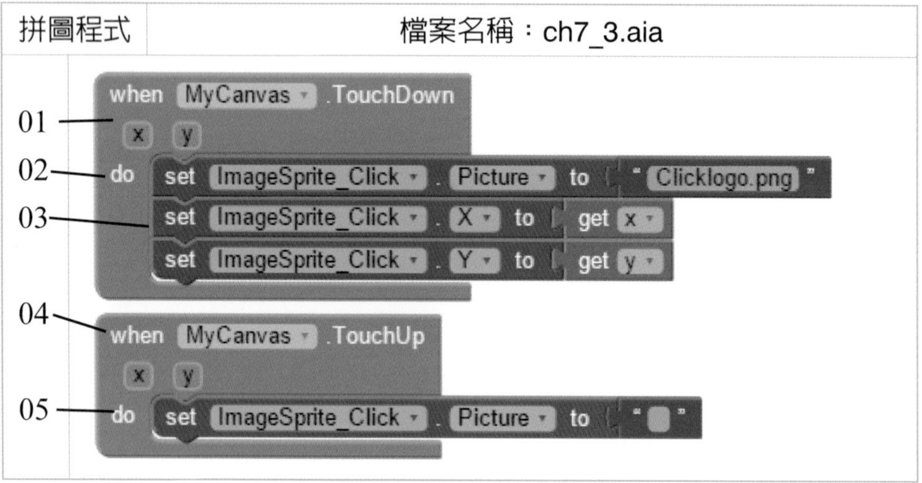	

【說明】

行號01～02：當使用者點擊桌布時，自動會載入一張「動作影像」。

行號03：此時，它會出現在使用者點擊的位置（x,y）。

行號04～05：當使用者放開點擊位置時，「動作影像」就會消失不見。

7-3-7 點擊振動

在目前的動畫電玩遊戲中，除了強調「擊中」的那一瞬間要有特殊的音效，還要外加「手振感」來增加眞實感。

請參考7-3-1「記錄成績」單元中的實例程式之行號04。

【說明】

設定手機產生振動效果。其振動時間以毫秒爲單位（如設定100，代表0.1秒）

7-3-8 啓動鈕

每一套動畫電玩遊戲，在第一次載入時，大部會都會有「遊戲的說明或簡介」，在玩完看過之後，才會透過「啓動」鈕來正式進行遊戲。

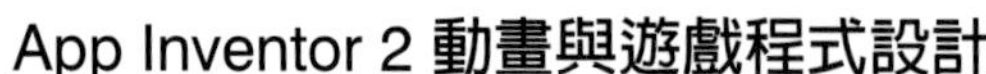

實例

拼圖程式	檔案名稱：ch7_3.aia

```
   when Button_Start.Click
01 do set global IsStart to true
02    set global Score to 0
03    set Label_Score.Text to join "成績："
                                   get global Score
04    set Clock1.TimerEnabled to true
05    set Button_Start.Enabled to false
06    set Button_Reset.Enabled to true
07    set ImageSprite_Lego.Visible to true
08    call Player1.Start
```

【說明】

行號01：設定IsStart變數為true，代表目前是「啓動」狀態。

行號02～03：設定Score變數為0。代表成績從0分開始計算，並顯示在螢幕上方。

行號04：設定Clock時鐘狀態為true，代表目前Clock元件是「啓動」狀態。

行號05～06：設定「啓動」鈕沒有作用，而只能按「歸零」鈕。

行號07：設定遊戲區中的忍者是可以被點擊的。

行號08：播放背景音樂。

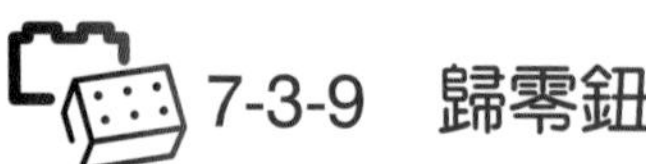

7-3-9 歸零鈕

部份動畫電玩遊戲，會提供玩家在遊戲進行中時，可以按下「歸零」鈕來重新開始，但是，大部份的動畫電玩遊戲是要等到時間到，才能透過「歸

零」鈕來重新開始。

實例

拼圖程式	檔案名稱：ch7_3.aia

```
   when Button_Reset .Click
01 do set global IsStart to false
02    set global Score to 0
03    set Label_Score . Text to join " 成績： "
                                     get global Score
04    set global Countdown to 60
05    set Label_Countdown . Text to get global Countdown
06    set Clock1 . TimerEnabled to false
07    set Button_Start . Enabled to true
08    set Button_Reset . Enabled to false
09    set ImageSprite_Lego . Visible to true
10    call Player1 .Stop
```

【說明】

行號01：設定IsStart變數為false，代表目前是「關閉」狀態。

行號02～03：設定Score變數為0。代表成績從0分開始計算，並顯示在螢幕上方。

行號04～05：設定Countdown為60，代表從60秒開始倒數，並顯示在螢幕上方。

行號06：設定Clock時鐘狀態為true，代表目前Clock元件是「啓動」狀態。

行號07～08：設定「啓動」鈕沒有作用，而只能按「歸零」鈕。

行號09：設定遊戲區中的忍者是可以被點擊的。

行號10：停止播放背影音樂。

7-3-10 選擇人物（縮放切換）

在前面的單元中，每一位玩家可以依照個人對人物的喜好程度選擇，以增加趣味及專注力，但是，在選擇人物之後，遊戲畫面的有限空間就會被佔用。因此，你可以按右下方的「縮放切換」鈕。

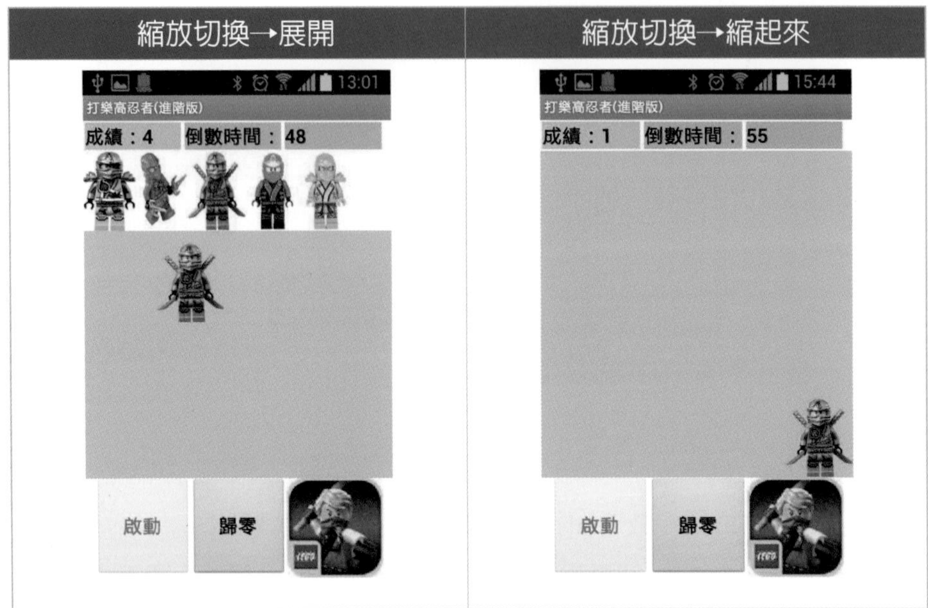

實作

拼圖程式	檔案名稱：ch7_3.aia

```
01 when Button_SetPerson .Click
   do set global Clickcount to ( get global Clickcount + 1 )
02    if ( modulo of ( get global Clickcount ÷ 2 ) = 1 )
03    then set HorizontalArrangement3 . Visible to true
04         set MyCanvas . Height to 250
05    else set HorizontalArrangement3 . Visible to false
06         set MyCanvas . Height to 330
```

【說明】

行號01：設定變數Clickcount值為當使用者每切換右下方的「選擇人物（縮放切換）」一次，其值自動加1。

行號02～04：利用modulo拼圖函式來計算Clickcount是否為「奇數」，如果是，則人物選項就會被展開，並設定樂高忍者的遊戲區長度（縮小）。

行號05～06：如果是「偶數」，則人物選項就會被縮起來，並設定樂高忍者的遊戲區的長度（放大）。

7-4 OX井字遊戲App

7-4-1 研究動機（主題發想）

還記得你在小時候教室裡最常玩的遊戲是什麼嗎？我想大部份的同學一定會回答「井字遊戲」，「井字遊戲」是一種兩人對抗的遊戲，兩個人輪流在井字格中做註記（O或X），當某一方的任三個註記連成一直線，就能成為贏家。

有鑑於此，在本節中，將實際開發一套可以讓使用者利用「行動載具」來玩的「井字遊戲APP」。

7-4-2 主題目的

1. 讓使用者隨時可以在空閒或休閒時間玩井字遊戲APP。
2. 讓設計者了解井字遊戲獲勝時要依序檢查的八種狀況。

7-4-3 系統架構

在本節中井字遊戲APP系統的架構圖是由以下子系統組合而成。

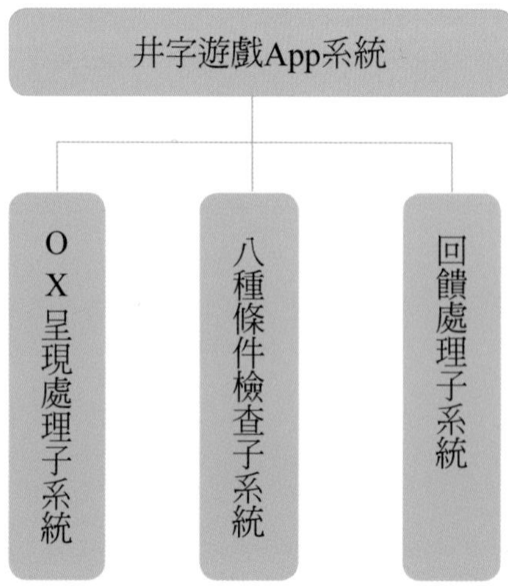

7-4-4 核心技術

1. 檢查O方與X方的轉換。
2. 同時檢查八種狀況的條件式。

7-4-5 系統開發

一、介面設計

手機頁面設計	元件的屬性設定

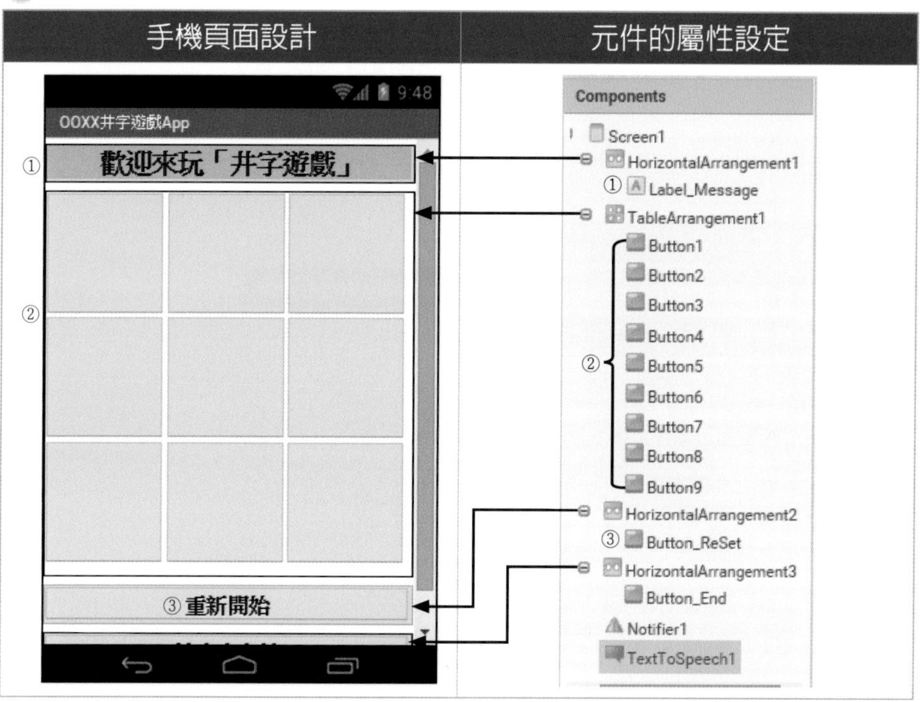

二、程式處理流程

1. 輸入：O或X。
2. 處理：

   (1)檢查八條線（橫向3條，直向3條及對角2條）是否有連成一條直線。

   (2)檢查是否有「平手」現象。
3. 輸出：顯示「O方獲勝、X方獲勝及兩方平手」。

三、程式設計

(一) 宣告變數、頁面初始化及啓動「重新開始」鈕之程式

拼圖程式	檔案名稱：ch7_4.aia

```
01 initialize global O_Count to 0
02 initialize global ListButtons to create empty list
03 initialize global Win to false
04 initialize global O to true
   when Screen1 .Initialize
05 do set global O to true
06    call Reset
   when Button_ReSet .Click
07 do set Label_Message . Text to " 再玩一次「井字遊戲」 "
08    call Reset
```

【說明】

行號01：宣告變數O_Count爲全域性變數，初值設定爲0，其目的是用來記

錄O方出現的次數。

行號02：宣告變數ListButtons為清單變數，初值設定為空清單。

行號03：宣告變數Win為狀態變數，初值設定為false，代表尚未獲勝。

行號04：宣告變數O為狀態變數，初值設定為true，代表由O方開始。

行號05～06：當頁面初始化時，變數O設定為true，並且呼叫Reset副程式。

行號07～08：當玩家按「重新開始」鈕時，手機的頁面上方會顯示「再玩一次井字遊戲」，並且呼叫Reset副程式。

(二) 定義Reset副程式

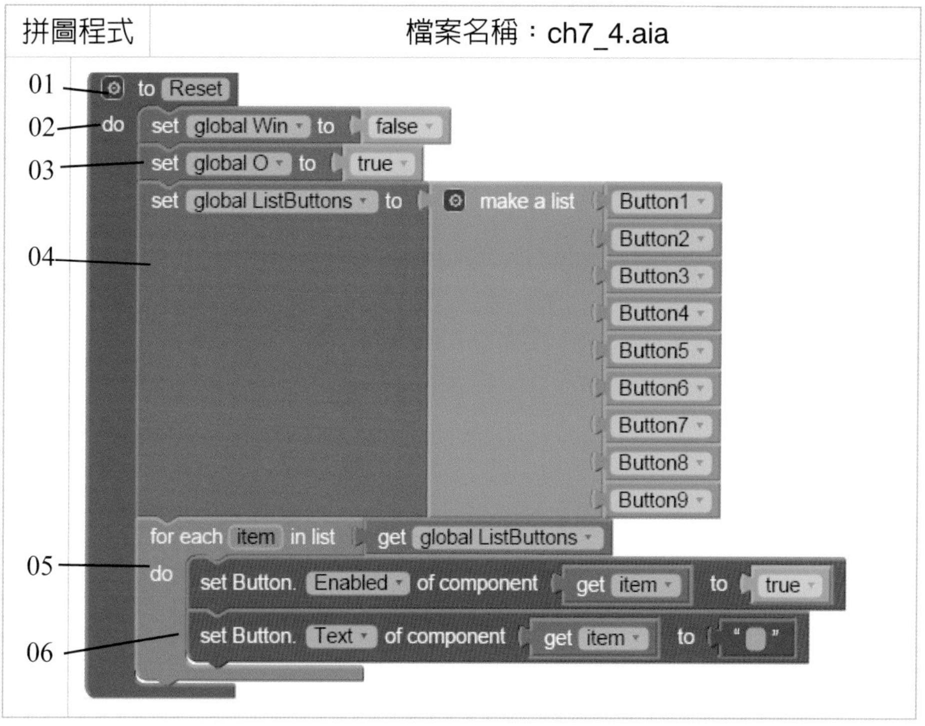

【說明】

行號01：定義Reset副程式，其目的用來載入初始化的狀態。

行號02：設定變數Win爲false，代表尚未獲勝。

行號03：設定變數O爲true，代表由O方開始。

行號04：設定清單變數ListButtons初值爲9個Button1～9元件之集合。

行號05～06：利用for each清單專屬迴圈來設定以上9個Button元件皆爲可作用，並且內容清空。

(三) 撰寫9個Button元件的事件程式

拼圖程式	檔案名稱：ch7_4.aia

```
01  when Button1 .Click
02  do  call ClickOX
                 input  Button1
03      call Check_Win
04      set Button. Enabled
            of component  Button1
                      to  false

    ……

    ……

05  when Button9 .Click
    do  call ClickOX
                 input  Button9
        call Check_Win
        set Button. Enabled
            of component  Button9
                      to  false
```

【說明】

行號01：撰寫Button1元件的事件程序。

行號02：呼叫「ClickOX」副程式，並傳遞Button1元件給副程式作為參數。

行號03：呼叫「Check_Win」副程式，其目的是用來檢查八條線是否有某一條可以連成一條線。

行號04：設定Button元件按下之後，不可以更改，亦即設定為沒有作用了。

行號05：Button1～9元件的程式撰寫同上。（行號01～04）

(四) 定義「ClickOX」副程式

拼圖程式	檔案名稱：ch7_4.aia

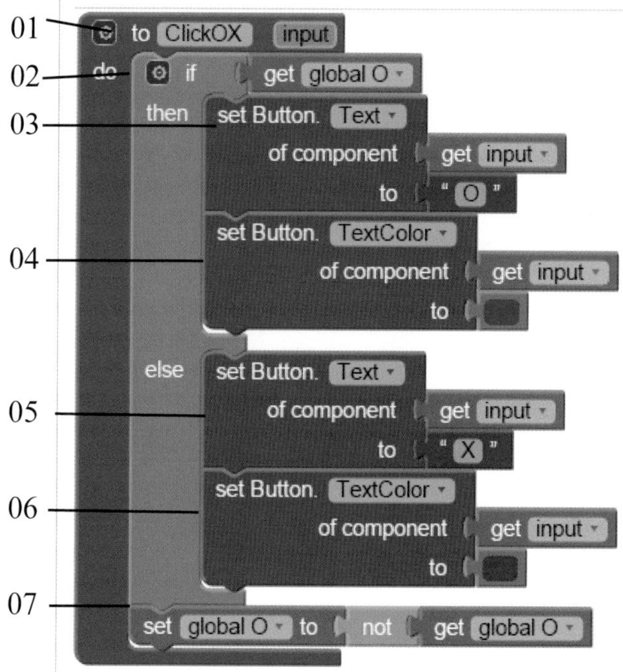

```
01  to ClickOX input
02  do  if  get global O
03      then  set Button.Text  of component  get input  to "O"
04            set Button.TextColor  of component  get input  to
        else
05            set Button.Text  of component  get input  to "X"
06            set Button.TextColor  of component  get input  to
07      set global O to  not  get global O
```

【說明】

行號01：定義「ClickOX」副程式，其目的用來設定玩家按「O」或「X」時，OX的變化及顏色的改變。

行號02～04：當O變數的狀態爲tuue時，則按下時會顯示「O」，並且藍色字體。

行號05～06：否則，按下時會顯示「X」，並且爲紅色字體。

行號07：當第一次O時，則第二次就反向，變更爲「X」。交替顯示OX。

(五) 定義「Check_Win」副程式

拼圖程式	檔案名稱：ch7_4.aia

```
01  to Check_Win
02  do  call Check_O_Count
03      if  get global Win = false
04      then call CheckAllLine Num1 1 Num2 2 Num3 3
             call CheckAllLine Num1 4 Num2 5 Num3 6
             call CheckAllLine Num1 7 Num2 8 Num3 9
             call CheckAllLine Num1 1 Num2 4 Num3 7
             call CheckAllLine Num1 2 Num2 5 Num3 8
             call CheckAllLine Num1 3 Num2 6 Num3 9
             call CheckAllLine Num1 1 Num2 5 Num3 9
             call CheckAllLine Num1 3 Num2 5 Num3 7
05           call Check_Tie
```

【說明】

行號01：定義「Check_Win」副程式，其目的是用來檢查八條線中的某一條線是否爲連續三格。

行號02：呼叫「Check_O_count」副程式，用來計算O方出現的次數。

行號03～04：如果目前的Win狀態爲false，代表尚未決定勝負，就會呼叫「CheckAllLine」副程式，來檢查以下八條線。

行號05：呼叫「Check_Tie」副程式，其目的用來檢查是否有「雙方平手」的情況。

(六) 定義「Check_O_Count」副程式

拼圖程式	檔案名稱：ch7_4.aia

```
01  to Check_O_Count
02  do  set global O_Count to 0
        for each item in list  get global ListButtons
        do  if  Button.Text of component get item  =  "O"
03
04          then  set global O_Count to  get global O_Count + 1
```

【說明】

行號01：呼叫「Check_O_count」副程式，用來計算O方出現的次數。

行號02：設定O_Count爲0，代表計算O方出現的次數之前，先歸零。

行號03～04：利用for each清單專屬迴圈來計算O方出現的次數。

(七) 定義「Check_Tie」副程式

拼圖程式	檔案名稱：ch7_4.aia

```
01  to Check_Tie
02  do  if  get global O_Count = 5
            and get global Win = false
        then
03          set Label_Message . Text to "雙方平手"
04          call TextToSpeech1 .Speak
                 message "雙方平手"
```

【說明】

行號01：定義「Check_Tie」副程式，其目的是用來檢查是否有「雙方平手」的情況。

行號02～04：判斷O_Count是否等於5並且尚未決定勝負，如果是，就會顯示「雙方平手」，並發出語聲。

(八) 定義「CheckAllLine」副程式

拼圖程式	檔案名稱：ch7_4.aia

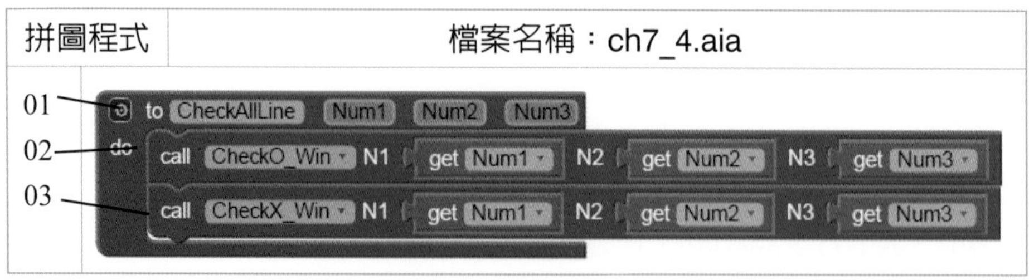

【說明】

行號01：定義「CheckAllLine」副程式，其目的用來檢查「O方獲勝」或「X方獲勝」。

行號02：呼叫「CheckO_Win」副程式，用來檢查是否為「O方獲勝」。

行號03：呼叫「CheckX_Win」副程式，用來檢查是否為「X方獲勝」。

(九) 定義「CheckO_Win」副程式

拼圖程式	檔案名稱：ch7_4.aia
	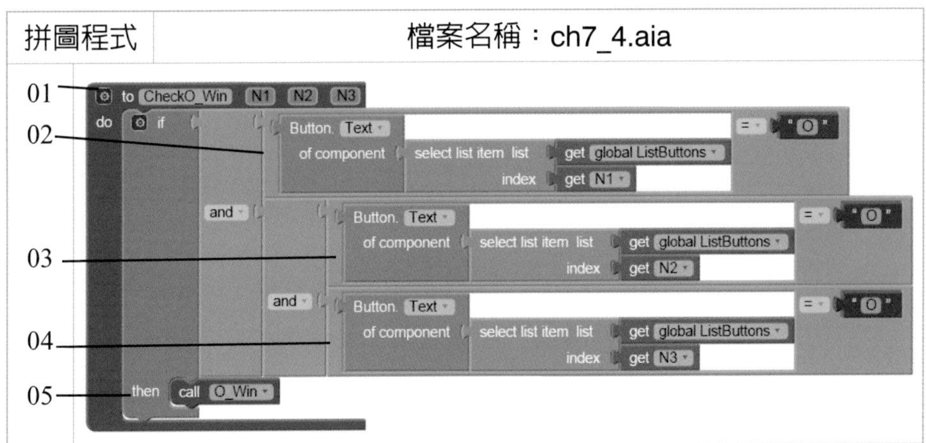

【說明】

行號01：定義「CheckO_Win」副程式。

行號02～04：用來檢查是否有三個O連成一條線。

行號05：如果是，則呼叫「O方獲勝」的副程式。

(十) 定義「CheckX_Win」副程式

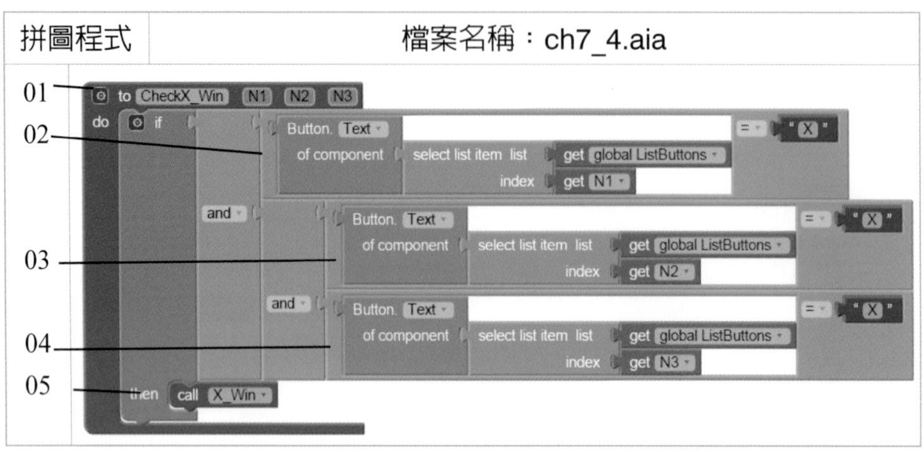

【說明】

行號01：定義「CheckX_Win」副程式。

行號02～04：用來檢查是否有三個X連成一條線。

行號05：如果是，則呼叫「X方獲勝」的副程式。

(十一) 定義「O_Win」副程式

拼圖程式	檔案名稱：ch7_4.aia
01 02 03 04 05	to O_Win do set Label_Message . Text to " O方勝利 " call AfterWin_SetUnenable call TextToSpeech1 .Speak message " 圈方勝利 " set global Win to true

【說明】

行號01：定義「O_Win」副程式，用來處理「3個O」連成一條線時的狀態設定。

行號02：在螢幕上方顯示「O方勝利」。

行號03：呼叫「After_SetUnenable」副程式，用來處理在「O方勝利」之後，其他Button皆會沒有作用。

行號04：利用TextToSpeech元件的Speak方法來唸出「O方勝利」。

行號05：設定Win爲true，代表目前是「O方勝利」狀態。

(十二) 定義「X_Win」副程式

拼圖程式	檔案名稱：ch7_4.aia

【說明】

參考同上。

(十三) 定義「After_SetUnenable」副程式

拼圖程式	檔案名稱：ch7_4.aia
01 02 03	to AfterWin_SetUnenable do for each item in list get global ListButtons do set Button. Enabled of component get item to false

【說明】

行號01：定義「After_SetUnenable」副程式。

行號02～03：利用for each清單專屬迴圈來設定，在「O方勝利」之後，其他Button皆沒有作用。

(十四) 撰寫「結束本系統」鈕之程式

拼圖程式	檔案名稱：ch7_4.aia
01 02	when Button_End .Click do call Notifier1 .ShowChooseDialog message "您確定要離開本系統嗎？" title "結束系統" button1Text "確定" button2Text "取消" cancelable false

拼圖程式	檔案名稱：ch7_4.aia
03 04 05 06	when Notifier1 .AfterChoosing choice do if get choice = " 確定 " then close application else call Reset

【說明】

行號01～02：當「結束本系統」鈕被按下時，就會彈出訊息對話方塊，讓使用者選擇是否確定結束系統。

行號03～04：在點選「確定」或「取消」鈕之後，就可以透過Notifier元件的AfterChooseing事件內的「choice」回傳值來判斷使用者是否按下「確定」鈕。

行號05～06：如果是，則結束本系統。否則，就呼叫「Reset」副程式。

7-4-6　系統展示

一、系統測試

O方勝利	X方勝利	雙方平手
23:42 OOXX井字遊戲App O方勝利 O X X X O O O X O 重新開始 結束本系統	23:43 OOXX井字遊戲App X方勝利 X O X O O X 重新開始 結束本系統	23:43 OOXX井字遊戲App 雙方平手 O O X X X O O O X 重新開始 結束本系統

二、未來展望與建議

雖然，「井字遊戲APP」可以讓兩位玩家可以同時透過「手機」或「平板」與玩OX井字遊戲。但是，目前是無法提供「玩家」直接跟「手機」對戰功能。

課後習題

一、請設計一支打樂高忍者App遊戲，可以讓使用者調整移動速度。

介面效果

畫布上的樂高忍者是隨機出現，並且提供使用者調整樂高忍者的移動速度。

規則

當使用者打到樂高忍者時，就會自動加一分。

調整移動速度	打樂高忍者
10:38 打樂高忍者 成績= 3 快速 正常 慢速 調整速度： 快速 重來	10:38 打樂高忍者 成績= 5 調整速度： 快速 重來

二、請設計一支可以讓使用者選擇「O優先」或「X優先」功能的「井字遊戲App」。

介面效果

有勾選「O優先」時，代表先下者爲O，否則爲X。

規則

先連成一線（水平線、垂直線或對角線）者爲獲勝。

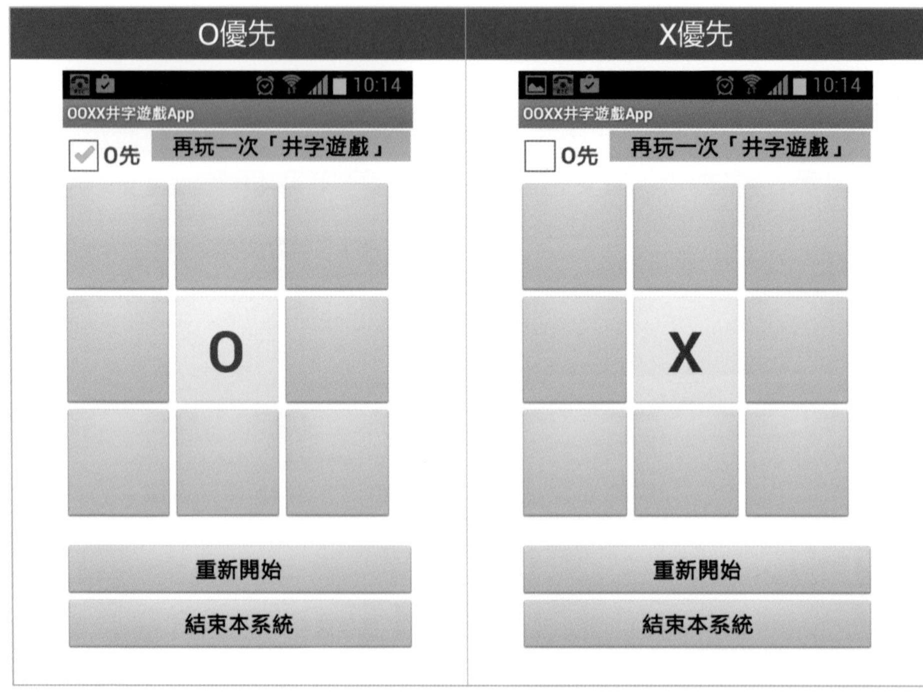

三、請設計一支可以讓使用者選擇不同的圖片，來取代O或X的「桌球井字遊戲App」。

介面效果

利用黃色與白色桌球來取代O或X。

規則

先連成一線（水平線、垂直線或對角線）者為獲勝。

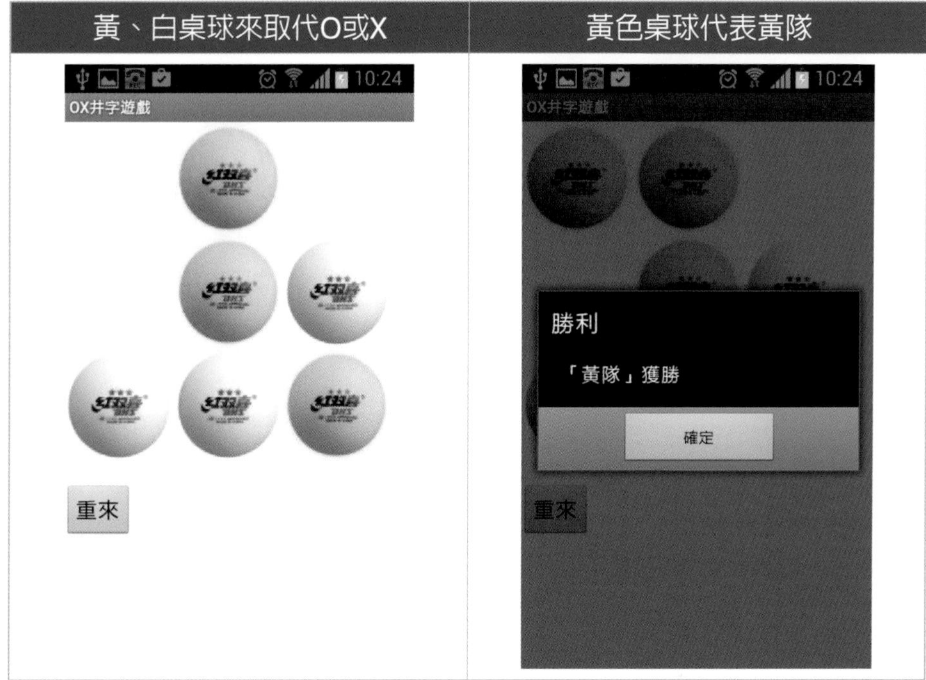

四、請設計一支可以結合資料庫的「打樂高忍者App遊戲」。

介面效果

1. 畫布上的樂高忍者是隨機出現。
2. 要有背景音樂及震動效果。

規則

1. 每回合有60秒時間。
2. 每打中一次加1分。
3. 畫面最上方會顯示「目前得分」、「剩餘時間」及「上次得分」。
4. 每回合結束時，會自動紀錄分數。

主功能表

10:34

打樂高忍者(結合資料庫)V1.0

LEGO NINJAGO SHADOW OF RONIN

開始遊戲

遊戲說明

遊戲紀錄

結束遊戲

遊戲說明

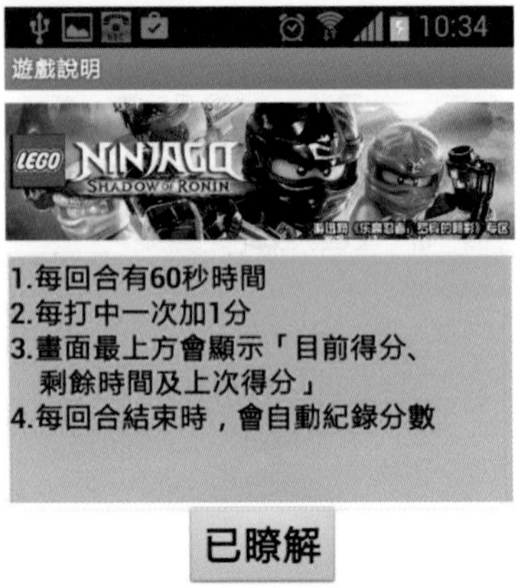

10:34

遊戲說明

LEGO NINJAGO SHADOW OF RONIN

1.每回合有60秒時間
2.每打中一次加1分
3.畫面最上方會顯示「目前得分、
剩餘時間及上次得分」
4.每回合結束時，會自動紀錄分數

已瞭解

開始遊戲

10:35

歡迎【333】玩家

成績：7　倒數：51　績分：0

選人物　啟動　歸零　回首頁

遊戲記錄

10:34

打樂高忍者(結合資料庫)V1.0

遊戲紀錄

「流水號」排名　「成績」排名

排名	玩家	成績
1	111	20
2	222	1
3	333	0

回首頁

五、請將OX井字遊戲改爲可以讓使用者選擇「兩人對戰」或「與手機對戰」兩種模式

兩種模式

1. 兩人對戰。
2. 與手機對戰。

規則

先連成一線（水平線、垂直線或對角線）者爲獲勝。

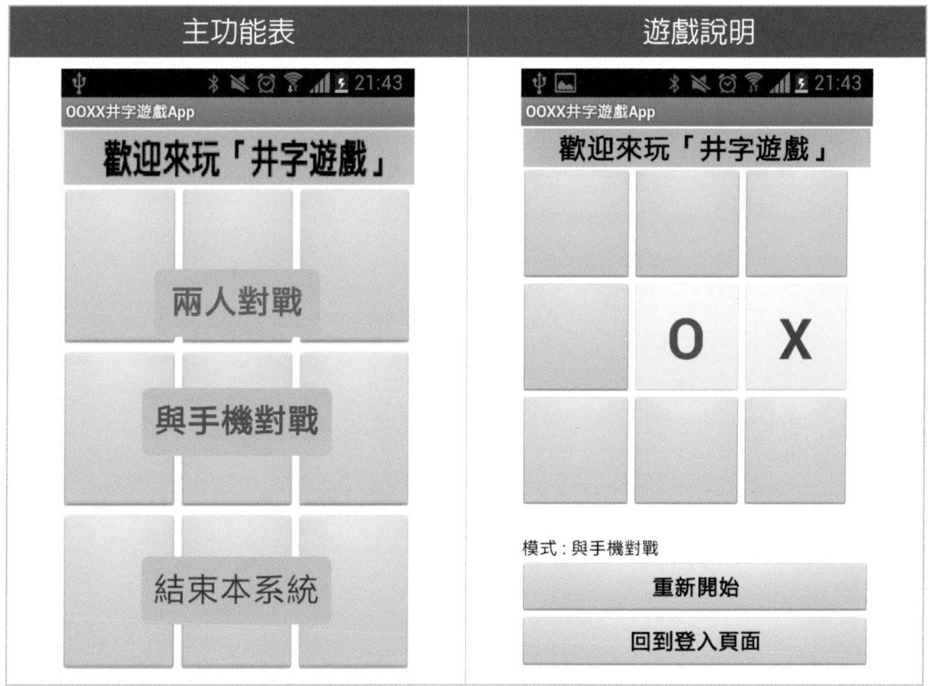

註 本題由李春雄老師與柳家祥同學共同開發完成。

Chapter 8

模擬遊戲

本章學習目標

1. 了解「模擬遊戲」定義、特色及相關的類型。
2. 了解如何製作各種「模擬遊戲App」。

本章內容

8-1 模擬遊戲（Simulation Game）

8-2 感測器（Sensor）

8-3 加速感測器（Accelerometer Sensor）

8-4 語音球形樂透開獎機App

8-5 我的超跑競速遊戲App

8-1 模擬遊戲（Simulation Game）

還記得「阿凡達」電影中人類用手勢來控制「機器人」的動作嗎？這其實就是透過「感測器」（Sensor）的原理來「模擬」人類的動作。模擬遊戲亦即利用電腦來模擬眞實世界的事件，讓玩家以遊戲的方式，模擬現實生活當中的情境。

【特色】

1. 遊戲常以眞實世界作爲背景圖。
2. 增加玩家對遊戲的吸引力。
3. 設計的複雜度比其他類型的遊戲高。

【常見的類型】

1. 飛行模擬：飛機的起降及亂流。
2. 娛樂模擬：樂透開獎。
3. 賽車模擬：我的跑車。

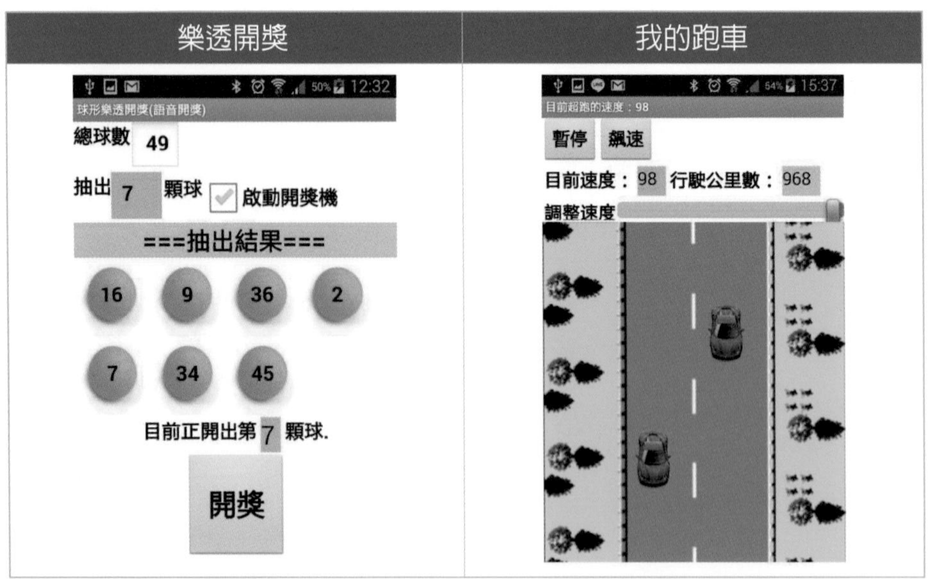

8-2 感測器（Sensor）

在Android手機中，目前已經提供了十多種感測器的功能，例如：加速感測器、位置感測器、方向感測器、溫度感測器、光線感測器、陀螺儀等，各種偵測環境變化的感測器。

【定義】

感測器是指可以偵測環境變化的電子設備。

【App Inventor 2支援的種類】

在App Inventor 2拼圖程式中，它支援3種感測器，分別爲加速感測器、方向感測器以及位置感測器。

8-3 加速感測器（Accelerometer Sensor）

【定義】

用來偵測行動載具的傾斜程度。

【功能】

偵測行動載具在X、Y及Z三軸上加速度的變化量。

提供三個參數：XAccel（X軸）、YAccel（Y軸）、ZAccel（Z軸）。

1. XAccel（X軸）：變化範圍爲-9.8～+9.8。
2. YAccel（Y軸）：變化範圍爲-9.8～+9.8。
3. ZAccel（Z軸）：變化範圍爲-9.8～+9.8。

【示意圖】

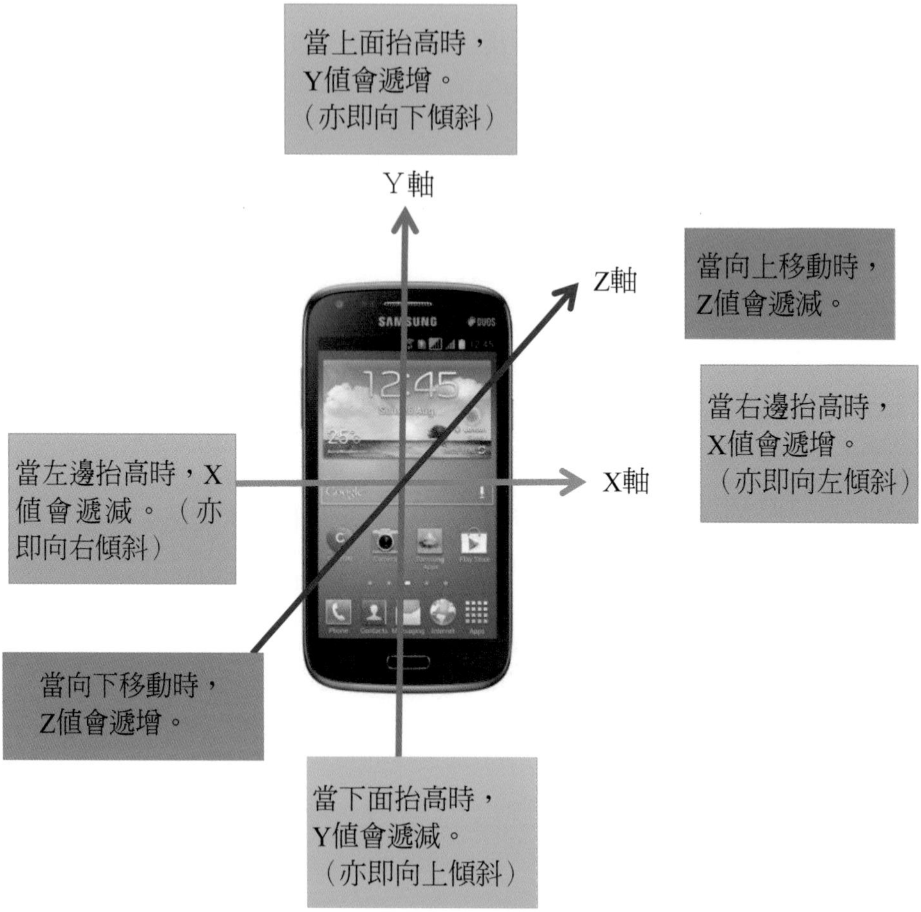

當上面抬高時，
Y值會遞增。
（亦即向下傾斜）

Y軸

Z軸

當向上移動時，
Z值會遞減。

當右邊抬高時，
X值會遞增。
（亦即向左傾斜）

當左邊抬高時，X
值會遞減。（亦
即向右傾斜）

X軸

當向下移動時，
Z值會遞增。

當下面抬高時，
Y值會遞減。
（亦即向上傾斜）

【應用時機】

1. 模擬機器人的行走方向。
2. 模擬飛機的行駛方向。
3. 偵測個人的運動次數，例如：跑步、打球等各種運用。

【元件所在位置】Sensor/Accelerometer Sensor

 AccelerometerSensor

【加速感測器的相關屬性】

屬性	說明	靜態（屬性表）	動態（拼圖）
Available	偵測行動載具是否具有加速感測器的功能		✓
Enabled	是否要啓動加速感測器（勾選即代表啓動）	✓	
MinimumInterval	設定行動載具搖動（Shaking事件）的最小間隔時間，預設値爲400ms（代表0.4秒）	✓	✓
Sensitivity	加速感測器的敏感度，預設爲moderate（中等程度）	✓	✓
XAccel	加速感測器X軸加速的變化量		✓
YAccel	加速感測器Y軸加速的變化量		✓
ZAccel	加速感測器Z軸加速的變化量		✓

【加速感測器的兩個事件】

事件	說明
when AccelerometerSensor1 .AccelerationChanged xAccel yAccel zAccel do	當「加速感測器」的變化量改變時，就會觸發本事件。
when AccelerometerSensor1 .Shaking do	當手機被搖動時，就會觸發本事件。

【App Inventor 2的作法】

當「加速感測器」的變化量改變時，則其AccelerationChanged事件就會觸發，因此，會傳回XAccel（X軸）、YAccel（Y軸）、ZAccel（Z軸）三個參數的變化量。

實例一

請利用加速感測器來模擬一架飛機在天空飛行（上升、下降、向左及向右），並且於畫面上顯示目前的飛行狀態。

手機頁面設計	元件的屬性設定
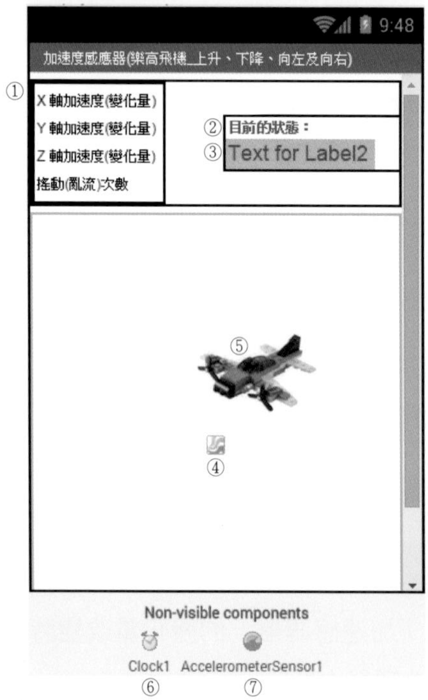 9:48 加速度感應器(樂高飛機_上升、下降、向左及向右) ① X軸加速度(變化量) Y軸加速度(變化量) Z軸加速度(變化量) 搖動(亂流)次數 ② 目前的狀態： ③ Text for Label2 ⑤ ④ Non-visible components Clock1 ⑥ AccelerometerSensor1 ⑦	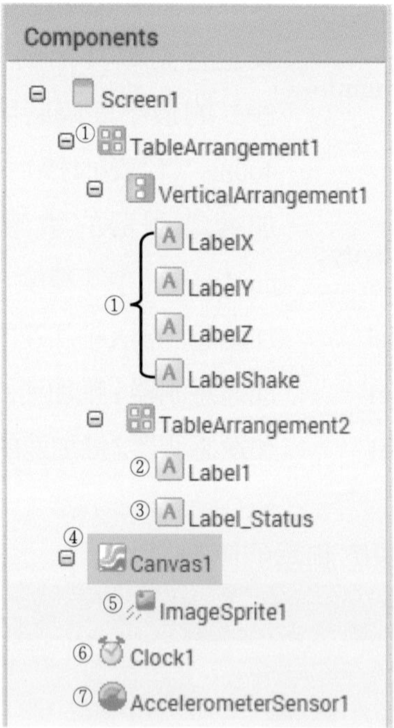 Components Screen1 ① TableArrangement1 VerticalArrangement1 ① LabelX, LabelY, LabelZ, LabelShake TableArrangement2 ② Label1 ③ Label_Status ④ Canvas1 ⑤ ImageSprite1 ⑥ Clock1 ⑦ AccelerometerSensor1

【參考程式】

拼圖程式	檔案名稱：ch8_3A.aia

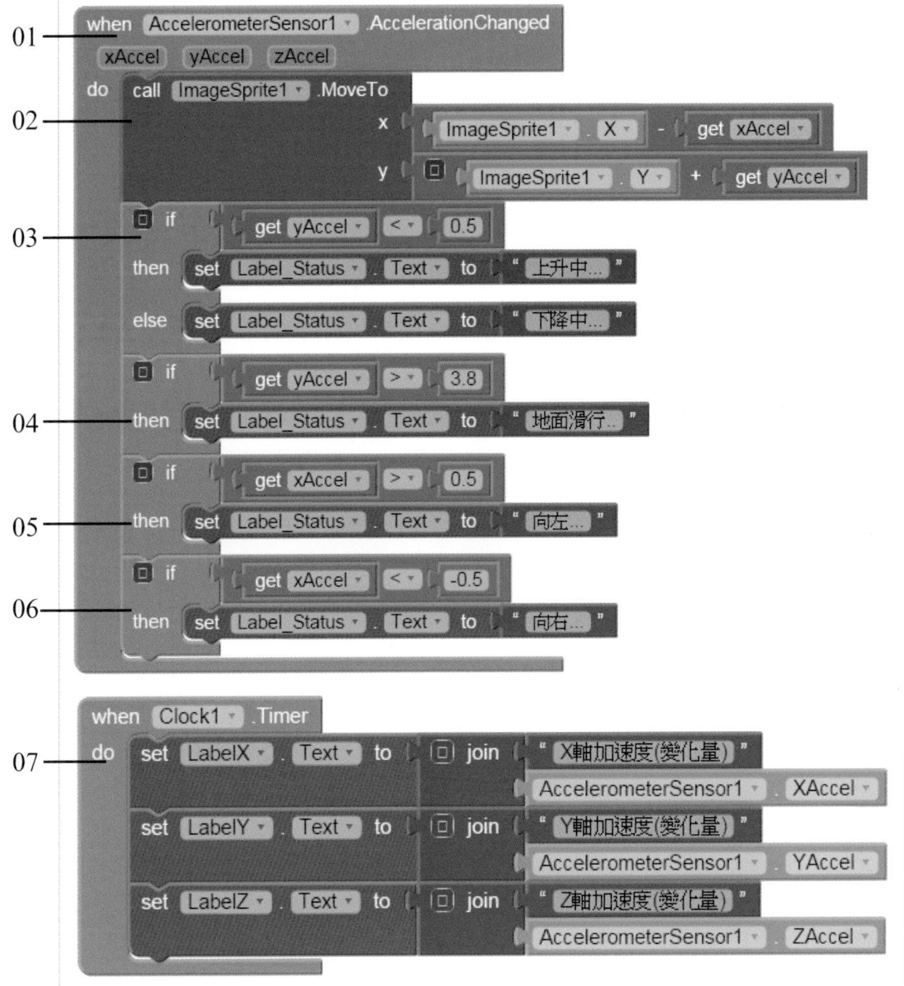

```
01 when AccelerometerSensor1.AccelerationChanged
     xAccel yAccel zAccel
   do
02   call ImageSprite1.MoveTo
        x  ImageSprite1.X - get xAccel
        y  ImageSprite1.Y + get yAccel
03   if get yAccel < 0.5
     then set Label_Status.Text to "上升中..."
     else set Label_Status.Text to "下降中..."
     if get yAccel > 3.8
04   then set Label_Status.Text to "地面滑行..."
     if get xAccel > 0.5
05   then set Label_Status.Text to "向左..."
     if get xAccel < -0.5
06   then set Label_Status.Text to "向右..."

   when Clock1.Timer
07 do set LabelX.Text to join "X軸加速度(變化量)"
                              AccelerometerSensor1.XAccel
      set LabelY.Text to join "Y軸加速度(變化量)"
                              AccelerometerSensor1.YAccel
      set LabelZ.Text to join "Z軸加速度(變化量)"
                              AccelerometerSensor1.ZAccel
```

【說明】

行號01：當「加速度感測器」的變化量改變時，就會觸發本事件，並且傳回XAccel（X軸）、YAccel（Y軸）、ZAccel（Z軸）的變化量。

行號02：它會以傳回的XAccel（X軸）、YAccel（Y軸）變化量來改變「樂高飛機」的位置。

行號03：當YAccel（Y軸）的值小於0.5時，則代表飛機正在「上升中…」，否則就是「下降中…」。

行號04：當YAccel（Y軸）的值大於3.8時，則代表飛機正在「地面滑行…」。

行號05：當XAccel（X軸）的值大於0.5時，則代表飛機正在「向左…」。

行號06：當XAccel（X軸）的值小於0.5時，則代表飛機正在「向右…」。

行號07：利用Clock元件來記錄每間隔0.2秒，XAccel（X軸）、YAccel（Y軸）、ZAccel（Z軸）的變化量，並且顯示在螢幕上。

【執行畫面】

實例二

承上題，請再加入可以偵測手機搖動的次數，亦即計算「亂流次數」（Z軸的搖動）。

【參考程式】

拼圖程式 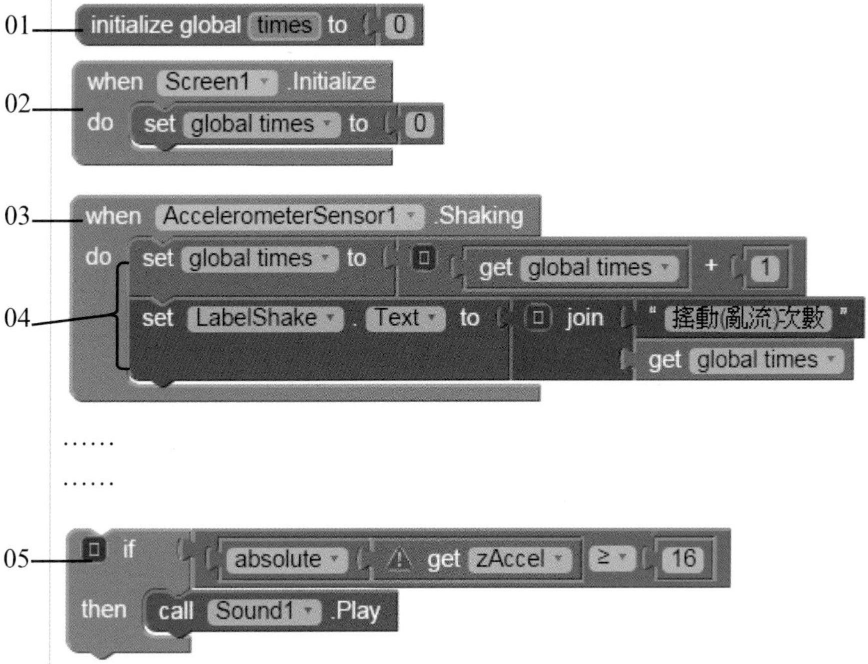	檔案名稱：ch8_3B.aia

```
01  initialize global times to 0

02  when Screen1 .Initialize
    do  set global times to 0

03  when AccelerometerSensor1 .Shaking
04  do  set global times to ( get global times + 1 )
        set LabelShake . Text to join " 搖動(亂流)次數 "
                                      get global times
    ......
    ......
05  if absolute get zAccel ≥ 16
    then call Sound1 .Play
```

【說明】

行號01：宣告times全域性變數，用來記錄Z軸的搖動次數。

行號02：Screen1在初始化時，設定times的初值爲0。

行號03：當手機強烈搖晃時，就會觸發Shaking事件。

行號04：用來記錄手機強烈搖晃的次數，亦即飛機遇到亂流的次數。

行號05：當ZAccel（Z軸）的變化量大於或等於16時（代表亂流），就會發出聲音。

承上題，請再加入天空飛行「上升」與「下降」時不同的引擎聲音。

【參考程式】

拼圖程式	檔案名稱：ch8_3C.aia 

```
   when AccelerometerSensor1 .AccelerationChanged
01   xAccel  yAccel  zAccel
   do call ImageSprite1 .MoveTo
02                     x  ImageSprite1 . X  -  get xAccel
                       y  ImageSprite1 . Y  +  get yAccel
      if     get yAccel < 1
03    then   call Sound_FlyUp .Play
      else if get yAccel > -1
      then   call Sound_FlyUp .Pause
      if     get yAccel ≥ -1
      then   call Sound_FlyDown .Play
04    else if get yAccel > 1
      then   call Sound_FlyDown .Pause
……
……
```

【說明】

行號01～02：同上。

行號03：當YAccel（Y軸）的值小於1時，則代表飛機正在「上升中…」，因此，就會播放上升引擎聲音，否則就會停止播放聲音。

行號04：當YAccel（Y軸）的值大於或等於-1時，則代表飛機正在「下降中…」，因此，就會播放下降引擎聲音，否則就會停止播放聲音。

8-4 語音球形樂透開獎機App

一、研究動機（主題發想）

台灣的公益彩券中以「樂透型」遊戲最受大家歡迎，基本上，每一期開獎都必須要透過大型「樂透開獎機」，從01～49中任取出6個號碼再加上一個特別號。但是，我們平時往往很難擁有眞實樂透開獎機可以來模擬樂透開獎樂趣。

有鑑於此，將開發一套「語音樂透開獎機App」，讓使用者可以隨時透過「手機」或「平板」與系統模擬樂透開獎之樂趣。

二、研究目的

1. 透過隨機方式來產生不重複的七個數字。
2. 了解每次出現的數字是一種隨機過程。

綜合上述的研究目的，將由以下三個單元來循序說明設計的過程。

8-4-1 會重複的樂透

基本上，利用亂數函式（Random）來隨機產生七個值，其重複性會非常的高。

實例

產生會重複的樂透號碼。

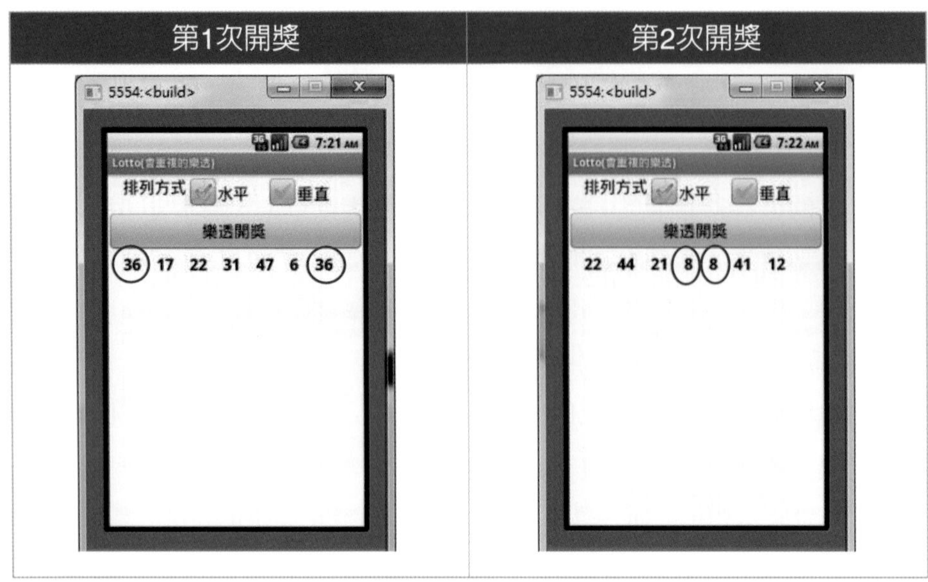

【目的】

了解樂透開獎中的七個號碼不得重複，否則無效。

一、介面設計

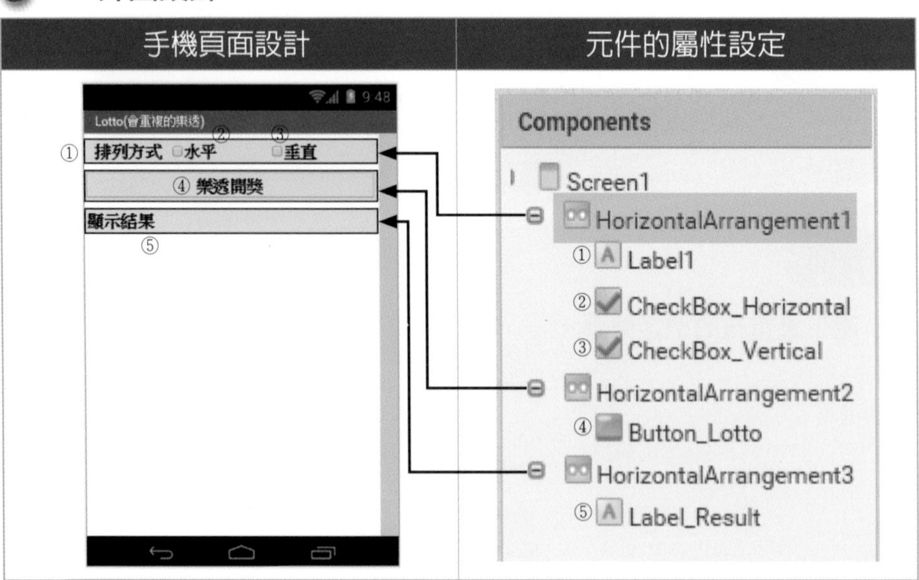

二、程式設計（關鍵程式拼圖）

(一) 宣告變數及「樂透開獎」鈕之程式

拼圖程式	檔案名稱：ch8_4_1.aia

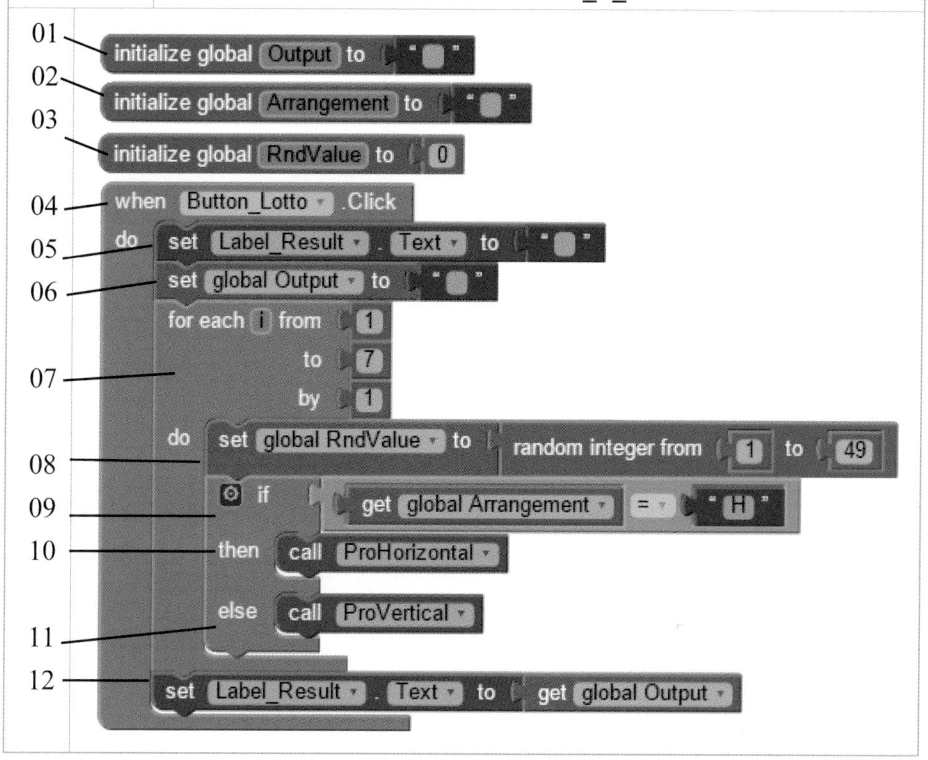

```
01 initialize global Output to " "
02 initialize global Arrangement to " "
03 initialize global RndValue to 0
04 when Button_Lotto .Click
05 do set Label_Result . Text to " "
06    set global Output to " "
07    for each i from 1
                 to 7
                 by 1
08    do set global RndValue to random integer from 1 to 49
09       if get global Arrangement = "H"
10       then call ProHorizontal
11       else call ProVertical
12    set Label_Result . Text to get global Output
```

【說明】

行號01：宣告變數Output為全域性變數，初值設定為空字串，其目的是用來儲存隨機產生的七個亂數值。

行號02：宣告變數Arrangement為全域性變數，初值設定為空字串，其目的是用來設定輸出結果之「水平」或「垂直」排列。

行號03：宣告隨機變數RndValue為全域性變數，初值設定為0，其目的是用來儲存每一次產生的亂數值。

行號04：當使用者按下「樂透開獎」鈕時，就會觸發Click方法。

行號05～06：將輸出結果的Label元件及Output元件內容清空。

行號07～08：利用for each迴圈來產生七個亂數值，其亂數範圍從1～49。

行號09～11：如果Arrangement變數的值等於「H」時，代表勾選「水平排列」。因此，就會呼叫「ProHorizontal」副程式，否則呼叫「ProVertical」副程式。

行號12：輸出七個亂數值到螢幕上。

(二) 定義「水平或垂直排列」之副程式

拼圖程式	檔案名稱：ch8_4_1.aia
01	to ProHorizontal do set global Output to join get global Output " " get global RndValue
02	to ProVertical do set global Output to join get global Output get global RndValue " \n "

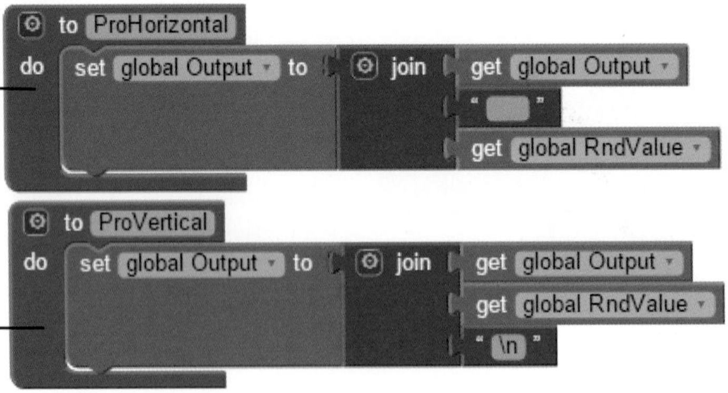

【說明】

行號01：定義「ProHorizontal」（水平排列）之副程式。

行號02：定義「ProVertical」（垂直排列）之副程式，其中「\n」代表換行。

(三) 勾選「水平或垂直排列」之程式

拼圖程式	檔案名稱：ch8_4_1.aia

```
   when CheckBox_Horizontal .Changed
   do
01   if CheckBox_Horizontal . Checked = true
02   then set CheckBox_Vertical . Checked to false
03        set global Arrangement to " H "

   when CheckBox_Vertical .Changed
   do
04   if CheckBox_Vertical . Checked = true
05   then set CheckBox_Horizontal . Checked to false
06        set global Arrangement to " V "
```

【說明】

行號01：當「水平」排列選項被勾選時。

行號02：設定「垂直」排列爲「未勾選狀態」。

行號03：設定Arrangement變數爲「H」。

行號04：當「垂直」排列選項被勾選時。

行號05：設定「水平」排列爲「未勾選狀態」。

行號06：設定Arrangement變數爲「V」。

 8-4-2 不會重複的樂透

由前面的例子中，我們可以清楚得知，利用亂數函式（Random）來隨機產生的數值，其重複性非常的高。因此，我們必須要再撰寫一個副程式來過濾重複的情況。

【舉例】

產生不會重複的樂透號碼。

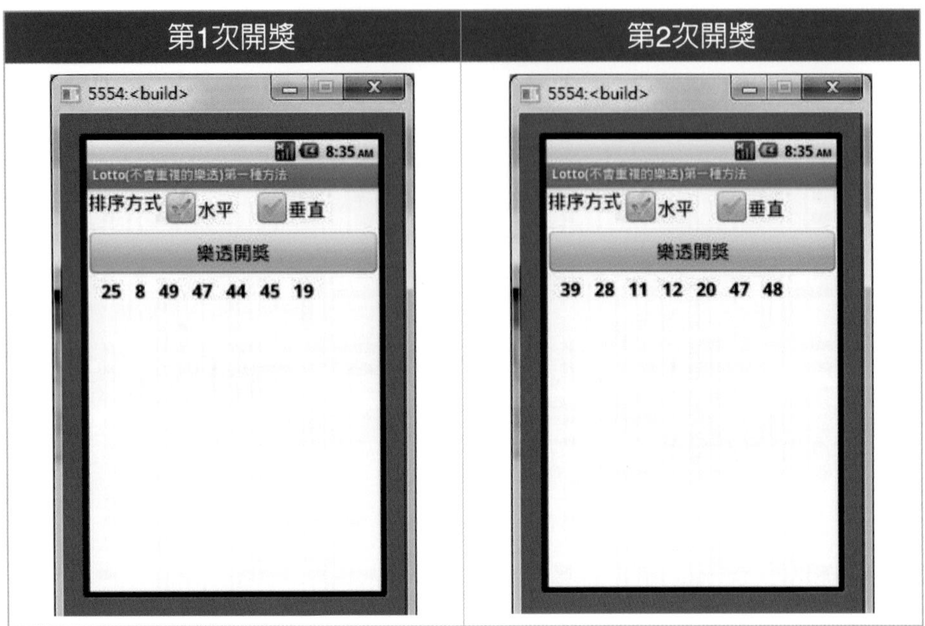

【目的】

了解樂透開獎中的七個號碼不得重複，因此，必須要再過濾重複的情況。

一、介面設計

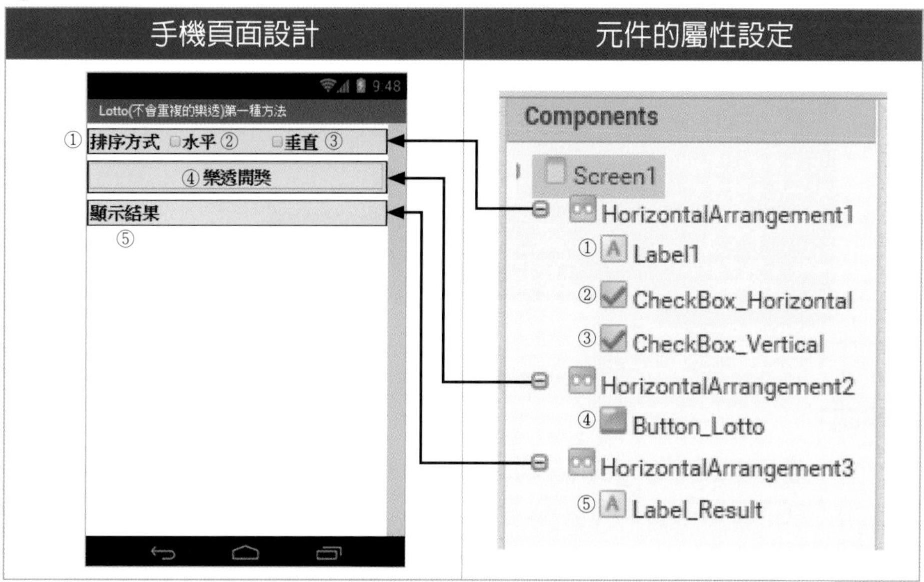

二、程式設計（關鍵程式拼圖）

(一) 宣告變數及定義「重新清空」的副程式

拼圖程式	檔案名稱：ch8_4_2A.aia
07	to Reset do set global ListTempNumber to create empty list set global ListLotto to create empty list set global GetAmount to 0 set Label_Result . Text to " " set global Output to " "

【說明】

行號01：宣告變數Arrangement為全域性變數，初值設定為空字串，其目的是用來設定輸出結果之「水平」或「垂直」排列。

行號02：宣告變數Output為全域性變數，初值設定為空字串，其目的是用來儲存隨機產生的七個亂數值。

行號03：宣告變數ListTempNumber為清單，初值設定為空清單，其目的是用來記錄數字「1～49」對照表。

行號04：宣告變數ListLotto為清單，初值設定為空清單，其目的是用來記錄七個亂數值。

行號05：宣告變數GetAmount為全域性變數，初值設定為0，其目的是用來記錄目前取得不重複的數值總數。

行號06：宣告隨機變數RndValue為全域性變數，初值設定為0，其目的是用來儲存每一次產生的亂數值。

行號07：定義「重新清空」的副程式。

(二) 按「樂透開獎」鈕的程式

拼圖程式	檔案名稱：ch8_4_2A.aia

```
   when Button_Lotto .Click
01 do call Reset
02    for each i from 1
                  to 49
                  by 1
03    do add items to list  list get global ListTempNumber
                            item get i
04    call ProLotto
05    if get global Arrangement = "H"
06    then call ProHorizontal
07    else call ProVertical
08    set Label_Result . Text to get global Output
```

【說明】

行號01：呼叫「重新清空」的副程式。

行號02～03：產生數字「1～49」對照表。

行號04：呼叫「ProLotto」副程式，用來產生七個不重複的亂數值。

行號05～07：如果Arrangement變數的值等於「H」時，代表勾選「水平排列」。因此，就會呼叫「ProHorizontal」副程式，否則會呼叫「ProVertical」副程式。

行號08：輸出七個亂數值到螢幕上。

(三) 定義「ProLotto」副程式

【第一種方法】

拼圖程式	檔案名稱：ch8_4_2A.aia

```
01 to ProLotto
   do
02   while test  get global GetAmount ≤ 6
03   do  set global RndValue to  random integer from 1 to 49
04       if  select list item list  get global ListTempNumber  ≠ 0
                            index  get global RndValue
05       then  replace list item list  get global ListTempNumber
                                 index  get global RndValue
                           replacement  0
06             add items to list  list  get global ListLotto
                                  item  get global RndValue
07       set global GetAmount to  get global GetAmount + 1
```

【說明】

行號01：定義「ProLotto」副程式，用來產生七個不重複的亂數值。

行號02：當變數GetAmount的值小於或等於6時，就會繼續取得不重複的數值。

行號03：從1～49中取亂數值指定給RndValue變數。

行號04：如果RndValue變數（Index）在數字「1～49」對照表中，如果不爲0，代表此對照表中的「數字」，尚未被使用。

行號05～06：因此，就可以它設爲0，並且將此對照表中的「數字」新增到ListLotto清單中。

行號07：直到取出七個不重複的亂數值爲止。

註 其餘拼圖程式，請參考ch8_4_1.aia。

【第二種方法】

拼圖程式	檔案名稱：ch8_4_2B.aia

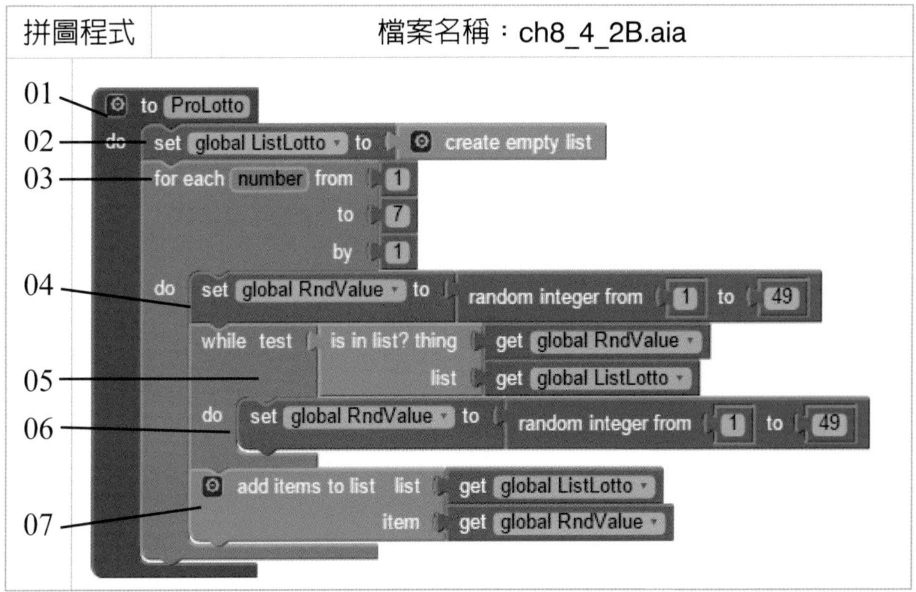

【說明】

行號01：定義「ProLotto」副程式，用來產生七個不重複的亂數值。

行號02：設定ListLotto爲空清單。

行號03：利用for each計數迴圈來產生七個不重複的亂數值。

行號04：從1～49中取亂數值指定給RndValue變數。

行號05～06：利用while test條件式迴圈來反覆檢查ListLotto清單陣列中，是否與正產生的亂數相同，如果是，則再重新取亂數，直到沒有重複爲止。

行號07：如果沒有重複就會新增到ListLotto清單陣列中。

【第三種方法】

拼圖程式	檔案名稱：ch8_4_2C.aia

```
01 to ProLotto
02 do  for each number from 1
                        to get global GetAmount
                        by 1
03     do  set global RndValue to  pick a random item list  get global ListTempNumber
04         add items to list  list  get global ListLotto
                              item  get global RndValue
05         remove list item  list   get global ListTempNumber
                             index  index in list  thing  get global RndValue
                                                   list   get global ListTempNumber
```

【說明】

行號01：定義「ProLotto」副程式，用來產生七個不重複的亂數值。

行號02：利用for each計數迴圈來產生七個不重複的亂數值。

行號03：利用pick a random item從ListTempNumber清單中隨機取出1個數字。

行號04：將隨機取出1個數字新增到ListLotto清單中。

行號05：同時也將從ListTempNumber清單中隨機刪除這個數字。

 8-4-3 球形樂透開獎

在學會如何產生七個不重複的亂數值之後，你是否發現，此種樂透開獎的方式與眞實的開獎差異太大，亦即看不到球形樂透號碼。

產生不會重複的樂透號碼。

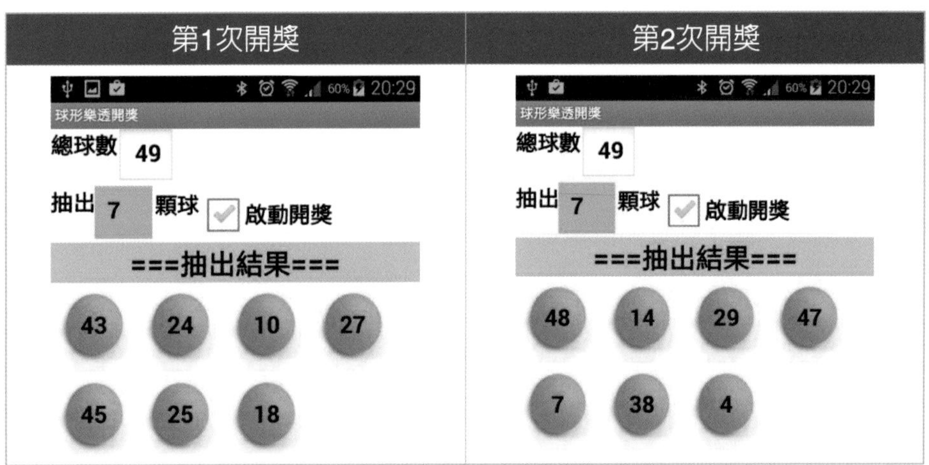

一、介面設計

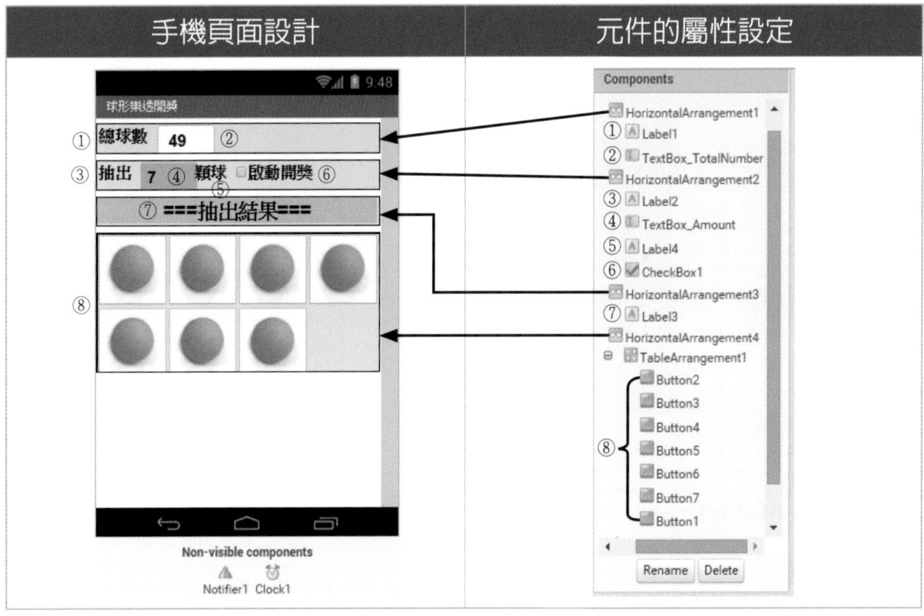

二、程式設計

請參考附書光碟ch8_4_3.aia。

 8-4-4 語音模擬樂透開獎機App

在前面的章節中，我們已經了解「樂透開獎」的研究動機（主題發想）及研究目的，並且也實作了「樂透開獎」的基本範例程式。接下來，我們再來實際開發一套「語音模擬樂透開獎機App」。

一、系統架構

在本專題中，語音模擬樂透開獎機App系統的架構圖是由以下子系統組合而成。

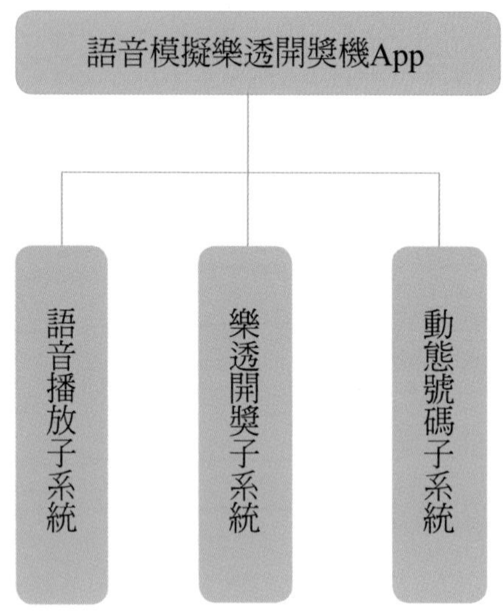

二、核心技術

1. 文字轉換語音元件。
2. 產生不重複的亂數值。
3. 動態呈現號碼球模組。

三、系統開發

(一) 介面設計

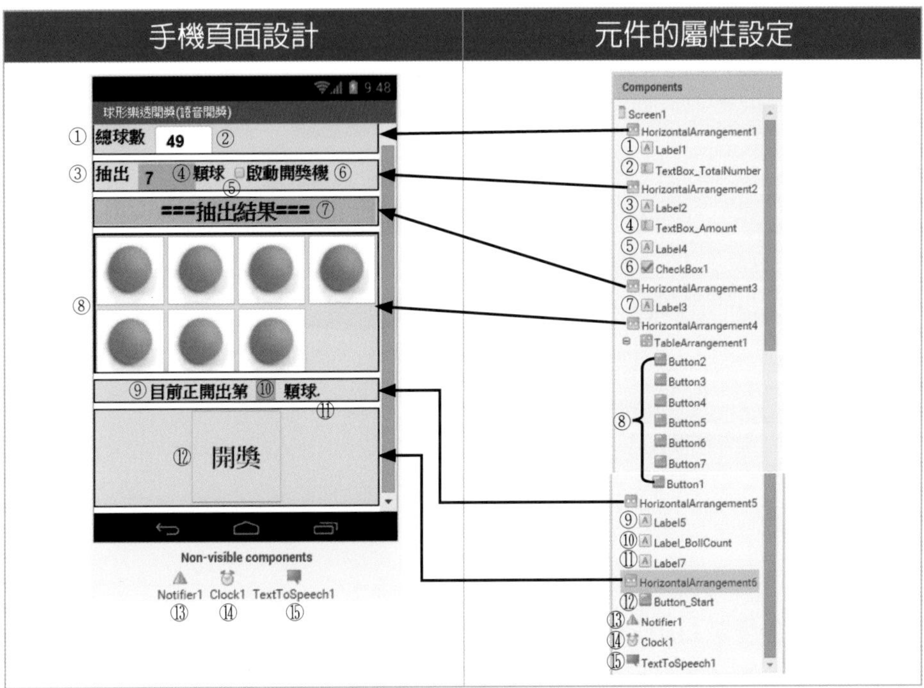

(二) 程式處理流程

1. 輸入：樂透球總數（49顆）、抽出的球數（7顆）及勾選啓動開獎機。
2. 處理：
   (1)產生不重複的亂數值。
   (2)亂數值結合球形圖。
3. 輸出：語音開獎及動態呈現號碼球。

(三) 程式設計

1. 宣告變數

【說明】

行號01：宣告變數ListLotto爲清單，初值設定爲空清單，其目的是用來儲存七個不重複的亂數值。

行號02：宣告變數ListButtons爲清單，初值設定爲空清單，其目的是用來儲存七個Button（1～7）元件。

行號03：宣告變數ListTotalNumber爲清單，初值設定爲空清單，其目的是用來儲存四十九個（1～49）亂數值。

行號04：宣告變數CheckIsNull爲布林變數，初值設定爲true，代表是空值的狀態。

行號05：宣告變數CheckTotalNumType爲布林變數，初值設定爲false，代表使用者輸入的總球數及抽出球，尚未符合「數字型態」。

行號06：宣告變數IsStartLotto爲布林變數，初值設定爲false，代表尚未啓動

樂透開獎機。

行號07：宣告變數count爲全域性變數，初值設定爲0，其目的是用來記錄目前已經開獎的球數。

行號08：宣告變數RndValue爲全域性變數，初值設定爲0，其目的是用來記錄隨機取出的亂數值。

2. Screen頁面初始化

拼圖程式	檔案名稱：ch8_4_4.aia

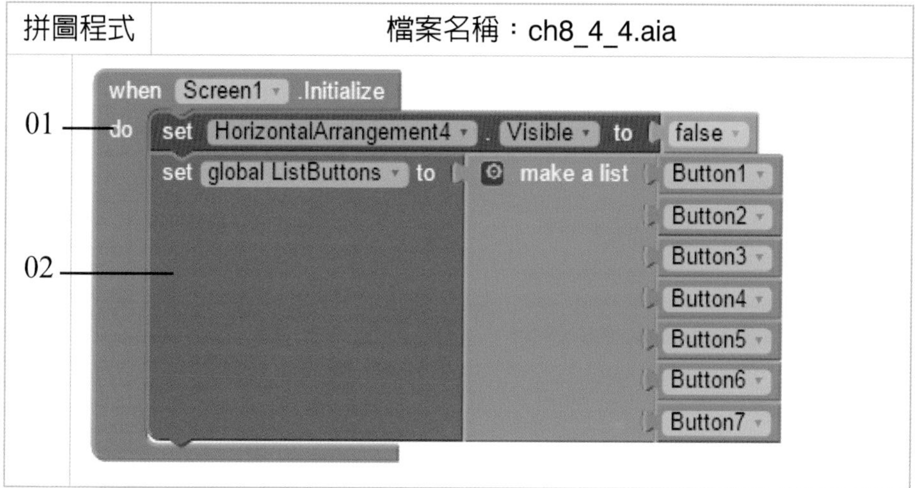

【說明】

行號01：樂透的號碼球先全部隱藏起來。

行號02：設定變數ListButtons的初值爲Button1～7元件。

3. 勾選「啓動開獎機」之程式

拼圖程式	檔案名稱：ch8_4_4.aia

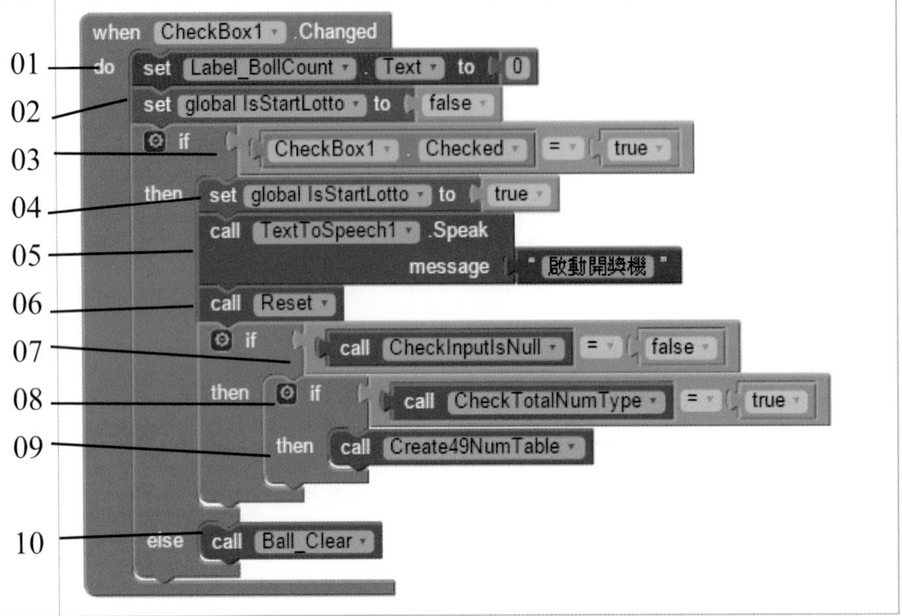

```
   when CheckBox1 .Changed
01 do  set Label_BollCount . Text to 0
02     set global IsStartLotto to false
03     if  CheckBox1 . Checked = true
04     then set global IsStartLotto to true
05          call TextToSpeech1 .Speak
                 message "啟動開獎機"
06          call Reset
07          if  call CheckInputIsNull = false
08          then if  call CheckTotalNumType = true
09               then call Create49NumTable
10     else call Ball_Clear
```

【說明】

行號01：剛開始在「目前正開出第X顆球」上顯示「0」。

行號02：設定變數IsStartLotto爲false，代表尚未啓動樂透開獎機。

行號03～05：檢查是否有勾選「啓動開獎機」，如果是，則設定變數IsStartLotto爲true，並且透過TextToSpeech元件來唸出「啓動開獎機」。

行號06：呼叫「Reset」副程式，其目的用來清空ListTotalNumber及ListButtons清單。

行號07～09：如果都有輸入「總球數」及「抽出的球數」時，並且皆爲數字型態時，就會呼叫「Create49Rand」副程式。

行號10：如果尚未勾選「啓動開獎機」，就會隱藏7顆號碼球。

4. 定義「Reset」副程式

拼圖程式	檔案名稱：ch8_4_4.aia
01 02 03	to Reset do set global ListTotalNumber to create empty list call Clear_buttons

【說明】

行號01：定義「Reset」副程式。

行號02：用來清空ListTotalNumber清單。

行號03：呼叫「Clear_buttons」副程式，用來將號碼球隱藏及內容清空。

5. 定義「Clear_buttons」副程式

拼圖程式	檔案名稱：ch8_4_4.aia
01 02 03 04	to Clear_buttons do for each item in list get global ListButtons do set Button. Visible of component get item to false set Button. Text of component get item to " "

【說明】

行號01：定義「Clear_buttons」副程式。

行號02～04：利用for each item清單專屬迴圈，來將號碼球隱藏及內容清空。

6. 定義「Create49NumTable」副程式

拼圖程式	檔案名稱：ch8_4_4.aia

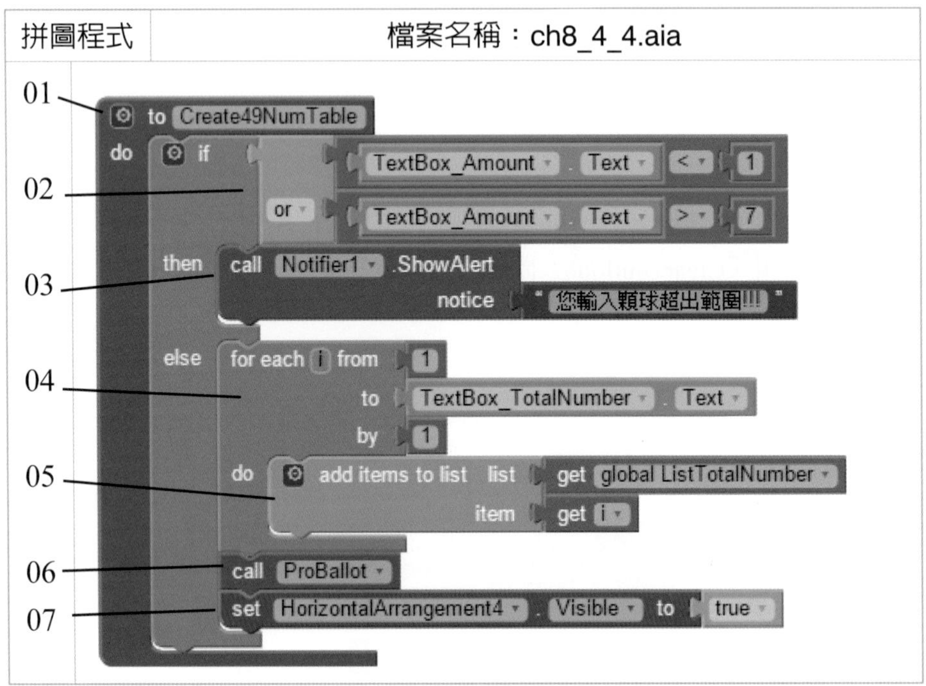

【說明】

行號01：定義「Create49NumTable」副程式。

行號02～03：判斷使用者抽出的球數是否有超出範圍。

行號04～05：產生1～49號碼球到ListTotalNumber清單中。

行號06：呼叫「ProBallot」副程式，其目的是用來抽選（不重複的球號）。

行號07：樂透的號碼球全部顯示出來。

7. 定義「ProBallot」副程式

拼圖程式	檔案名稱：ch8_4_4.aia

```
01  to ProBallot
02  do  set global Count to 0
03      set global RndValue to 0
04      set global ListLotto to create empty list
05      for each number from 1
            to TextBox_Amount . Text
            by 1
06      do  set global RndValue to pick a random item list get global ListTotalNumber
07          add items to list list get global ListLotto
                              item get global RndValue
08          remove list item list get global ListTotalNumber
                             index index in list thing get global RndValue
                                                 list get global ListTotalNumber
```

【說明】

行號01：定義「ProBallot」副程式。

行號02：先設定變數count為0，其目的是用來記錄目前已經開獎的球數。

行號03：先設定變數RndValue為0，其目的是用來記錄隨機取出的亂數值。

行號04：先設定變數ListLotto為空清單，其目的是用來儲存七個不重複的亂數值。

行號05～06：利用for each迴圈來隨機從ListTotalNumber清單中抽出號碼。

行號07：將「抽出號碼」增加到ListLotto清單中。

行號08：此時，也同時從ListTotalNumber清單中刪除此編號。

8. 定義「Ball_Clear」副程式

【說明】

行號01：定義「Ball_Clear」副程式。

行號02：將全部的號碼球隱藏起來。

9. 定義「CheckInputIsNull」具有傳回值之副程式

拼圖程式	檔案名稱：ch8_4_4.aia
01 02 03 04 05 06	to CheckInputIsNull result do if TextBox_TotalNumber . Text = " " or TextBox_Amount . Text = " " then call Notifier1 .ShowAlert notice " 您尚未填入資料!!! " set global CheckIsNull to true else set global CheckIsNull to false result get global CheckIsNull

【說明】

行號01：定義「CheckInputIsNull」具有傳回值之副程式。

行號02～04：判斷使用者是有完整的填寫資料（總球數及抽出球），如果不完整時，就會顯示「您尚未填入資料!!!」，並設定CheckIsNull爲true。

行號05：如果皆填寫完整，設定CheckIsNull爲false。

行號06：回傳CheckIsNull變數的布林結果。

10. 定義「CheckTotalNumType」具有傳回值之副程式

拼圖程式	檔案名稱：ch8_4_4.aia
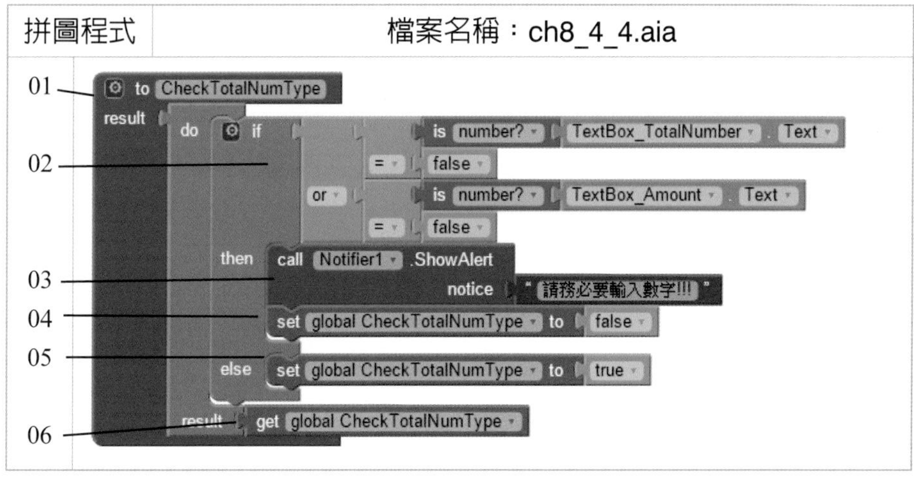	

【說明】

行號01：定義「CheckTotalNumType」具有傳回值之副程式。

行號02～04：判斷使用者所填寫資料（總球數及抽出球）是否爲數字型態，如果不是，就會顯示「請務必要輸入數字!!!」，並設定CheckTotalNumType爲false。

行號05：如果皆爲數字型態，設定CheckTotalNumType爲true。

行號06：回傳CheckTotalNumType變數的布林結果。

11. 撰寫「開獎」鈕之程式

拼圖程式	檔案名稱：ch8_4_4.aia

```
01 when Button_Start .Click
   do
02    if get global IsStartLotto = false
03    then call TextToSpeech1 .Speak
              message " 您尚未啟動開獎機 "
04    else set global Count to get global Count + 1
05         if get global Count ≤ 7
06         then call ShowBall
07         else if get global Count = 8
08         then call TextToSpeech1 .Speak
                   message " 已經開出 7個號碼 "
```

【說明】

行號01：當按下「開獎」鈕時，就會觸發Click事件，並執行以下的程式。

行號02～03：如果尚未勾選「啓動開獎機」，就會發出語音提醒。

行號04：每按一下「開獎」鈕，計數器count變數就會自動加1。

行號05～06：如果尚未開出七顆時，會呼叫「ShowBall」副程式，來繼續顯示號碼球。

行號07～08：如果按了第八次「開獎」鈕，就會發出語音「已經開出7個號碼」。

12. 定義「ShowBall」副程式

拼圖程式	檔案名稱：ch8_4_4.aia

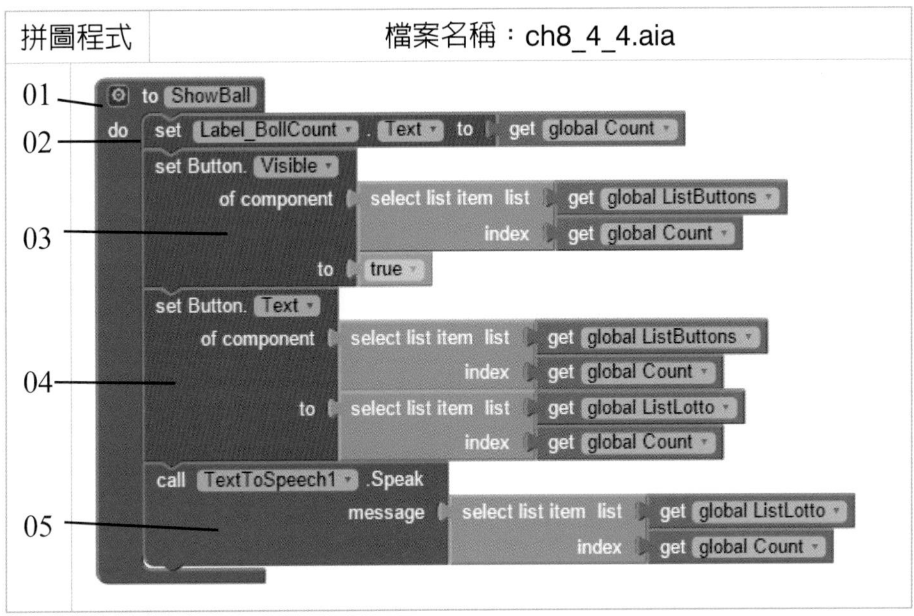

【說明】

行號01：定義「ShowBall」副程式。

行號02：顯示目前正在開第X顆號碼球。

行號03：從ListButtons清單中，取出第X顆號碼球。

行號04：針對ListButtons清單中取出第X顆號碼球，顯示它的號碼。

行號05：同時透過語音唸出所顯示的「號碼」。

四、系統展示

(一) 系統測試

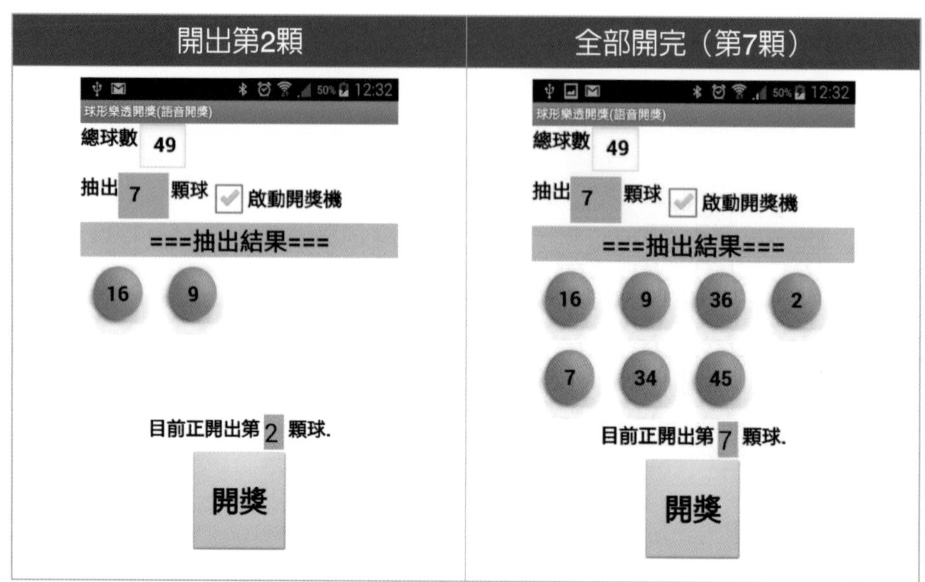

(二) 未來展望與建議

雖然，「語音樂透開獎機App」可以讓玩家同時透過「手機」或「平板」與系統更眞實模擬樂透開獎樂趣。但是，目前尚未讓使用者先選「7組數字」，再針對開獎號碼來對獎。亦即無法顯示猜中3個數字、4個數字、5個數字、6個數字及全部猜中時，獎金的呈現方式。

8-5 我的超跑競速遊戲App

8-5-1 研究動機（主題發想）

還記得在「遊樂場」的電玩遊戲中，「超跑操控遊戲」是大、小朋友最喜歡的遊戲之一。其主要原因就是它可以讓玩家模擬開著超跑在跑道上「飆速」的感覺，得到刺激感，這是一般人在真實生活中很難達成的夢想。

有鑑於此，本節將開發一套「我的超跑競速遊戲App」，讓使用者可以隨時透過「手機」或「平板」來模擬開著超跑在跑道上「飆速」。

8-5-2 研究目的

1. 可以透過「滑桿」元件來控制速度。
2. 了解八個行道樹的連續播放來產生動畫的效果。
3. 模擬開著超跑在跑道上「飆速」的音效。

8-5-3 系統架構

我的超跑競速遊戲App架構圖是由以下的子系統組合而成。

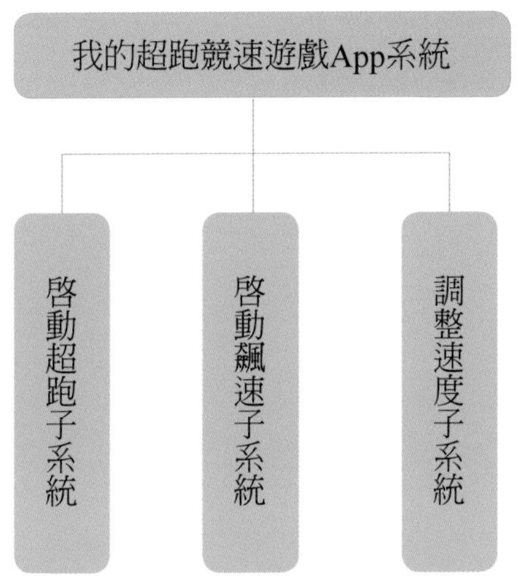

8-5-4　核心技術

1. 利用「滑桿」的滑動來轉換成跑車的速度。
2. 透過「飆速」來轉換兩台跑車的相對位置。

8-5-5　系統開發

一、介面設計

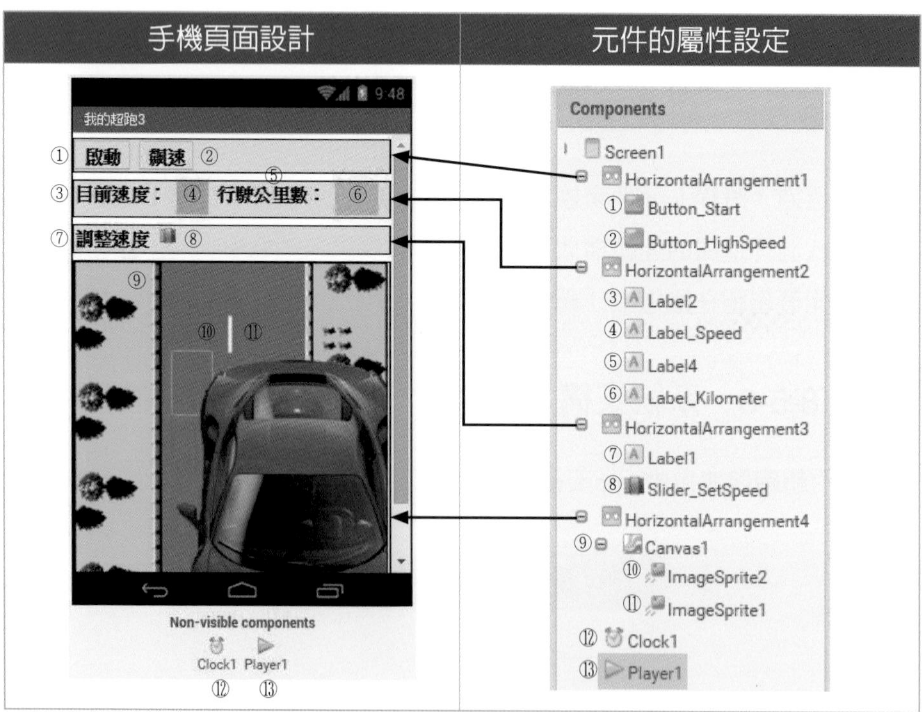

二、程式處理流程

1. 輸入：啓動及調整速度。
2. 處理：

   (1)利用Clock時鐘元件來控制跑車的動態效果。

   (2)利用Slider滑桿元件來控制不同的速度與音量。
3. 輸出：跑車的不同速度與音量。

三、程式設計

(一) 宣告變數及頁面初始化

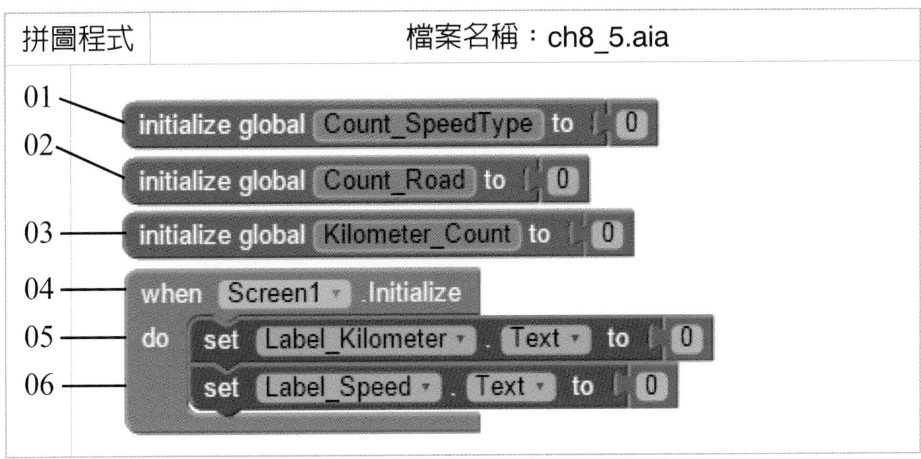

【說明】

行號01：宣告變數Count_SpeedType爲全域性變數，初值設定爲0，其目的是用來記錄是否要啓動飆速。

行號02：宣告變數Count_Road爲全域性變數，初值設定爲0，其目的是用來記錄播「行道樹」照片的張數。

行號03：宣告變數Kilometer_Count爲全域性變數，初值設定爲0，其目的是

用來記錄目前的行駛公里數。

行號04：頁面初始化。

行號05：設定目前的行駛公里數為0。

行號06：設定目前行駛的速度為0。

(二) 撰寫「啟動」鈕的程式

拼圖程式	檔案名稱：ch8_5.aia

```
01 when Button_Start .Click
02 do  set Label_Speed . Text to 50
03     if  Button_Start . Text = "啟動"
04     then set Clock1 . TimerEnabled to true
05          set Button_Start . Text to "暫停"
06          call Player1 .Start
07     else set Clock1 . TimerEnabled to false
08          set Button_Start . Text to "啟動"
09          call Player1 .Pause
```

【說明】

行號01～02：當使用者按「啟動」鈕，設定目前行駛的速度為50。

行號03～06：如果按下「啟動」鈕，則啟動時鐘計時器，並且「啟動」鈕變成「暫停」鈕，也停止播放音效。

行號07～09：否則，就會關閉時鐘計時器，並且使「暫停」鈕變成「啟動」鈕，同時啟動播放音效。

(三) 啓動時鐘計時器

拼圖程式	檔案名稱：ch8_5.aia

```
01 when Clock1 .Timer
02 do  set global Count_Road to ( get global Count_Road + 1 )
03     set global Kilometer_Count to ( get global Kilometer_Count + 1 )
04     if get global Count_Road ≤ 8
05     then set Canvas1 . BackgroundImage to join " road "
                                               get global Count_Road
                                               " .png "
06     else set global Count_Road to 1
07     set Label_Kilometer . Text to get global Kilometer_Count
```

【說明】

行號01：啓動時鐘計時器。

行號02：變數Count_Road每單位時間加1，亦即用來播放「行道樹」照片張數。

行號03：變數Kilometer_Count每單位時間加1，用來模擬目前的行駛公里數。

行號04～06：如果「行道樹」照片播放張數在八張之內，則循序播放，如果超過第八張，就會從第一張開始播放，以達到輪播效果。

行號07：顯示目前的行駛公里數。

(四) 撰寫「滑桿」調整速度的程式

拼圖程式	檔案名稱：ch8_5.aia
01	when Slider_SetSpeed .PositionChanged thumbPosition
02	do set Clock1 . TimerInterval to 500 - get thumbPosition × 10
03	set Screen1 . Title to join "目前超跑的速度：" get thumbPosition
04	set Player1 . Volume to get thumbPosition
05	set Label_Speed . Text to get thumbPosition

【說明】

行號01：利用「滑桿」元件來調整速度。

行號02：設定Clock元件的時間區間，單位爲毫秒，速度愈快，則時間區間愈小。

行號03：在Screen頁面上方顯示目前超跑的速度。

行號04：速度愈快，就超跑的音效愈大聲。

行號05：滑桿移動的速度會顯示在螢幕上。

(五) 撰寫「飆速」鈕的程式

拼圖程式	檔案名稱：ch8_5.aia
01	when Button_HighSpeed .Click
02	do set Button_Start . Text to "暫停"
03	set Clock1 . TimerEnabled to true
04	set global Count_SpeedType to get global Count_SpeedType + 1
05	call Player1 .Stop
06	call Player1 .Start
07	call MoveSportCar

【說明】

行號01～02：當使用者按下「飆速」時，「啓動」鈕變成「暫停」鈕，亦即目前正在飆速中。

行號03：啓動時鐘的計時器。

行號04：設定變數Count_SpeedType的每按一下，自動加1。

行號05～07：音效先關閉後，再重新啓動，最後，再呼叫「MoveSport-Car」副程式。來讓兩台跑車交換前後位置，以達到「飆速」的效果。

(六) 定義「MoveSportCar」調整速度的程式

拼圖程式	檔案名稱：ch8_5.aia

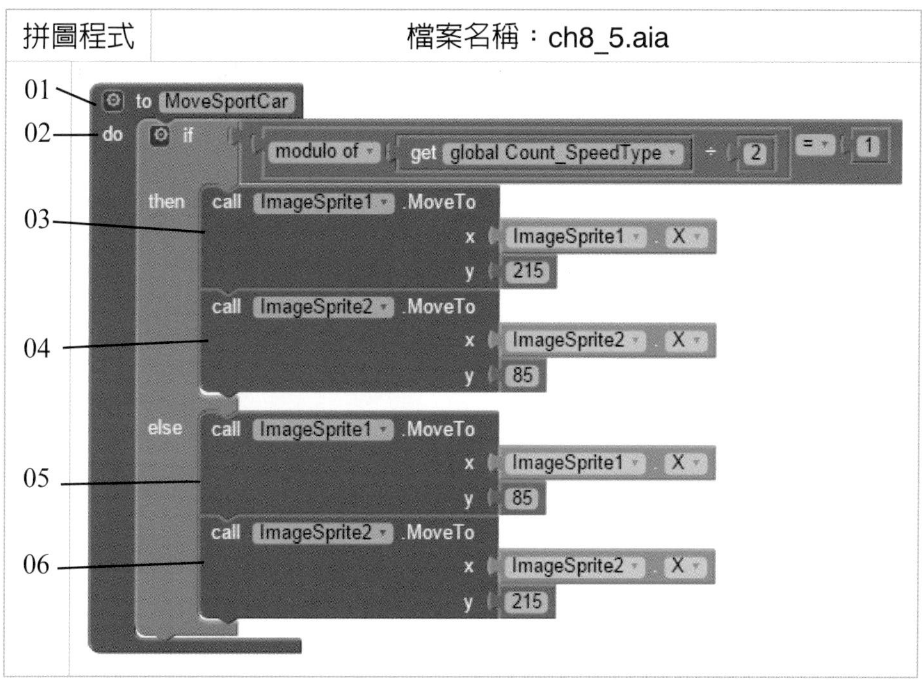

【說明】

行號01：定義「MoveSportCar」調整速度的程式。

行號02～04：如果變數Count_SpeedType的值是奇數時，就會將左邊的跑車加速，亦即跑在前方。

行號05～06：如果變數Count_SpeedType的值是偶數時，就會將右邊的跑車加速，亦即跑在前方。

8-5-6 系統展示

一、系統測試

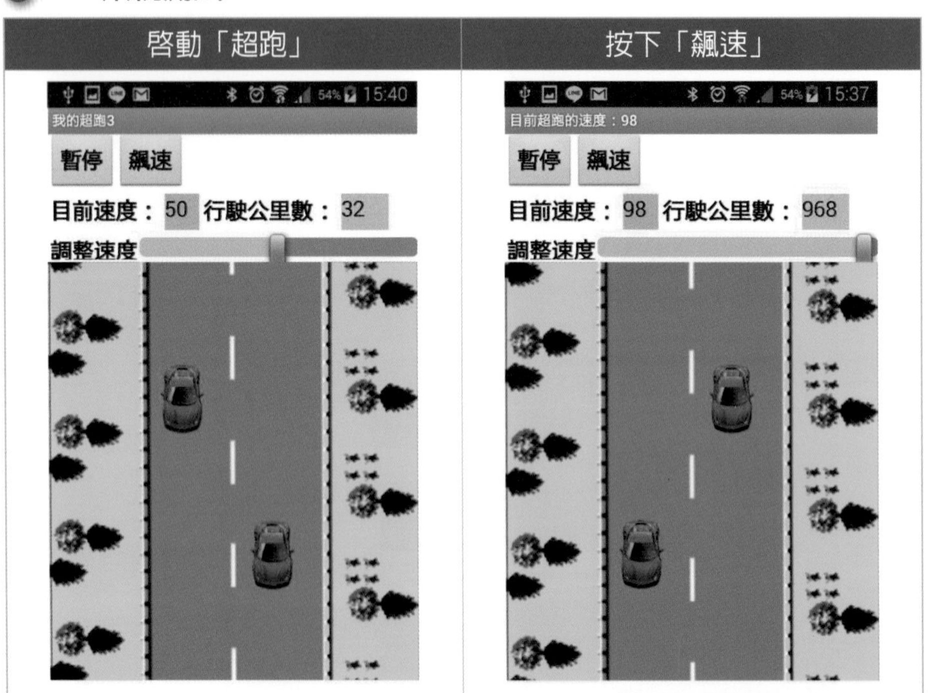

二、未來展望與建議

雖然，「我的超跑競速遊戲App」可以讓玩家模擬開著超跑在跑道上「飆速」，以得到刺激及快感。但是，它目前只提供「直線加速」的功能。尚未提供「急轉彎」或各種障礙物的闖關遊戲。

課後習題

一、隨堂抽籤（可同時抽多支籤）。

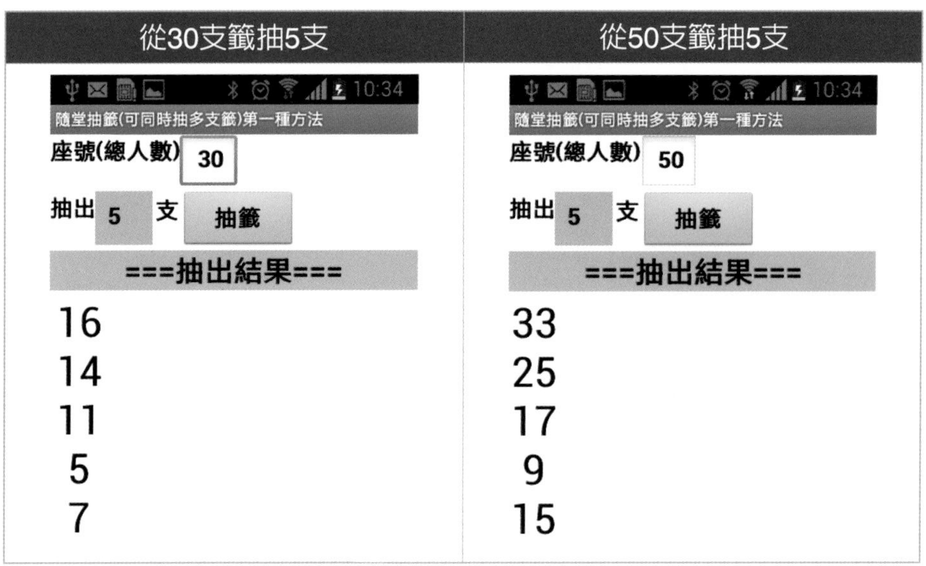

註 本習題有多種不同的作法。

二、利用加速感測器來設計遊戲，亦即利用手機不同的傾斜程度來讓狗狗吃骨頭。

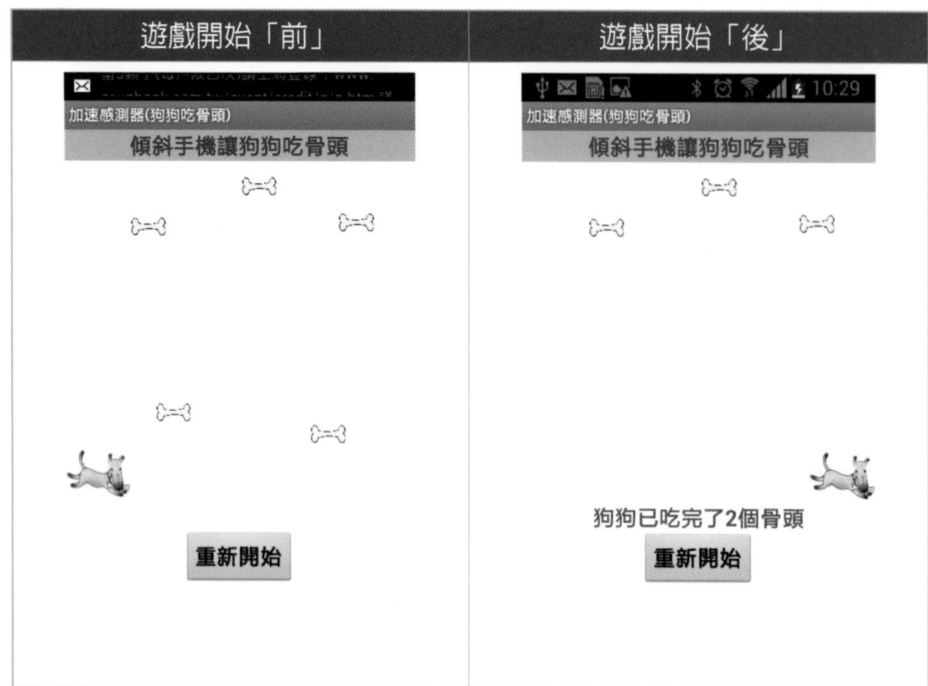

遊戲開始「前」
遊戲開始「後」
加速感測器(狗狗吃骨頭)
傾斜手機讓狗狗吃骨頭
重新開始
10:29
加速感測器(狗狗吃骨頭)
傾斜手機讓狗狗吃骨頭
狗狗已吃完了2個骨頭
重新開始

Chapter 9

線上聊天室（藍牙技術）

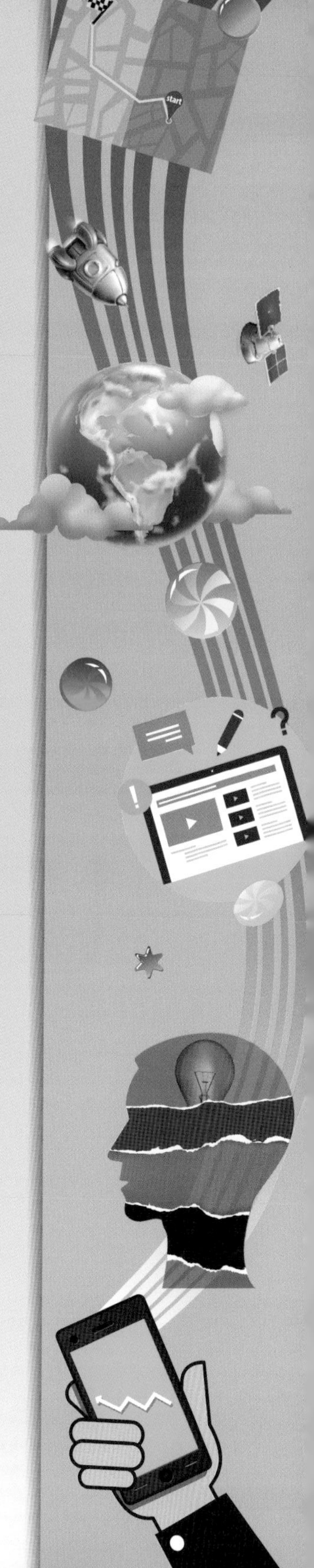

本章學習目標

1. 了解「藍牙通訊」定義及相關的應用。
2. 了解「藍牙元件」的使用方法及控制方式。

本章內容

9-1　藍牙通訊（Bluetooth）

9-2　兩台手機互傳訊息

9-1 藍牙通訊（Bluetooth）

目前市面上的手機大多具備藍芽功能，藍牙的應用範圍也越來越廣。

我們可用具有藍芽功能的手機來遙控任何具備藍牙功能的裝置，比如NXT樂高機器人、電腦、電視等。

【定義】

一種低成本、低功耗的短距離通信方式。

【主要用途】

小型移動裝置的通訊。

【應用範圍】

藍芽耳機、藍牙滑鼠、樂高機器人等裝置。

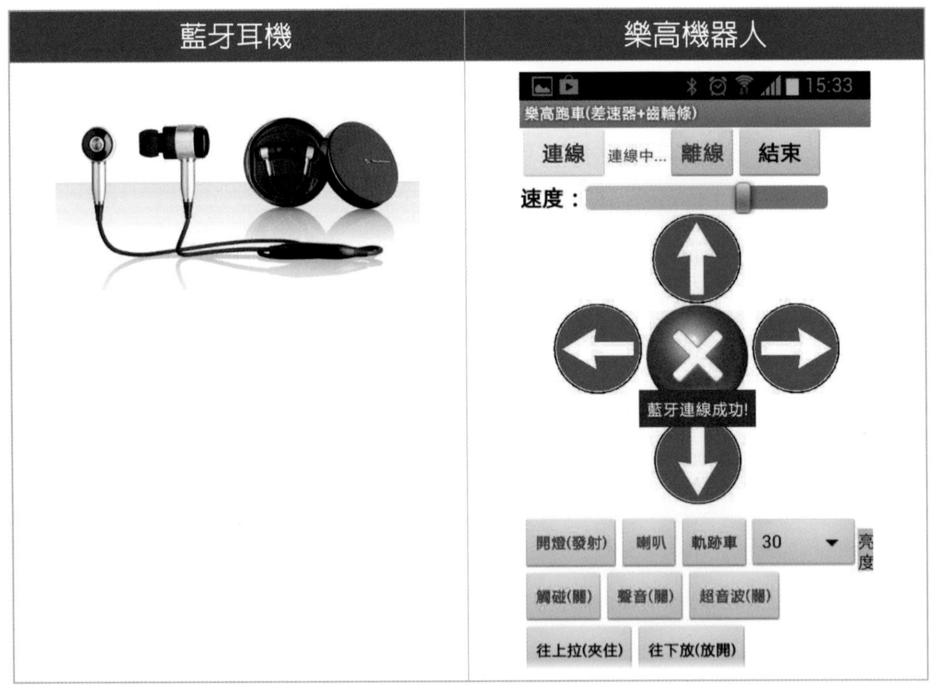

【種類】

1. BluetoothClient（藍牙用戶端元件）。
2. BluetoothServer（藍牙伺服端元件）。

【元件所在位置】Connectivity/BluetoothClient及BluetoothServer

BluetoothClient	BluetoothServer

【BluetoothClient常用的相關屬性】

屬性	說明	靜態（屬性表）	動態（拼圖）
AddressesAndNames	傳回已配對藍牙裝置的名稱／位址清單		✓
Available	回傳當下的Android裝置上是否可使用藍牙		✓
CharacterEncoding	收發訊息時的字元編碼（預設為UTF-8）	✓	✓
Enabled	藍牙功能有作用（亦即藍牙被開啓）		✓
IsConnected	傳回是否已建立藍牙連線		
Secure	是否使用簡易安全配對（預設為「勾選」）	✓	✓

【BluetoothClient的屬性】

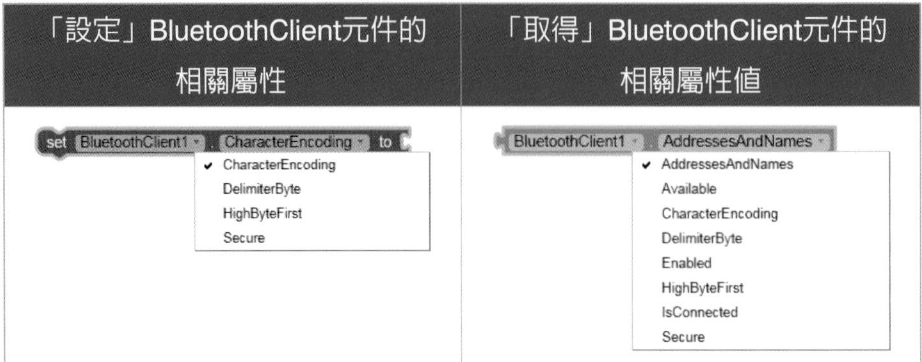

「設定」BluetoothClient元件的相關屬性	「取得」BluetoothClient元件的相關屬性值
set BluetoothClient1 . CharacterEncoding to ✔ CharacterEncoding DelimiterByte HighByteFirst Secure	BluetoothClient1 . AddressesAndNames ✔ AddressesAndNames Available CharacterEncoding DelimiterByte Enabled HighByteFirst IsConnected Secure

【BluetoothClient常用的方法】

方法	說明
call BluetoothClient1 .Connect address	與指定位址（Address）進行藍牙連線。如果連線成功，則傳回true。
call BluetoothClient1 .Disconnect	中斷連線。
call BluetoothClient1 .IsDevicePaired address	檢查與指定位址（Address）是否配對順利。如果連線成功，則傳回true。
call BluetoothClient1 .SendBytes list	對已連接的裝置發送「字串清單」。
call BluetoothClient1 .SendText text	對已連接的裝置發送「字串」。

【BluetoothServer常用的相關屬性】

屬性	說明	靜態（屬性表）	動態（拼圖）
Available	回傳當下的Android裝置上是否可使用藍牙		✓
CharacterEncoding	收發訊息時的字元編碼（預設爲UTF-8）	✓	✓
Enabled	藍牙功能有作用（亦即藍牙被開啓）		✓
IsAccepting	取得是否允許BluetoothClient的連線要求		✓
IsConnected	傳回是否已建立藍牙連線		✓
Secure	是否使用簡易安全配對（預設爲「勾選」）	✓	✓

【BluetoothServer的屬性】

「設定」BluetoothServer元件的相關屬性	「取得」BluetoothServer元件的相關屬性值
set BluetoothServer1 . CharacterEncoding to ✔ CharacterEncoding DelimiterByte HighByteFirst Secure	BluetoothServer1 . CharacterEncoding Available ✔ CharacterEncoding DelimiterByte Enabled HighByteFirst IsAccepting IsConnected Secure

【BluetoothServer常用的事件】

方法	說明
when BluetoothServer1 .ConnectionAccepted do	當藍牙已被接受連線要求時，則會自動觸發本事件。

【BluetoothServer常用的方法】

方法	說明
call BluetoothServer1 .AcceptConnection serviceName	接受SSP（簡易安全配對）的連接請求。
call BluetoothServer1 .BytesAvailableToReceive	在正常情況下，回傳預估可以接收位元組數。
call BluetoothServer1 .Disconnect	要求中斷藍牙連線。
call BluetoothServer1 .ReceiveText numberOfBytes	從連線的藍牙裝置中，接收一個字串。
call BluetoothServer1 .StopAccepting	不再接收外部連線要求。
call BluetoothServer1 .SendText text	對已連接的藍牙裝置中，發送一個字串。

9-2 兩台手機互傳訊息

在認識藍牙的各種元件、屬性、方法及事件之後，接下來，就可以開始開發兩台手機互相傳遞訊息的程式。但是，在使用之前必須要先進行「藍牙配對」及「連線」。

 9-2-1 兩台手機藍牙配對

兩台手機想要互相傳遞訊息時，必須要先進行「藍牙配對及連線」，其完整的步驟有：開啟藍牙功能、搜尋藍牙裝置、兩方藍牙配對、已配對藍牙清單。

一、開啟藍牙功能

開啟兩台手機的藍牙功能，並「勾選」該手機可見於其他藍牙裝置，亦即可以讓其他手機搜尋得到。

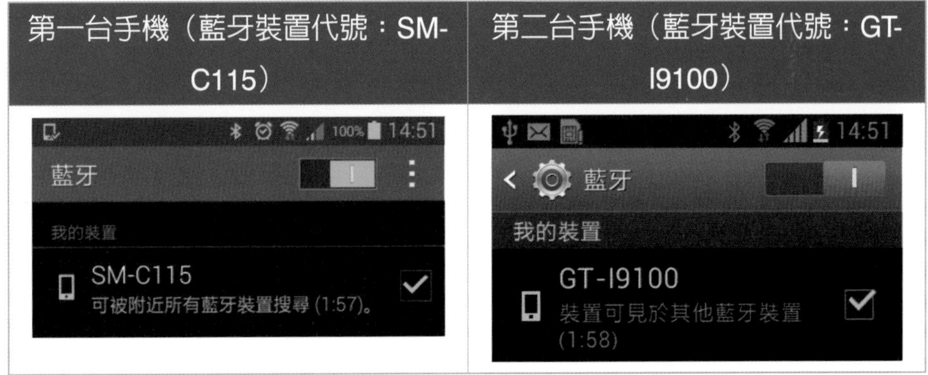

第一台手機（藍牙裝置代號：SM-C115）	第二台手機（藍牙裝置代號：GT-I9100）

二、搜尋藍牙裝置

利用「搜尋」功能來搜尋對方的藍牙裝置代號，如果有找到就會看到對方的藍牙裝置代號。

三、兩方藍牙配對

點選對方的藍牙裝置代號，就會馬上彈出「藍牙配對要求」，此時，雙方都必須要按下「確定」鈕，才算配對成功。

四、已配對藍牙清單

在雙方配對成功之後，就可以看到已經配對的藍牙清單。

9-2-2 兩台手機互傳訊息

讓兩台手機藍牙配對及連線之後，接下來，就可以開始利用AppInventor拼圖程式來設計兩台手機互傳訊息。

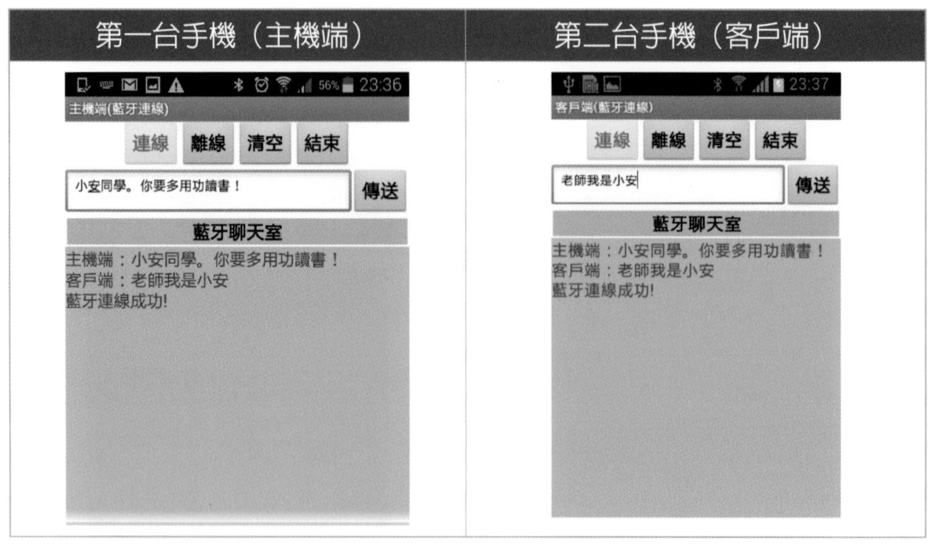

實例一

請設計一支「線上聊天室App」，可以讓兩位使用者連線聊天。

【介面設計】

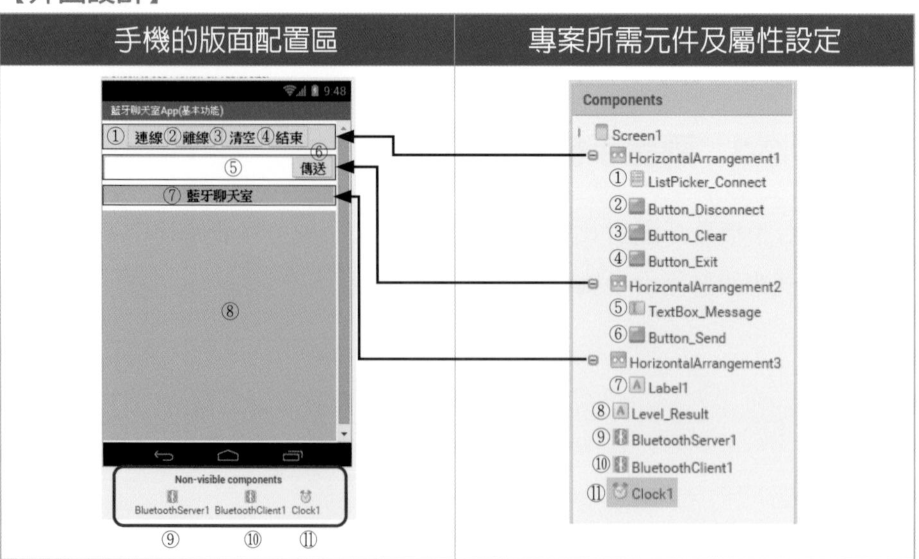

【參考程式】

(一) 宣告變數、頁面初始化及定義「BT_OffLine_Status」副程式

拼圖程式	ch9_2_2A.aia

```
01 initialize global IsServer to false
02 initialize global Message to " "
03 when Screen1 .Initialize
   do call BT_OffLine_Status
04 to BT_OffLine_Status
   do
05 call BluetoothServer1 .AcceptConnection
        serviceName " WeChatBT "
06 set Level_Result . Text to " 目前是離線中... "
07 set Level_Result . TextColor to
08 set ListPicker_Connect . Enabled to true
09 set Button_Disconnect . Enabled to false
10 set Button_Send . Enabled to false
11 set Clock1 . TimerEnabled to false
```

【說明】

行號01：宣告IsServer爲全域性布林型態變數，預設值爲false。其目的用來記錄目前是否爲主機端權限。

行號02：宣告Message爲全域性變數，預設值爲空字串。其目的用來暫存主機端與客戶端的訊息內容。

行號03：頁面初始化，並呼叫「BT_OffLine_Status」副程式。

行號04：定義「BT_OffLine_Status」副程式，其目的是用來設定尚未連線前的狀態。

行號05：「主機端」接受連接「客戶端」請求，主機端名稱設爲「WeChat-BT」。

行號06～07：利用Level元件來顯示「目前是離線中…」並設定爲「紅色」字。

行號08：設定「連線」鈕爲有作用，亦即可以被使用者來使用。

行號09：設定「離線」鈕爲沒有作用，亦即不能被使用者來使用。

行號10：設定「傳送」鈕爲沒有作用，亦即不能被使用者來使用。

行號11：設定「Clock元件」爲沒有作用，亦即時鐘計時器先不啓動。

(二) 撰寫「連線」鈕程式

拼圖程式	ch9_2_2A.aia

```
01 when ListPicker_Connect.BeforePicking
02 do  if length BluetoothClient1.AddressesAndNames ≤ 2
03     then call ShowMessage
            SentMessage "錯誤訊息：您的手機的藍牙未開啟或未配對！"
04     else set ListPicker_Connect.Elements to BluetoothClient1.AddressesAndNames

05 when ListPicker_Connect.AfterPicking
06 do  if BluetoothServer1.IsAccepting
07     then call BluetoothServer1.StopAccepting
08     if call BluetoothClient1.Connect
               address ListPicker_Connect.Selection
09     then set Screen1.Title to "客戶端(藍牙連線)"
10          call BT_Connect
11          set global IsServer to false
12     else call BT_OffLine_Status
```

【說明】

行號01～03：當按下「連線」鈕時，如果你的手機藍牙未開啓或未配對，就會顯示錯誤訊息的提示字。

行號04：如果藍牙已開啓並完成配對時，就會顯示目前全部的藍牙名稱，以提供使用者連線。

行號05～07：當使用者點選欲連線的藍牙設備時，會先取得是否允許BluetoothClient的連線要求，如果是，則執行「不再接收外部連線要求」。

行號08～09：檢查「客戶端」可以與「主機端」連線的全部藍牙設備，並與指定位址（address）進行藍牙連線。如果連線成功，則傳回true，並在頁面的標題顯示「客戶端（藍牙連線）」。

行號10：呼叫「BT_Connect」副程式。

行號11：設定IsServer爲false，代表目前爲客戶端的權限。

行號12：如果「客戶端」與「主機端」連線沒有成功時，就會呼叫「BT_OffLine_Status」副程式。

(三) 定義「BT_Connect」副程式

拼圖程式	ch9_2_2A.aia
01	to BT_Connect
02	do set Level_Result . Text to "藍牙連線成功!"
03	set Level_Result . TextColor to
04	set ListPicker_Connect . Enabled to false
05	set Button_Disconnect . Enabled to true
06	set Button_Send . Enabled to true
07	set Clock1 . TimerEnabled to true

【說明】

行號01：定義「BT_Connect」副程式，其目的是用來設定「藍牙連線成功」時的相關參數。

行號02～03：利用Level元件來顯示「藍牙連線成功!」並設定爲「藍色」字。

行號04：設定「連線」鈕爲有作用，亦即不能被使用者來使用。

行號05：設定「離線」鈕爲沒有作用，亦即可以被使用者來使用。

行號06：設定「傳送」鈕爲沒有作用，亦即可以被使用者來使用。

行號07：設定「Clock元件」爲有作用，亦即時鐘計時器被啓動。

(四) 撰寫「主機端」藍牙已被接受連線要求的程式

拼圖程式	ch9_2_2A.aia

```
01 when BluetoothServer1 .ConnectionAccepted
02 do set Screen1 . Title to " 主機端(藍牙連線) "
03    call BT_Connect
04    set global IsServer to true
```

【說明】

行號01：當藍牙已被接受連線要求時，則會自動觸發本事件。

行號02：在頁面的標題顯示「主機端（藍牙連線）」。

行號03：呼叫「BT_Connect」副程式，亦即藍牙連線功能。

行號04：設定IsServer爲true。代表目前爲主機端的權限。

(五) 撰寫「離線」、「清空」及「結束」鈕的程式

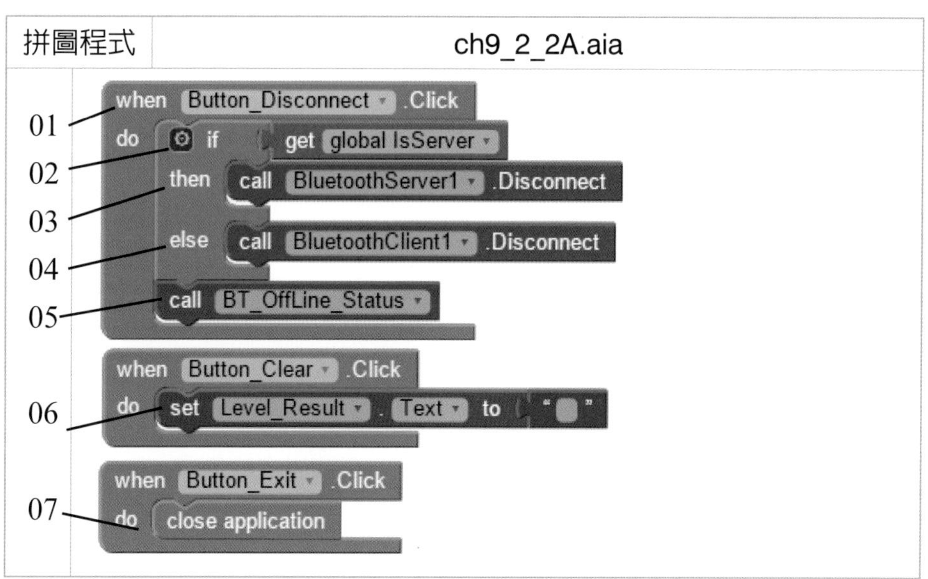

【說明】

行號01：當按下「離線」鈕時，就會觸發本事件。

行號02～03：如果IsServer為true，代表目前為主機端的權限，因此，就可以將主機端設定為離線。

行號04：否則，就是目前為客戶端的權限，因此，就可以將客戶端設定為離線。

行號05：在設定離線時，再呼叫「BT_OffLine_Status」副程式。

行號06：當按下「清空」鈕時，就會將「藍牙聊天室」的內容清空。

行號07：當按下「結束」鈕時，就會結束本App程式。

(六) 定義「ShowMessage」副程式

拼圖程式	ch9_2_2A.aia
01	to ShowMessage SentMessage
02	do set Level_Result . Text to join get SentMessage / " \n " / Level_Result . Text

【說明】

行號01：定義「ShowMessage」副程式。

行號02：用來顯示「客戶端」與「主機端」藍牙聊天室的內容。

(七) 撰寫「傳送」鈕之程式

拼圖程式	ch9_2_2A.aia
01	when Button_Send .Click
02	do if get global IsServer
03	then set global Message to join " 主機端： " / TextBox_Message . Text
04	call BluetoothServer1 .SendText text get global Message
05	else set global Message to join " 客戶端： " / TextBox_Message . Text
06	call BluetoothClient1 .SendText text get global Message
07	call ShowMessage SentMessage get global Message

【說明】

行號01：當按下「傳送」鈕時，就會觸發本事件。

行號02～04：如果IsServer爲true，代表目前爲主機端的權限，因此，就可以從「主機端」透過藍牙傳送訊息給「客戶端」。

行號05～06：如果IsServer爲false，代表目前爲客戶端的權限，因此，就可以從「客戶端」透過藍牙傳送訊息給「主機端」。

行號07：呼叫「ShowMessage」副程式，來顯示「客戶端」與「主機端」藍牙聊天室的內容。

(八) 偵測「傳送」藍牙訊息

拼圖程式	ch9_2_2A.aia

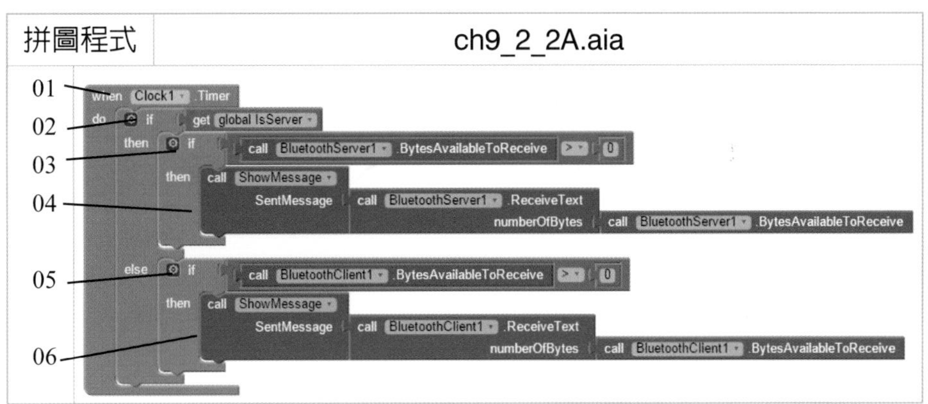

【說明】

行號01：利用Clock元件的計時器來偵測「傳送」藍牙訊息。

行號02：如果IsServer爲true，代表目前爲主機端的權限，因此，它會自動偵測並判斷回傳接收位元組數是否大於0，亦即主機端有傳送資料。

行號03～04：會從連線的藍牙裝置中，接收字串呼叫「ShowMessage」副程式，來顯示「主機端」的內容到藍牙聊天室中。

行號05：如果IsServer爲false，代表目前爲客戶端的權限，因此，它會自動偵測並判斷回傳接收位元組數是否大於0，亦即有客戶端有傳送資料。

行號06：會從連線的藍牙裝置中，接收字串呼叫「ShowMessage」副程式，來顯示「客戶端」的內容到藍牙聊天室中。

實例二

承上一題，請將「線上聊天室App」，加入「語音輸入」功能，以便讓兩位使用者連線聊天，且可以快速輸入訊息，並再加入「語音輸出」功能，亦即使用者可以聽到對方的語音。

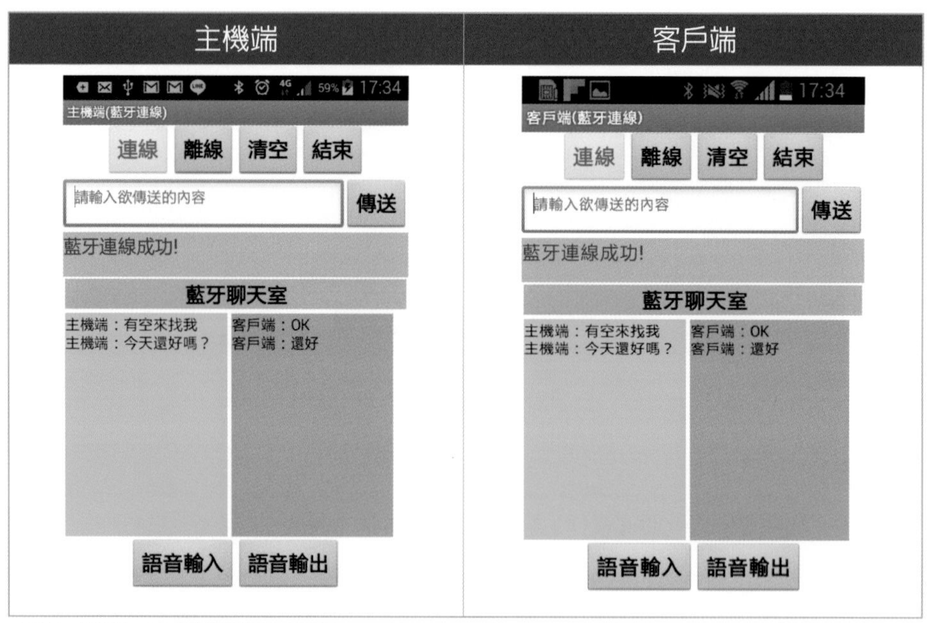

【程式碼】請參閱隨書光碟ch9_2_2B.aia。

課後習題

一、請設計一支可以讓兩台手機透過「藍牙連線」的「小畫家」。

規則

1. 兩台手機要同時開啓藍牙，並互相配對。
2. 兩台手機要安裝同一支App程式。
3. 第一台手機按下「連接另一台」，如果連線成功就會顯示「連線中」。第二台手機被連線時就會顯示「藍牙設備連線中!」。

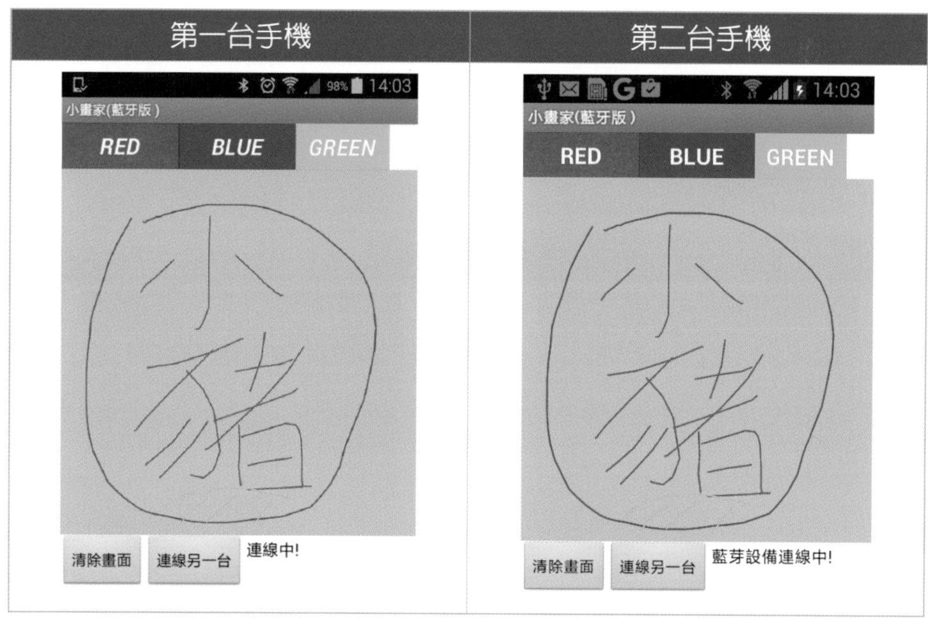

二、請設計一支可以讓兩台手機透過「藍牙連線」的「井字遊戲App」。

規則

1. 玩家1需先進入遊戲等待玩家2。

2. 玩家2需選擇連線藍牙裝置。

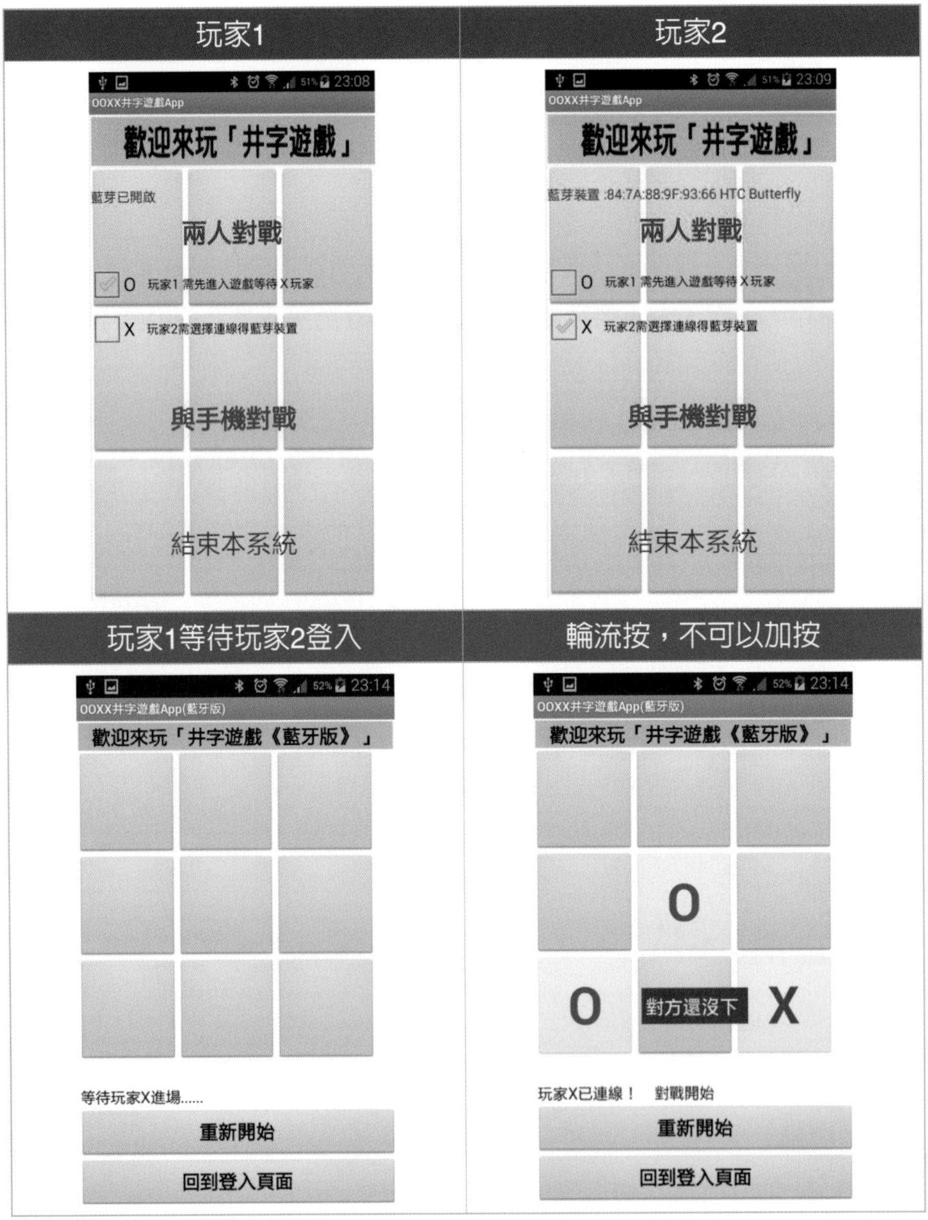

玩家1	玩家2
OOXX井字遊戲App 歡迎來玩「井字遊戲」 藍芽已開啟 兩人對戰 O 玩家1 需先進入遊戲等待 X 玩家 X 玩家2需選擇連線得藍芽裝置 與手機對戰 結束本系統	OOXX井字遊戲App 歡迎來玩「井字遊戲」 藍芽裝置 :84:7A:88:9F:93:66 HTC Butterfly 兩人對戰 O 玩家1 需先進入遊戲等待 X 玩家 X 玩家2需選擇連線得藍芽裝置 與手機對戰 結束本系統
玩家1等待玩家2登入	**輪流按，不可以加按**
OOXX井字遊戲App(藍牙版) 歡迎來玩「井字遊戲《藍牙版》」 等待玩家X進場...... 重新開始 回到登入頁面	OOXX井字遊戲App(藍牙版) 歡迎來玩「井字遊戲《藍牙版》」 O O 對方還沒下 X 玩家X已連線！ 對戰開始 重新開始 回到登入頁面

註 本題由李春雄老師與柳家祥同學共同開發完成。

三、請設計一支可以讓兩台手機透過「藍牙連線」的「終極密碼戰App」。

規則

1.玩家1與玩家2先設定自己的密碼。

2. 玩家1與玩家2互猜對方設定的密碼。

玩家1設定自己的密碼	玩家2設定自己的密碼
終極密碼戰(統計猜密碼次數) 藍芽對戰版 我猜 請輸入一個數字(1~100) 我的密碼 60 Ready 對方密碼 送出 對方猜：00 與對方連線 連線狀態：藍芽連線中 雙方Ready : YES 說明： 1.一方為等待連線，一方需按"選擇對方藍芽". 2.輸入我的密碼，按Ready 3.2人都需按Ready才能開始玩.	終極密碼戰(統計猜密碼次數) 藍芽對戰版 等對方猜 請輸入一個數字(1~100) 我的密碼 30 Ready 對方密碼 對方猜：00 與對方連線 連線狀態：藍芽連線中 雙方Ready : YES 說明： 1.一方為等待連線，一方需按"選擇對方藍芽". 2.輸入我的密碼，按Ready

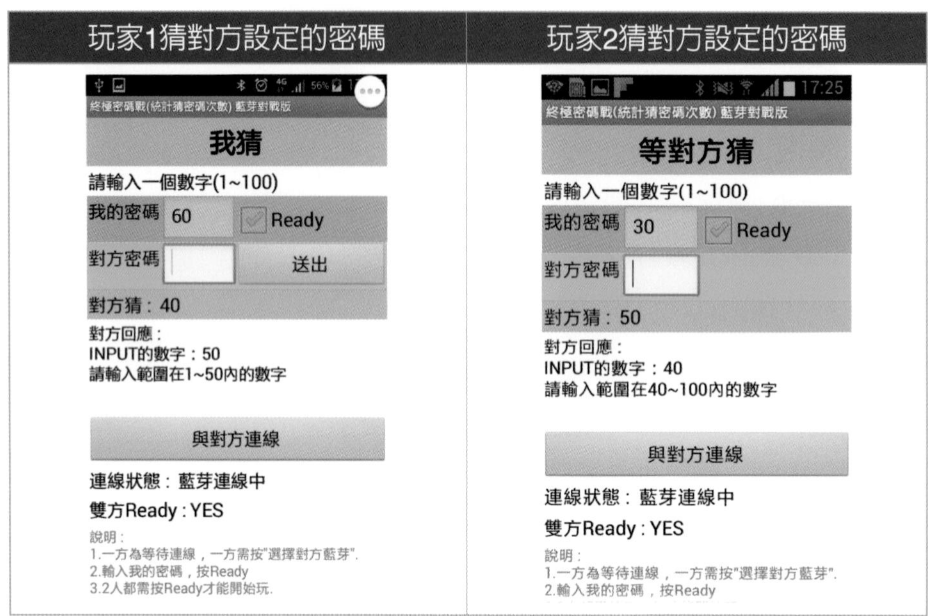

註 本題由李春雄老師與柳家祥同學共同開發完成。

Chapter 10

多人對戰（TinyWebDB雲端資料庫）

本章學習目標

1. 了解TinyWebDB元件的使用時機、設定步驟與方法。
2. 了解如何利用TinyWebDB雲端資料庫來結合多人對戰。

本章內容

10-1 TinyWebDB雲端資料庫

10-2 雲端電子書城

10-3 多人遊戲結合TinyWebDB雲端資料庫

10-1 TinyWebDB雲端資料庫

【功能】

在App Inventor 2中，TinyWebDB這個元件可以讓你連結Google App Engine，進而達到儲存資料甚至連線的效果。

【TinyDB與TinyWebDB的差異】

1. TinyDB（小型資料庫）：只有與該資料庫所整合的APP才能使用，其他手機無法使用。亦即只有安裝該APP的手機才能使用，無法與其他手機共用此資料庫。
2. TinyWebDB（小型雲端資料庫）：此資料庫可以同時提供給多台手機上的APP來存取資料庫內容，最常見的例子就是多人線上遊戲。

【使用時機】

1. 儲存線上遊戲的過關數及進度。
2. 線上討論區。
3. 個人線上行事曆。

【設定步驟】

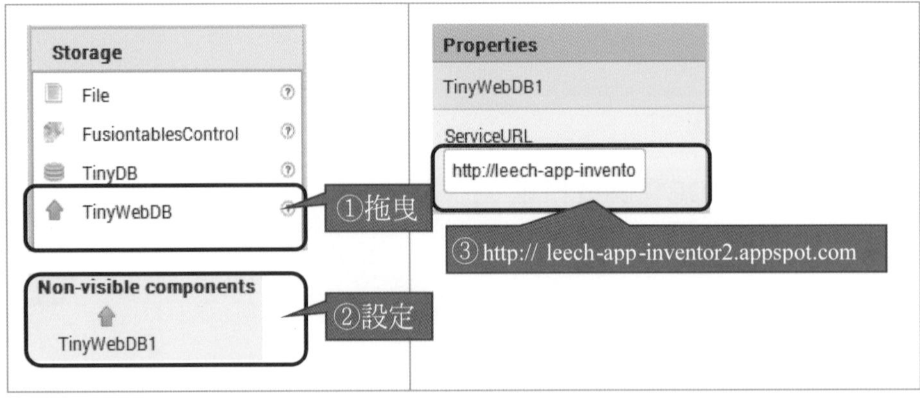

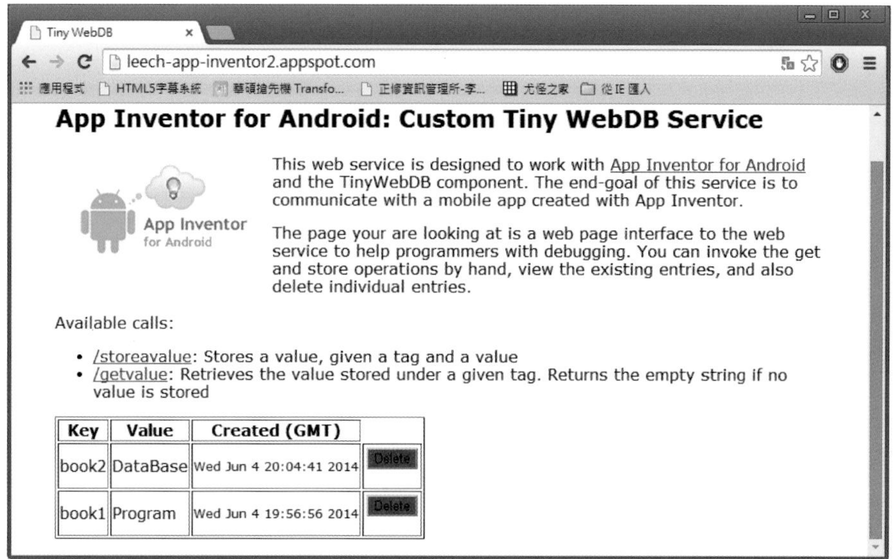

註 TinyWebDB雲端資料庫的前置設定，請參閱隨書光碟內附錄一。

【TinyWebDB元件的所在位置】Storage/TinyWebDB

TinyWebDB

【TinyWebDB的相關屬性】

屬性	說明	靜態（屬性表）	動態（拼圖）
ServiceURL	用來設定自己的雲端資料庫伺服器	✓	✓

【TinyWebDB的2種方法】

方法	說明
call TinyWebDB1 .GetValue tag	透過參數tag標籤從雲端伺服器來讀取資料。
call TinyWebDB1 .StoreValue tag valueToStore	用來儲存「tag標籤名稱」及「資料值」到雲端伺服器中。

【TinyWebDB的3個事件】

事件	說明
when TinyWebDB1 .GotValue tagFromWebDB valueFromWebDB do	在利用參數tag（標籤）來讀取資料之後，隨即觸發GotValue事件，並且會傳回兩個參數： 1.tagFromWebDB：代表標籤名稱。 2.valueFromWebDB：代表資料值。
when TinyWebDB1 .ValueStored do	當「tag標籤名稱」及「資料值」被儲存到雲端伺服器時，隨即觸發ValueStored事件。
when TinyWebDB1 .WebServiceError message do	當無法順利連上自己的雲端資料庫伺服器時，則會出現錯誤訊息來通知。

實例

簡易電子書管理（新增與查詢功能）。

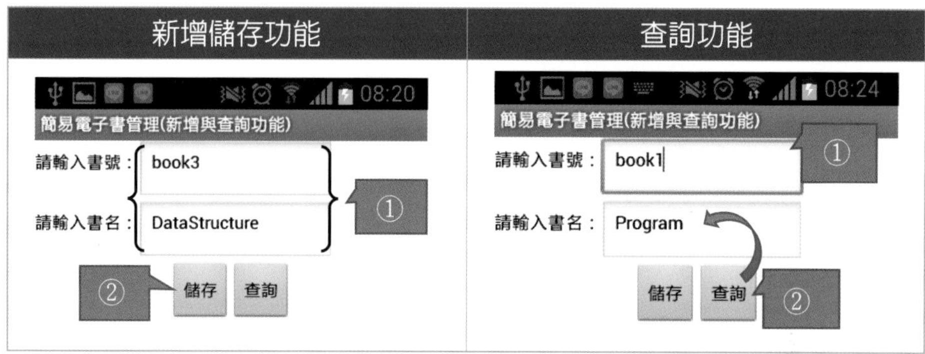

在新增儲存之後，其TinyWebDB雲端資料庫的內容如下：

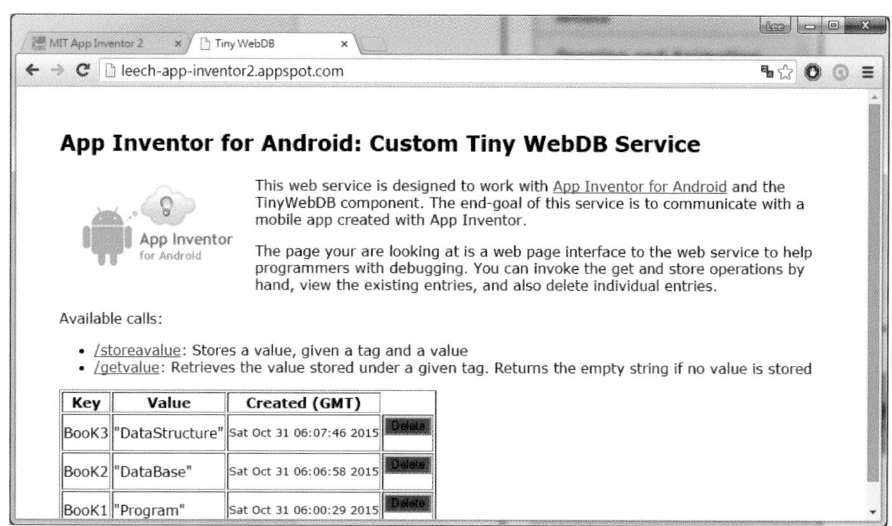

註 網址：http://leech-app-inventor2.appspot.com/

一、介面設計

手機頁面設計	元件的屬性設定

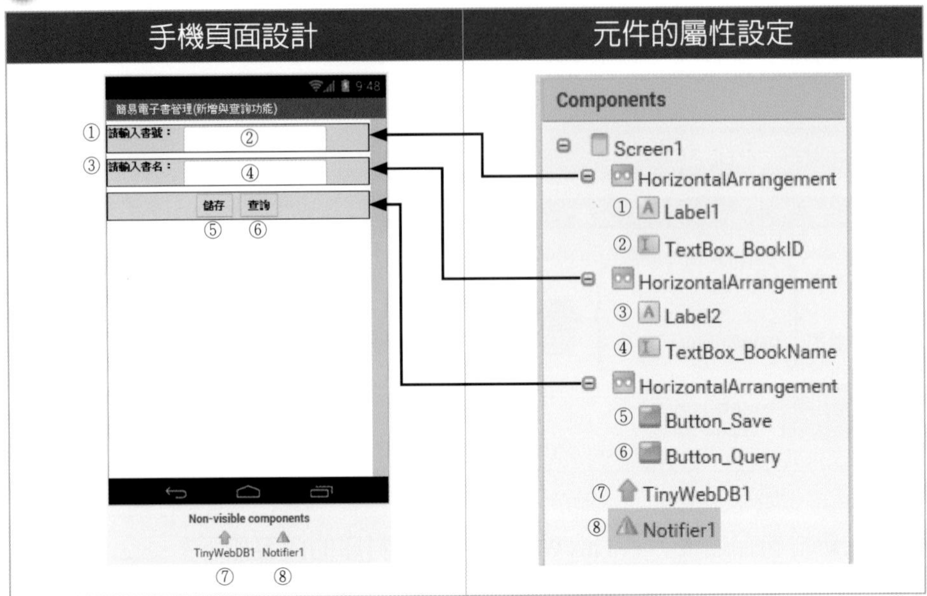

二、程式設計

(一) 「儲存」功能鈕

拼圖程式	檔案名稱：ch10_1.aia

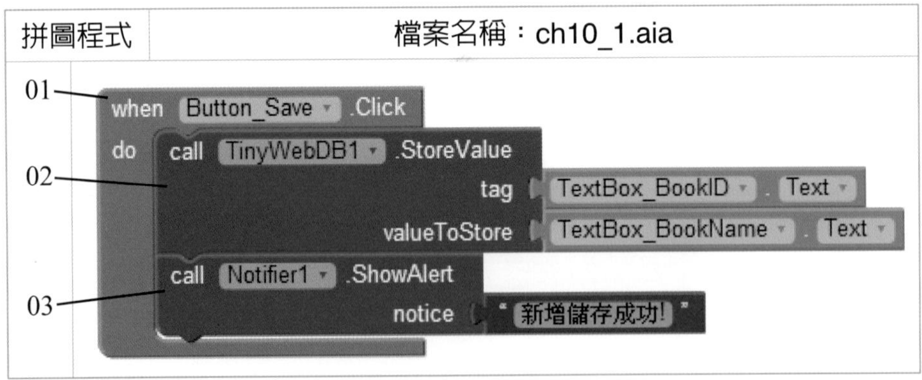

【說明】

行號01：當按下「儲存」鈕，就會觸發Click事件。

行號02：將使用者輸入的「書號及書名」儲存到TinyWebDB雲端資料庫中的「tag標籤名稱」及「資料值」中（書號就是tag，書名就是資料值）。

行號03：顯示「新增儲存成功」訊息，讓使用者得知已順利將資料儲存到雲端伺服器中。

(二) 「查詢」功能鈕

拼圖程式	檔案名稱：ch10_1.aia

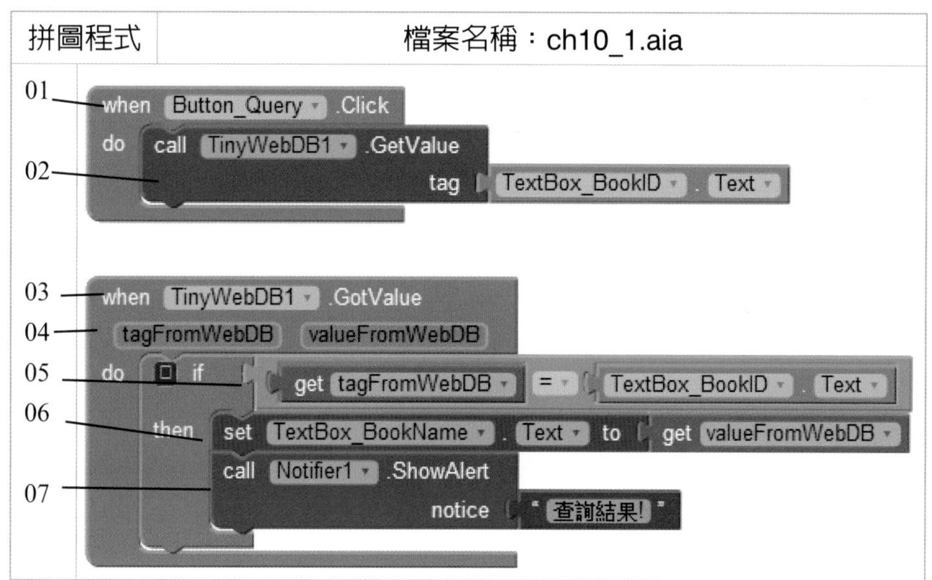

【說明】

行號01：當按下「查詢」鈕，就會觸發Click事件。

行號02：它會透過參數「書號」作爲tag標籤，從雲端伺服器來讀取資料。

行號03～04：利用參數tag（標籤）來讀取資料之後，隨即觸發GotValue事件，並且會傳回兩個參數：

1.tagFromWebDB：代表標籤名稱。

2.valueFromWebDB：代表資料值。

行號05～06：當你輸入的「書號」等於傳回參數「tag（標籤）」時，則雲端伺服器中的「資料值」就會指定給「書名」欄位，並顯示在畫面上。

行號07：顯示「查詢結果」訊息，就使用者得知順利找到「tag」（標籤名稱）在雲端伺服器中對應的「資料值」。

10-2 雲端電子書城

請先參考隨書光碟內附錄一，來安裝與申請Google App Engine，以便製作「簡易電子書管理」程式，接下來，我們將實作一個「雲端電子書城」來學會管理電子書及提供使用者查詢。

雲端電子書城。

【設計步驟】

一、介面設計

(一) Screen1（電子書查詢畫面）

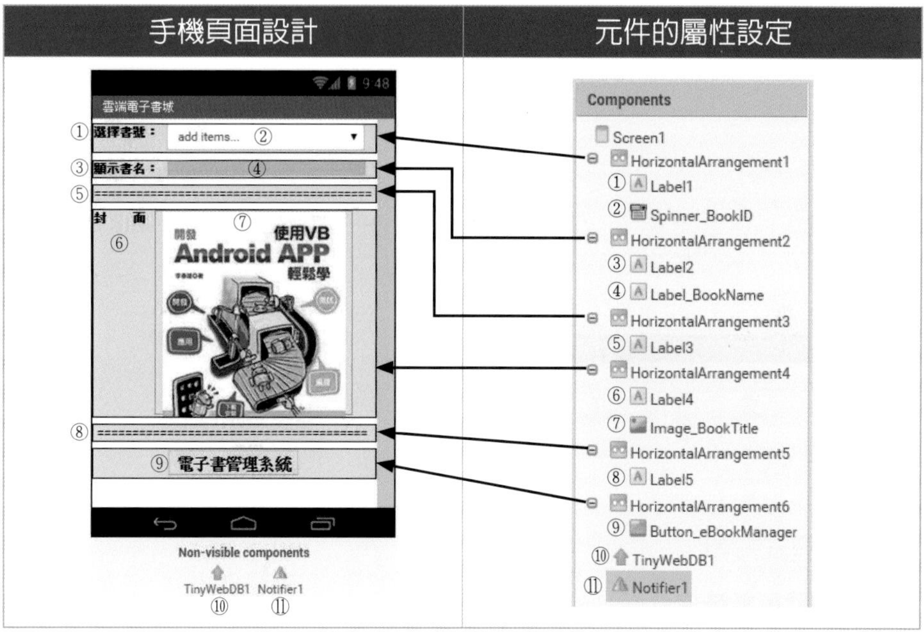

(二) Screen1頁面（雲端電子書城）

【作法】

利用「Add Screen」來新增第二個頁面，名稱為「eBookManager」，如下圖所示：

New Screen

Screen name: eBookManager

Cancel OK

【介面】

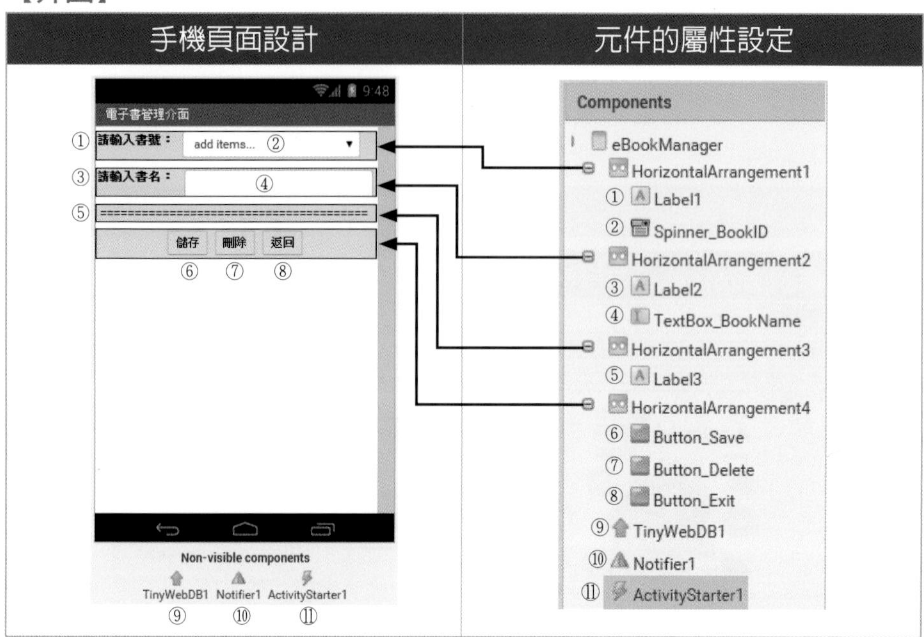

二、程式設計

➢切換到電子書管理介面（eBookManager）

(一) 宣告清單陣列、頁面初始化及定義「Show_List_Books」副程式

拼圖程式	檔案名稱：ch10_2.aia
01	initialize global List_Books to create empty list
02	when Screen1 .Initialize do call Show_List_Books

拼圖程式	檔案名稱：ch10_2.aia

```
03  to Show_List_Books
    do  for each number from 1
                          to 10
                          by 1
04      do  add items to list  list  get global List_Books
                               item  join  "book"
                                           get number
05      set Spinner_BookID . Elements to  get global List_Books
```

【說明】

行號01：宣告List_Books爲清單，初值設爲空清單，其目的是用來記錄十本書的書號「book1～book10」。

行號02：Screen1頁面初始化，亦即啓動App時，最先執行呼叫「Show_List_Books」副程式。

行號03：定義「Show_List_Books」副程式。

行號04：使用迴圈結構來產生十個書的書號「book1～book10」，先加入到清單陣列（List_Books）中。

行號05：將List_Books清單中的十個書的書號設定給Spinner下拉式清單元件。

(二) 顯示電子書的相關資料

拼圖程式	檔案名稱：ch10_2.aia

```
01  when Spinner_BookID .AfterSelecting
      selection
02  do  call TinyWebDB1 .GetValue
               tag  get selection

03  when TinyWebDB1 .GotValue
      tagFromWebDB  valueFromWebDB
04  do  if    get valueFromWebDB ≠ " "
05      then  set Label_BookName . Text to  get valueFromWebDB
              set Image_BookTitle . Picture to  join  get tagFromWebDB
                                                      " .jpg "
06      else  set Label_BookName . Text to " 本書尚未上架 "
              set Image_BookTitle . Picture to " "" "
```

【說明】

行號01～02：當使用者在使用「下拉式清單」來選擇某一本書號之後，就會馬上將「書號」透過參數tag標籤從雲端伺服器來讀取資料（對應的書名）。

行號03：利用參數tag（標籤）來讀取資料之後，隨即觸發GotValue事件，並且會傳回兩個參數：

1.tagFromWebDB：代表標籤名稱。

2.valueFromWebDB：代表資料值。

行號04～06：當你輸入的書號等於傳回參數的「標籤名稱」時，則雲端伺服器中的「資料值」亦即「書名」的參數值就會顯示在畫面上，並且也會顯示對應本書的封面。否則，就會顯示「本書尚未上架」。

(三) 例外處理

拼圖程式	檔案名稱：ch10_2.aia

【說明】

行號01～02：當你無法順利連上自己的雲端資料庫伺服器時，則會傳回「message」訊息通知你。

(四) 啓動另一個頁面

拼圖程式	檔案名稱：ch10_2.aia

【說明】

行號01～02：利用「open another screen screenName」拼圖來「啓動另一個頁面」，名稱爲「eBookManager」。

➢切換到電子書管理介面 (eBookManager)

(五) 下拉式「書號清單」功能鈕

拼圖程式同上（主頁面（Screen1））。

(六) 顯示電子書的名稱或提示要輸入書籍資料

拼圖程式	檔案名稱：ch10_2.aia

```
01  when TinyWebDB1 .GotValue
      tagFromWebDB   valueFromWebDB
02  do  if   get valueFromWebDB ≠ " "
        then set TextBox_BookName . Text to get valueFromWebDB
        else set TextBox_BookName . Text to " "
03           set TextBox_BookName . Hint to " 請輸入本書的名稱 "
```

【說明】

行號01～02：當你輸入的書號等於傳回參數的「標籤名稱（tagFromWebDB）」時，則雲端伺服器中的「資料值（valueFromWebDB）」亦即「書名」的參數值就會顯示在畫面上，並且也會顯示對應本書的封面。

行號03：否則，就會顯示「請輸入本書的名稱」。

(七) 「儲存」功能鈕

拼圖程式	檔案名稱：ch10_2.aia

```
01  when Button_Save .Click
    do  if   TextBox_BookName . Text ≠ " "
        then call TinyWebDB1 .StoreValue
02                         tag  Spinner_BookID . Selection
                  valueToStore  TextBox_BookName . Text
```

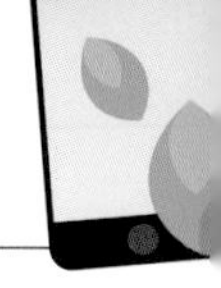

拼圖程式	檔案名稱：ch10_2.aia
03 04	when TinyWebDB1 .ValueStored do call Notifier1 .ShowAlert notice " 儲存成功! "

【說明】

行號01：當按下「儲存」鈕，就會觸發Click事件。

行號02：將使用者輸入的「書號及書名」儲存到TinyWebDB雲端資料庫中的「tag標籤名稱」及「資料值」中。亦即書號就是tag，書名就是資料值。

行號03：當「tag標籤名稱」及「資料值」被儲存到雲端伺服器時，隨即觸發ValueStored事件。

行號04：顯示「儲存成功」訊息，讓使用者得知已順利的將資料儲存到雲端伺服器中。

(八) 「刪除」鈕功能

拼圖程式	檔案名稱：ch10_2.aia

【說明】

行號01～03：由於「TinyWebDB1」元件沒有提供刪除記錄的功能，因此，必須透過連接到自己的外部雲端伺服器來刪除記錄。

(九) 「返回」鈕功能

【說明】

行號01～02：同上（主頁面（Screen1））。

10-3 多人遊戲結合TinyWebDB雲端資料庫

在前面章節中，我們已經學會如何利用TinyDB資料庫來儲存最高紀錄保持人的姓名及分數，但是TinyDB（小型資料庫）它只有與該資料庫所整合的APP才能使用，其他手機並無法使用，因此，只有安裝該APP的手機的玩家才能使用，無法與其他手機共用此資料庫。

有鑑於此，在本節中將介紹如何利用TinyWebDB（小型雲端資料庫），來同時提供給多位玩家的手機來存取資料庫內容。亦即所謂的多人線上遊戲競賽。

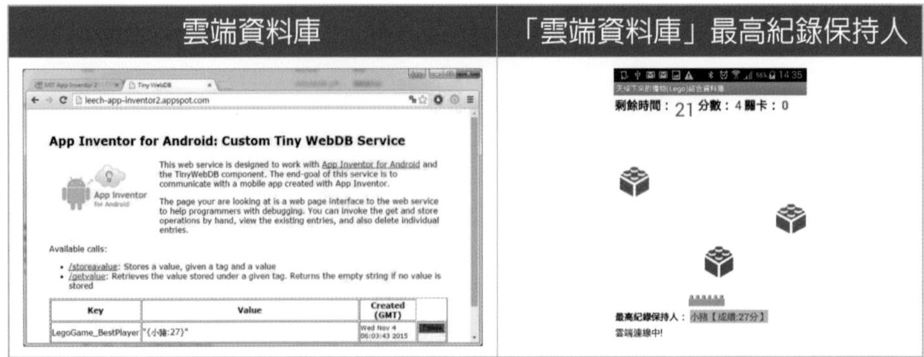

10-3-1 多人遊戲雲端資料庫App

一、主題發想

利用TinyDB資料庫雖可以用來儲存「同一台手機上」使用者的最高紀錄保持人的姓名及分數，但是它只能是同一台手機上的APP程式才能使用，無法提供給其他手機使用，因此，只有安裝該APP手機的玩家才能使用，無法與其他手機共用此資料庫。

有鑑於此，本專題利用雲端資料庫（TinyWebDB）來開發一套「多人遊戲雲端資料庫App」，來同時提供給多位玩家的手機來存取資料庫內容。

二、主題目的

1. 了解如何記錄時間、分數及關卡的變化。
2. 了解如何存取「雲端資料庫」中最高紀錄保持人的記錄。

三、系統架構

在本專題中，多人遊戲雲端資料庫App的架構圖是由以下的子系統組合而成。

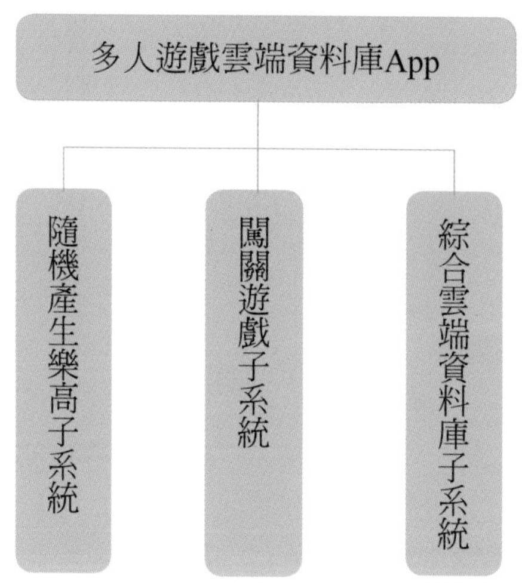

四、核心技術

【TinyWebDB的2種方法】

方法	說明
call TinyWebDB1 .GetValue tag	透過參數tag標籤從雲端伺服器來讀取資料。
call TinyWebDB1 .StoreValue tag valueToStore	用來儲存「tag標籤名稱」及「資料值」到雲端伺服器中。

五、系統開發

(一) 介面設計

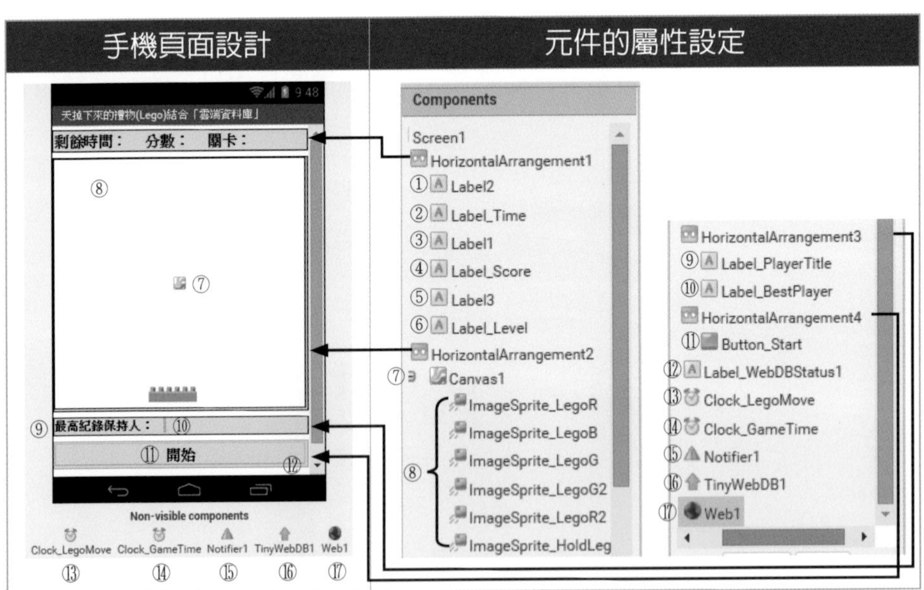

(二) 程式處理流程

1. 輸入：利用滑桿接住樂高積木。
2. 處理：
   (1)滑桿是否有「碰觸」樂高積木，每接到一個加一分。
   (2)每增加5分就會自動進一關。
   (3)每進一關，樂高積木落下的速度就會加快。
   (4)儲存最高紀錄保持人的姓名及分數到雲端資料庫中。
3. 輸出：剩餘時間、分數、關卡及最高紀錄保持人。

(三) 程式設計

註 請直接修改第三章之「課後習題」的第四題。其額外加入的程式，在此會加以介紹。

1. 宣告變數

拼圖程式	檔案名稱：ch10_3.aia
01 02 03 04 05 06	

【說明】

行號01～02：宣告變數TempBestScore與BestScore為全域性變數，預設值為0，其主要目的是用來儲存雲端的暫停最高分及讀取雲端資料庫的最高分。

行號03：宣告變數InsertOK布林型態的狀態變數，預設值爲false，其主要目的是用來記錄是否可以有權限更新「雲端的最高分數」，其中false代表沒有權限。

行號04：宣告變數TinyWebDB_ConnectionStatus爲布林型態，預設值爲true，代表雲端資料庫連線正常。

行號05：宣告變數BestPlayer爲全域性變數，預設值爲空字串，其主要目的是用來儲存雲端的最高分玩家姓名。

行號06：宣告變數WebDB_tagName爲全域性變數，設定「LegoGame_BestPlayer」，其主要目的用來儲存雲端的tag名稱。

2. 定義「GetWebDB_PlayerScore」副程式

拼圖程式	檔案名稱：ch10_3.aia
01 02 03 04 05 06	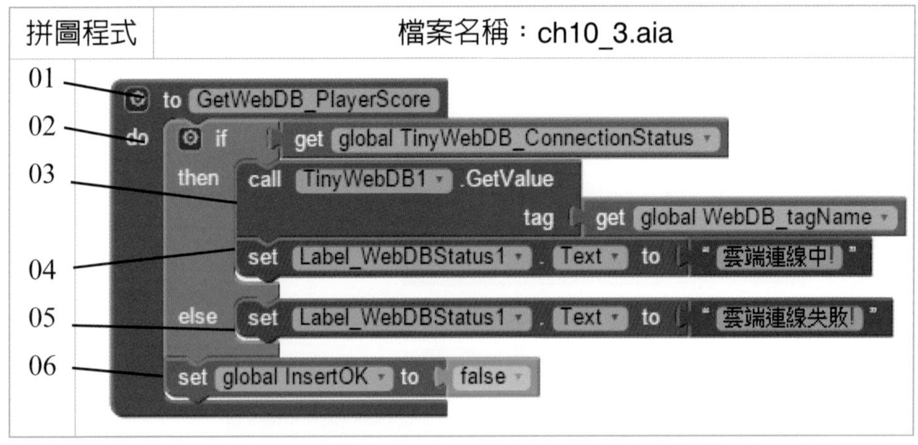

【說明】

行號01：定義「GetWebDB_PlayerScore」副程式，其目的是用來取得雲端資料庫中，最高分數的玩家姓名及分數。

行號02～05：如果「雲端資料庫連線正常」時，就會透過參數tag標籤從雲端伺服器來讀取資料。並顯示「雲端連線中！」；否則，顯示「雲端連線失敗！」。

行號06：設定變數InsertOK狀態變數為false代表沒有權限更新雲端資料庫的資料。

3. 定義「ShowBest」副程式

拼圖程式	檔案名稱：ch10_3.aia

```
01  to ShowBest BestScore
02  do  set Label_PlayerTitle . Visible to true
03      set Label_BestPlayer . Text to join  get global BestPlayer
                                             "【成績: "
                                             get BestScore
                                             "分】"
```

【說明】

行號01：定義「ShowBest」副程式，其目的是用來顯示最高紀錄保持人的姓名及分數。

行號02：用來顯示「最高紀錄保持人：」。

行號03：用來顯示「玩家姓名與分數」。

4. 定義「ProBestScore」副程式及輸入玩家名稱

拼圖程式	檔案名稱：ch10_3.aia

```
01  to ProBestScore
02  do  if  get global Score > get global BestScore
03      then  set global BestScore to get global Score
04            set global TempBestScore to get global BestScore
05            call Notifier1 .ShowTextDialog
                               message  "請輸入玩家名稱"
                               title  "恭喜您!此次比賽獲得最高分!"
                               cancelable  false
```

拼圖程式	檔案名稱：ch10_3.aia

【說明】

行號01：定義「ProBestScore」副程式及輸入玩家名稱。

行號02～04：如果目前玩家在結束時的分數大於雲端的分數時，就會設定目前分數爲最高分，並且暫存在TempBestScore變數中。

行號05～06：利用Notifier元件來顯示塡入玩家名稱的對話方塊。此時，Notifier元件的AfterTextInput事件就會被觸發。

行號07～08：如果有塡入玩家名稱，就會設定爲最高分的玩家。

行號09：呼叫「UpdataWebDB」副程式。

5. 定義「UpdateWebDB」副程式

拼圖程式	檔案名稱：ch10_3.aia

```
01  to UpdataWebDB
    do  call TinyWebDB1 .StoreValue
                       tag  get global WebDB_tagName
02             valueToStore  join  " { "
                                   get global BestPlayer
                                   " : "
                                   get global TempBestScore
                                   " } "
03      call ShowBest
             BestScore  get global TempBestScore
```

【說明】

行號01：定義「UpdateWebDB」副程式，其目的是用來更新資料儲存到雲端伺服器中。

行號02：將更新資料儲存到雲端伺服器中。亦即用來儲存「tag標籤名稱」及「資料值」到雲端伺服器中。

行號03：呼叫「ShowBest」副程式，並傳遞TempBestScore參數。

6. 讀取雲端資料庫的資料

拼圖程式	檔案名稱：ch10_3.aia

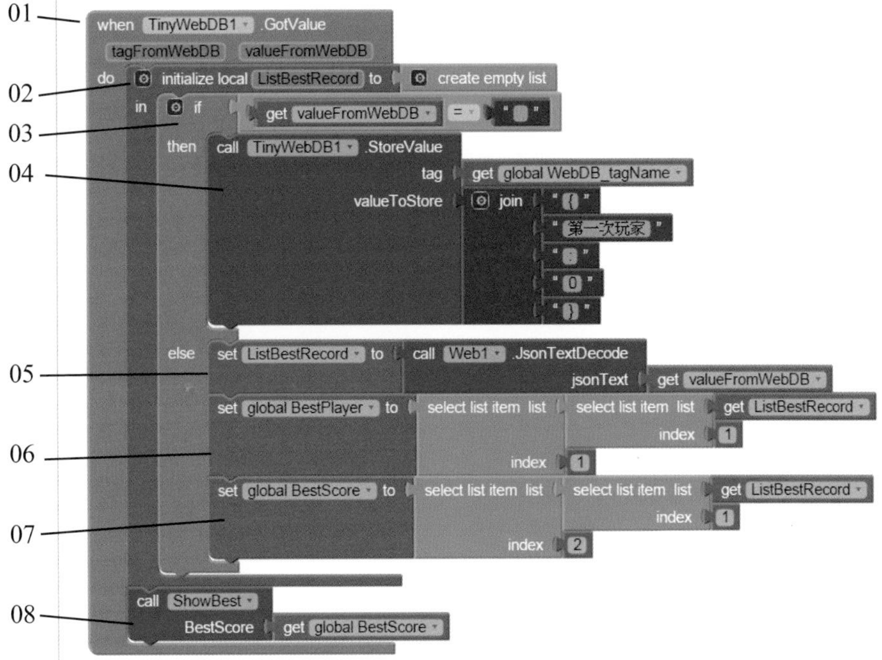

```
01 when TinyWebDB1.GotValue
     tagFromWebDB  valueFromWebDB
   do
02   initialize local ListBestRecord to create empty list
     in
03     if get valueFromWebDB = " "
       then
04       call TinyWebDB1.StoreValue
              tag get global WebDB_tagName
              valueToStore join "{"
                                "第一次玩家"
                                ":"
                                "0"
                                "}"
       else
05       set ListBestRecord to call Web1.JsonTextDecode
                                 jsonText get valueFromWebDB
06       set global BestPlayer to select list item list select list item list get ListBestRecord
                                                                   index 1
                                                  index 1
07       set global BestScore to select list item list select list item list get ListBestRecord
                                                                  index 1
                                                 index 2
08   call ShowBest
          BestScore get global BestScore
```

【說明】

行號01：在利用參數tag（標籤）來讀取資料之後，隨即觸發GotValue事件，並且會傳回兩個參數：(1)tagFromWebDB：代表標籤名稱。
(2)valueFromWebDB：代表資料值。

行號02：宣告ListBestRecord為區域性的清單變數，初值設為空清單。

行號03～04：如果填入的「WebDB_tagName」在雲端資料庫中，沒有找到對應的資料值時，代表此玩家是這一支app的第一個玩家，因此，會先儲存「第一次玩家：0」的記錄到雲端資料庫中。

行號05：如果雲端資料庫回傳的資料值不是空值，代表已經有玩家記錄他的姓名及分數。因此，就會將「資料值」透過Web元件的JsonText-Decode方法來解析，並指定給ListBestRecord清單中。

行號06：從ListBestRecord二維清單中，取出第一筆記錄的第一項資料給「BestPlayer」變數。亦即取得最高分數的玩家姓名。

行號07：從ListBestRecord二維清單中，取出第一筆記錄的第二項資料給「BestScore」變數。亦即取得最高分數。

行號08：呼叫「ShowBest」副程式，亦即用來顯示「最高紀錄保持人：」及「玩家姓名與分數」。

五、系統展示

(一) 系統測試

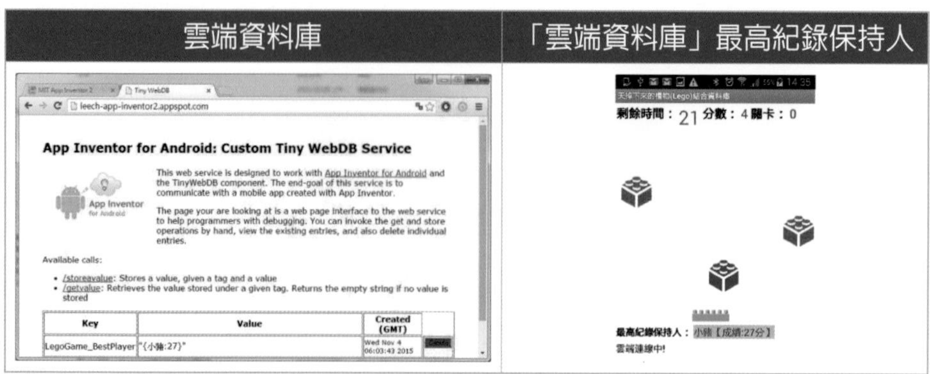

(二) 未來展望與建議

雖然，「多人遊戲雲端資料庫App」可以同時提供給多位使用者的手機來存取資料庫內容，並且讓讀者了解如何存取「雲端資料庫」中最高紀錄保持人的記錄。但是，目前尚未記錄前十名的記錄保持人的姓名及分數，使得一直無法成爲最高分者的使用者，無法看到自已的成績。

課後習題

請將第三章課後評量的第四題「天上掉下來的禮物（Lego）」，結合「雲端」資料庫來儲存前十名的玩家姓名及分數。

規則說明

1. 每一次載入時，會顯示目前最高紀錄保持人。
2. 記錄前十名的記錄保持人的姓名及分數。

每一次載入顯示目前最高紀錄保持人	記錄前十名的記錄保持人的姓名及分數
天掉下來的禮物(Lego)結合資料庫 剩餘時間：30 分數：0 關卡：0 最高紀錄保持人：家祥【成績:26分】 開始 雲端遊戲排名 雲端連線中!	雲端遊戲排名 雲端遊戲排名 排名 姓名 成績 1 家祥 26 分 2 春雄 26 分 3 鍾漢量 25 分 4 曹超 23 分 5 春雄 23 分 6 舒云 22 分 7 重甲 20 分 8 chic 20 分 9 重光 16 分 10 多多 16 分 回上一頁

國家圖書館出版品預行編目資料

App Inventor 2 動畫與遊戲程式設計／李春雄著. ——初版. ——臺北市：五南，2016.03
面； 公分
ISBN 978-957-11-8483-8（平裝）

1.電腦遊戲 2.電腦動畫設計

312.8 105000140

5DK0

App Inventor 2 動畫與遊戲程式設計

作　　者 — 李春雄（82.4）
發 行 人 — 楊榮川
總 編 輯 — 王翠華
主　　編 — 王者香
封面設計 — 王正洪
出 版 者 — 五南圖書出版股份有限公司
地　　址：106台北市大安區和平東路二段339號4樓
電　　話：(02)2705-5066　　傳　　真：(02)2706-6100
網　　址：http://www.wunan.com.tw
電子郵件：wunan@wunan.com.tw
劃撥帳號：01068953
戶　　名：五南圖書出版股份有限公司
法律顧問　林勝安律師事務所　林勝安律師
出版日期　2016年3月初版一刷
定　　價　新臺幣550元

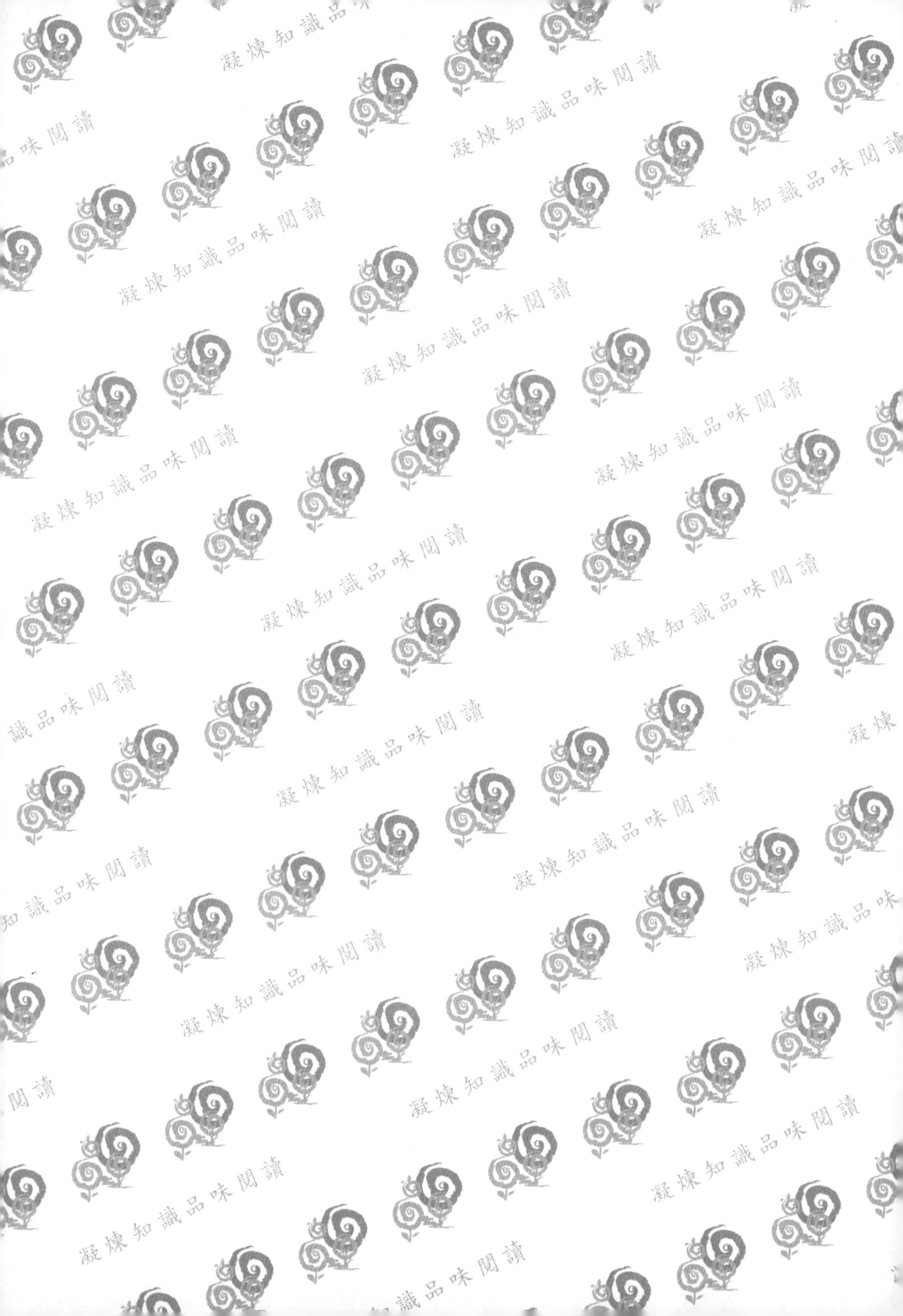

凝煉知識品味閱讀